KB073158

식품의 가치

식품의 가치

초판 1쇄 발행 2024년 5월 8일
2쇄 발행 2024년 7월 15일

지은이 최낙언
펴낸이 이기봉
편집 좋은땅 편집팀
펴낸곳 도서출판 좋은땅
주소 서울특별시 마포구 양화로12길 26 지월드빌딩 (서교동 395-7)
전화 02)374-8616~7
팩스 02)374-8614
이메일 gworldbook@naver.com
홈페이지 www.g-world.co.kr

ISBN 979-11-388-3098-0 (03590)

- 가격은 뒤표지에 있습니다.

- 파본은 구입하신 서점에서 교환해 드립니다.

어떻게 공부하면 식품의 가치를 온전히 이해할 수 있을까?

식품의 가치

최낙언 지음

How Food Works

좋은땅

Prolog

양으로 풀어 보는 식품의 가치

나는 2009년 식품을 다시 공부하기 시작하였다. 그 당시에는 식품에 대한 오해와 편견이 너무 많아서였다. 내 나름의 답을 찾아 쓴 책이 『불량지식이 내 몸을 망친다』이다. 그 후 몇 권의 책을 쓰다 보니 식품의 다양한 이슈를 개별적으로 다루면 끝이 없을 것 같았다. 그래서 2016년 이 책의 전신인 『식품에 대한 합리적인 생각법』을 쓰게 되었다. 최근에는 식품에 대한 오해가 많이 해소되어 가고 있어서 맛을 설명하는 일을 주로 한다. 이것이 식품에 대한 오해를 해소하는 효과적인 방법이기도 했다. 맛은 식품의 대부분 현상과 연결되어 있고, 식품첨가물도 절반 이상이 맛, 향, 색, 물성(식감)에 관련된 것이라 맛을 설명하다 보면 식품에 대한 오해가 저절로 풀리는 경우가 많았다.

소금(나트륨) 줄이기가 왜 그렇게 힘든지 알고 싶다면, 소금의 가치를 제대로 공부해야 한다. 미네랄의 역할, 감각의 역할 등을 이해해야 소금에 대한 올바른 이해가 가능하며, 이를 통해 첨가물에 대한 걱정도 크게 줄어들 수 있다. 세상에 소금보다 강력한 효과를 내는 첨가물은 없기 때문이다. 우리 몸에 정말 중요한 것은 무엇이며, 부당한 평가를 받은 것이 무엇인지 등을 공부하다 보면 식품과 첨가물, 맛과 영양의 경계가 없다는 것도 깨닫게 된다.

2023년 국제암연구소(IARC)에서 아스파탐을 2군 B 발암물질로 지정했다. 과거라면 식품에 어떻게 발암(의심)물질이 있느냐며 난리가 났을 텐데 생각보다 조용히 넘어갔다. 이런 변화에는 언론의 변화가 큰 역할을 한 것 같다. 과거였다면 식품에 사소한 이슈만 생겨도 선정적으로 다루던 언론이 요즘은 신중하게 사실을 확인하고, 객관적인 정보를 전달하려고 노력한다. 이런 걸 보면 내가 더 이상 식품 안전에 관한 이야기를 할 필요가 없는 것 같다. 한편 일본의 오염수 이슈를 보면 여전히 아쉬움이 남는다. 방류 자체는 문제가 있지만, 수산물의 안전은 전혀 걱정할 필요가 없기 때문이다. 하지만 정부나 식약처 어느 곳도 국민을 안심시킬 정보를 제공하지 못하고 있다.

이런 측면에서는 이런 책의 필요성이 아직은 있는 것 같다. 더구나 유튜브는 조회 수가 돈이 되어서 효능이나 위험 과장이 더 심해졌다. 그나마 과거보다는 이슈에 대한 반박보다 식품의 가치에 대해 더 많이 쓸 수 있어서 다행이다.

Part I. 안전에 대한 걱정은 내려놓자

식품의 가치를 이야기하려면 먼저 오해와 편견으로 만들어진 식품에 대한 불안감부터 해결해야 할 것 같다. 식품의 가치는 안전, 영양, 기호, 기능을 꼽는데 이 중에 안전은 최소한의 조건이다. 안전하지 않은 것은 식품의 기본조건도 갖추지 못한 것이다. 우리나라의 식품은 지난 몇십 년간의 노력으로 세계에서 가장 안전한 편이다. 그런데 다른 나라보다 훨씬 불안해하는 것이 문제다. 식품에 관한 불안감의 실체를 알아보고, 간단히 해결책을 제시했다. 이 부분은 『식품에 대한 합리적인 생각법』에서 설명했던 내용을 간결하게 다듬어 소개하였다.

Part II. 가치를 평가하려면 양부터 확인하자

내가 식품을 다시 공부하다가 책을 쓰기 시작한 것은 식품 문제가 품질이 아닌 양의 문제라는 확신이 들고 난 다음이다. 독과 약은 하나이고, 성분에 따라 그 양만 다른데, 그동안 독성 논란은 양에 대한 개념이 너무 없었다. 천연에는 전혀 독성이 없는 것처럼 말하거나, 합성에는 무조건 독이 있고, 독은 아무리 희석해도 독이 되기 때문에 한 분자도 해롭다는 식으로 말했다. 그것이 얼마나 엉터리이고 그로 인해 얼마나 많은 거짓말과 불안이 만들어졌는지 알아보고자 한다.

현재 식품의 최대 문제는 특정 독성물질이 아니라 과식으로 인한 비만 문제이다. 어떤 음식이건 과하게 먹으면 독이 되기에 음식의 종류보다 먹는 총량이 훨씬 중요한데, 좋은 음식 나쁜 음식 따지다가 비만 같은 문제만 더 악화시켰다. 미국의 경우 의사나 보건 당국이 나쁘다고 하는 것은 모두 줄였다. 그런데도 비만은 점점 더 악화되고 있다. 좋다고 하는 다른 것을 더 먹었기 때문이다.

내가 식품 논란에서 가장 아쉬운 점은 아직도 양은 따지지 않고 존재 여부만 따지는 경우가 많다는 것이다. 가장 주관적 영역인 맛마저 당도, 산도, 염도, 농도 같은 기준치(양)가 있는데, 객관적이어야 할 영양이나 안전 문제에서 양적인 개념이 너무 부족하다. 양만 확인해도 사라질 거짓말이 너무 많다.

Part III. 과학으로 이해하고 문화로 소비하자

식품의 본질은 우리가 살아가는 데 필요한 영양분을 공급하는 것이다. 과거에는 영양이 풍부한 음식을 자기 입과 코를 포함한 감각기관으로 평가할 수밖에 없었는데, 지금은 영양학과 분석 기술의 발전 덕분에 수치로 평가할 수 있다. 이런 영양학은 과거 식량 자원이 부족할 때는 압도적인 성과를 냈는데, 지금은 영양 과잉의 시대라 힘을 쓰지 못한다는 것이 문제다. 섬유소처럼 영양가가 없거나, 원푸드 다이어트부터 저탄고지 다이어트까지 편식을 통해 영양분을 효과적으로 쓸 수 없게 하는 다이어트법이 칭송받는 시대가 된 것이다. 그래서 식품의 영양적 가치는 혼란에 빠졌고, 더 심각한 것은 영양 과잉의 문제를 특정 식품이나 성분의 문제로 왜곡한다는 것이다. 식품은 가장 오래된 산업의 하나이고, 매일 수천만 명이 직접 체험하면서 검증한 것들이다. 그런 식품에 이처럼 오해와 편견이 많은 것은 실로 유감이다. 결국 우리에게 필요한 것은 좋은 식품보다 좋은 식품 문화인 것이다. 식품의 올바른 가치를 찾고, 미래에 더 좋은 식품을 만들기 위해 알아두면 좋은 것들을 정리해 보고자 한다.

식품은 생존에 기본이고, 맛은 평생 동안 유지되는 유일한 즐거움이다. 어떤 기준으로 공부해야 식품을 바르게 이해할 수 있고, 가치를 높이는 데 도움이 될까? 나는 양을 바탕으로 식품 현상 전체를 살펴보는 것이 식품의 가치를 온전히 평가할 수 있는 지혜를 키우는 데 도움이 될 것으로 기대한다.

2024. 3. 최낙언

목차

Part II

가치를 평가하려면 양부터 확인하자

Part III

과학으로 이해하고 문화로 소비하자

Part I

안전에 대한
걱정은 내려놓자

1장.

식품의 안전:
왜 이리 불안해할까?

1 식품에 관한 관심과 불안은 숙명인지 모른다

1) 음식이 중요한 만큼 관심도 많다

- 식품의 가치: 안전, 영양, 기호, 기능성

인류 역사상 지금보다 안전하고 풍요로운 식품 환경을 누린 적은 없다. 그중에서 우리나라의 식품은 가장 안전한 편이다. 완벽하지는 않지만 아무 걱정 없이 즐기기에도 충분하다. 그런데 한국인이 다른 어떤 나라보다 식품을 불안해한다. 2009년 조사에서 소비자의 80%가 식품에 대하여 불안감을 느낀다고 했다. 실제 식품의 안전에 비해 안심의 정도가 너무 낮다. 여기에는 정보의 착시와 불안을 증폭시키는 불량 지식이 많은 역할을 하는 것 같다.

국내 모 식품 대기업이 생산하는 제품 수가 하루에 1,000만 개 정도라고 한다. 한 사람이 매일 10개씩 구매해도 1년에 3,650개니까 2,700년을 살아야 소비가 가능한 어마어마한 양이다. 만약 그 회사 제품 1,000만 개 중에서 1개에 큰 문제가 있다면 나에게는 2,700년에 한 번 볼까 말까 한 확률이지만, 그 회사에게는 365일 큰 문제가 발생하는 심각한 사태이다. 식품회사는 사활이 걸린 만큼 식품의 안전에 최선을 다하지만 우리나라에 식품회사는 2만 8,000개가 넘고 매일 생산되는 제품의 숫자도 너무나 많다 보니 식품업계는 항상 문제가 많은 것처럼 느껴진다. 문제가 없는 절대 다수는 당연한 것으로 여기고 문제가 되는 것만 보도하다 보니 정보

전달 과정의 착시가 발생하는 것이다.

이보다 훨씬 심각하게 착시를 만드는 것은 위험이나 효능을 과장한 엉터리 정보다. 우리나라는 식품도 안전하고 식생활도 건전한 편이다. 한국인은 소위 나쁘다는 음식은 적게 먹는다. 세계 평균에 비해 설탕을 많이 먹지도, 지방을 많이 먹지도, 가공육이나 적색육을 많이 먹지도 않는다. 심지어 치킨마저 많이 먹는 편이 아니다. 소득 수준에 비하면 확실히 그렇다. 우리보다 설탕을 3배, 가공육을 몇 배 많이 먹는 나라도 있다. 유일하게 소금 섭취가 많은 것이 문제였지만 최근에는 많이 줄어들어 염려할 수준은 아니다. 소위 몸에 좋다는 음식도 잘 챙겨 먹는다. 과일, 채소, 해산물은 세계에서 가장 많이 먹는다. 보통 소득 수준이 높아지면 채소 소비량이 줄고 육류 소비량이 늘어나는데, 우리나라는 육류 소비량은 늘었지만, 채소 소비량이 줄지 않은 거의 유일한 사례로 세계에서 채소를 가장 많이 먹는 국가다. 이처럼 종합적인 식생활은 세계 최상위권인데, 우리나라 식품과 식습관에 대한 폄하가 너무 많다. 지금도 잘하지만 더 잘하자는 것이 아니라, 너희들은 잘 몰라 잘못 먹고 있다는 지적질이 너무 많다. 조심은 지혜지만, 잘못된 공포는 인생의 낭비인데 불안을 조장하는 엉터리 정보가 너무 많다.

문제는 어떤 정보가 가치 있고, 어떤 정보가 과장이거나 거짓인지 판단이 쉽지 않다는 점이다. 식품의 가치를 평가할 수 있는 합리적 기준과 훈련이 부족하기 때문이다. 그런 평가 기준을 찾아보는 것이 이번 책의 목적인데, 미리 밝히자면 결론은 생각보다 아주 단순하다. 독과 약은 하나이고, 독인지 약인지는 양이 결정한다. 따라서 소비자가 신경 써야 할 것은 '이 음식에 특별한 효능이나 독성이 있는가?'가 아니라 '나는 과연 적절한 양을 먹고 있는가?'라는 것이다.

이 주장은 이미 500년 전 파라켈수스(P. A. Paracelsus, 1493~1541)가 한 말이다. '독성학의 아버지'로 불리는 그는 "모든 물질은 독이며 독이 아닌 물질은 없다. 다만 올바른 용량만이 독과 약을 구별한다"라고 했다. 당시에는 합성의 기술은 전혀 없고, 오로지 천연물만 있던 시대이다. 사람들은 이 말을 온전히 믿지 않고, 자신의 느낌에 따라 믿음을 달리한다. 천연이라면 독이 있다고 해도 적게 먹으면 괜찮다고 생각하고, 첨가물이면 아무리 안전성이 입증되었다고 해도 숨겨진 독성이 있을 것이라고 믿는다. 그런 약점을 파고들어 불안 장사꾼은 위험을 과장하고 건강 전도사는 효능을 과장한다. 그래서 우리나라 식품은 세계에서 가장 안전한 편이지만, 식품에 대한 불안감이 가장 높다.

식품의 가치가 무엇일까? 음식은 평생 유지되는 유일한 즐거움이라 하는데 이런 즐거움을 방해하는 사람이 너무 많다. 나는 식품의 가치를 높이는 첫걸음이 거짓말로 만들어진 불안감을 없애는 것이라고 생각한다.

- 음식이 중요한 만큼 관심도 많다

먹어야 산다. 먹지 않고 살아갈 수 있는 생명체는 없고, 인간에게 음식은 생존의 수단일 뿐 아니라 행복한 삶에도 핵심 요소이다. 맛은 죽을 때까지 날마다 찾아오는 거의 유일한 즐거움이기 때문이다. 살기 위해 먹는지 먹기 위해 사는지 모를 때도 있을 정도다. 사람들의 음식에 관한 관심은 항상 높은 편이라 방송에서는 날마다 맛집, 요리법, 효능 등 음식 이야기가 끝없이 이어진다.

인간이 먹지 않고 살 수 있는 시간이 얼마나 될까? 기본적으로 인간은 산소 없이 3분, 물 없이 3일, 음식 없이 3주를 버티기 어렵다. 단식을 할 때 7일을 넘기면 건강에 적신호가 오고, 10~14일이 지나면 죽을 수도 있다. 먹는 문제가 얼마나 절박한지는 야생의 동물을 보면 알 수 있다. 몸집이 작은 항온동물은 몸집에 비해 표면적이 넓어 체온을 유지하는 것이 훨씬 힘들다. 땃쥐(shrewmouse)는 신진대사가 빠른 편이라 그만큼 자주 많이 먹어야 하며 24시간 이상 굶으면 죽는다고 한다. 그중에 북부짧은꼬리땃쥐는 그 정도가 심해 심장이 분당 900회나 뛰고, 그만큼 에너지 소비가 많아 하루에 자기 체중의 3배를 먹어야 한다. 그래서 3시간만 굶어도 죽는다. 벌새도 몸집이 아주 작고, 초당 50회 이상 고속으로 날갯짓한다. 날갯짓이 워낙 빨라서 벌처럼 윙윙 소리가 나고, 공중에서 멈출 수도 있어서 벌새라고 한다. 그만큼 격렬하게 에너지를 소비하기 때문에 벌새는 체중 대비 인간의 70배 정도의 칼로리를 소비한다. 벌새는 심장이 분당 최대 1,260회 뛰며 휴식 시에도 분당 약 250회 호흡한다. 워낙 대사율이 높아 비행 중 근육이 쓰는 산소 소비량은 인간 운동선수보다 10배나 높다. 그러니 벌새는 매일 자기 체중의 절반에 해당하는 당류를 먹어야 하고,

하루 이상 굶으면 죽을 수 있다.

인간도 에너지가 절박한 것은 크게 다르지 않다. 혈관에 당이 많으면 당뇨에 걸릴 수 있어 문제지만, 혈관에 포도당이 부족하여 저혈당이 되면 공복감, 떨림, 오한, 식은땀 등의 증상이 나타나고, 심하면 실신이나 쇼크를 유발하고 그대로 방치하면 목숨을 잃을 수도 있다. 뇌는 포도당 사용량이 많고, 여분을 저장할 공간이 없어서 혈액을 통해 계속 포도당이 공급되어야 한다. 혈중 포도당 농도가 50% 이하로 떨어지면 뇌 기능 장애가 나타나고, 25% 이하로 떨어지면 혼수상태에 빠질 수도 있다. 에너지원이 고갈되는 것은 그만큼 무서운 현상이다. 먹어야 살 수 있는 것이다.

문제는 이런 음식의 중요성과 관심을 악용하는 사람들이다. 방송에서는 소위 전문가라는 사람들이 '약식동원', 'You are what you eat', '음식으로 고치지 못하는 병은 약으로도 고치지 못한다' 등 음식 예찬을 끊임없이 한다. 마치 음식이 건강의 해결사인 양 과대 포장하여, 결국에는 불안감의 원천이 되는 것이다.

2) 내가 먹을 것을 남에게 맡겨야 하니 불안하기 쉽다

불과 몇십 년 전만 해도 세계인의 80% 이상이 농부였다. 자기가 키운 작물을 자기가 먹은 것이다. 직접 키운 것이라 작물에 벌레 먹은 자국이 있어도, 모양이나 색이 좀 이상해도 아무 의심 없이 먹을 수 있었다. 그런데 산업혁명이 일어나자 상황이 바뀌었다. 도시화가 진행되면서 생산자와 소비자의 간격이 점점 벌어진 것이다. 더구나 초기에는 유통이나 안전관리도 엉망이라 사고도 자주 있었다. 농촌에서 도시로 옮기는 과정에서 상한 우유를 마시고 사망하는 사고가 정말 잦았다. 도시화로 인해 소비자는 점점 자신이 먹는 것이 어떻게 재배되고, 어떤 과정을 거쳐 공급되는지 모르게 되었다. 그만큼 식품에 대한 불신 요소가 커진 것이다.

오늘날 식품은 과거에 비해 정말 안전해졌지만, 한동안 언론은 생산자와 소비자 사이에 벌어진 나쁜 사건을 민감하게 다루었다. 사람은 원래 이득보다 손해에 훨씬 민감한데, 언론이 좋아진 것보다는 나빠진 것 위주로 다루니 식품에 대한 불안감이 커질 수밖에 없었다. 더구나 지금은 자식을 한두 명만 낳고, 그 자식을 돌봐줄 일가친척이나 고향마저 사라진 시대다. 예전에는 대가족이 한동네(고향)에 모여 살았다. 가진 것이 별로 없었어도 서로가 의지하며 크게 불안해하지 않았다. 그런데 지금은 모든 것이 자기 책임인 시대이고, 힘들 때 기댈 언덕조차 없다. 직장의 안정성도 정말 많이 떨어졌다. 이런 시대를 버티려면 자기 몸밖에 없다고 생각하고 더욱 건강에 집착하고 그만큼 불안해한다. 그래서 오늘날은 건강이 일종의 대안 종교가 되었고, 건강 전도사들이 넘치는 세상이 되었다.

"나는 몰랐다!" "왜 몰랐느냐? 너만 몰랐다!" 쏟아지는 건강 정보가 워낙 다양하고 현란하다. 아이의 몸에 독이 쌓인다는 책도 있고, 온갖 피해야 하는 식품, 온갖 챙겨 먹어야 한다는 식품 정보가 넘쳐서 감당하기 힘들 지경이다. 만약 아이가 아프면 그런 정보에 무관심했던 부모 자신의 잘못인 양, 스스로 죄책감을 느끼기에 딱 좋은 시대이다. 사실 아이들은 자주 아프지만, 그만큼 회복력도 좋아서 아프고 나면 더 건강해지기도 한다. 그래도 한둘밖에 없는 아이라 아플 때마다 혹시 내가 뭘 잘못해서, 뭘 몰라서 실수를 한 것이 아닌지 미안해하고, 불안하기 쉽다. 식품이나 건강 정보가 많아져서 안전해진 것이 아니고, 스스로 책임을 져야 할 것만 많아져 불안하고 스트레스가 과도한 시대를 살고 있다.

- 손해에 민감하고 부정의 효과는 강력하다

긍정의 효과인 플라시보 효과보다 부정의 효과인 노시보 효과(Nocebo Effect)가 더 강력하다고 한다. 독일 함부르크대학 울리케 빙겔 박사는 환자가 진통제를 맞아 통증이 가라앉는 와중에 실제로는 진통제를 계속 주사하면서도 주사가 끝났다고 알리면 통증이 급상승하고 뇌에도 관련된 반응이 나타난다는 연구 결과를 발표했다. 진통제를 넣지 않고도 진통제를 넣었다는 신호로 통증이 줄어드는 긍정의 효과가 플라시보 효과라면, 노시보 효과는 그 반대이다.

본인이 과민해지고 싶다면 우리 몸은 얼마든지 과민해질 수 있다. 냄새에 민감하다는 여자에게 장미를 선물하자 곧바로 기절했는데 사실 그 꽃은 조화였다. 1978년 식품영양학과 교수 오마허니는 아주 특이한 실험을 했다. 영국의 텔레비전과 라디오를 통해 특정 주파수를 들으면 야외에서 흔히 맡을 수 있는 냄새가 날 것이라고 말했다. 이렇게 암시하고 소리 자극을 주자 많은 사람이 뭔가 냄새를 맡았다고 방송국에 편지를 보냈다. 그중에는 어지럼증을 느낀 사람, 갑작스럽게 기침이 연달아 난 사람, 심지어 건초열 발작을 일으키는 사람도 있었다고 한다.

2005년 뉴욕에서는 일상의 향기가 대규모 불안을 일으키는 사건이 2번이나 있었다. 10월에 맨해튼에서 달콤한 캐러멜 향이 나기 시작해서 다른 쪽으로 번져가자 화학 테러가 일어났다는 소문으로 온 도시가 삽시간에 공포에 빠졌다고 한다. 9.11 테러 이후 몇 달 동안 현장을 감돌던 독특한 향기를 기억하는 사람은 그와 비슷한 냄새만 맡아도 공포의 감정이 엄습해 완전히 얼어붙는다고 하는데 공포가 확대된 것이다. 테러리즘의 망

> 령에 시달리던 뉴욕 시민은 평소라면 즐거운 추억을 떠올렸을 익숙한 달콤한 향기에도 정확한 출처를 모르게 되자 공포의 냄새로 느낀 것이다. 이 냄새는 뉴욕 핫라인을 24시간 북새통으로 만들고 재난 관리국이 비상경계령을 내리도록 한 후 다음 날 조용히 사라졌다가 12월에 또 한 번 발생했다. - 『욕망을 부르는 향기』, 레이첼 허즈

뉴욕 시민을 공포에 빠지게 한 물질은 소톨론(sotolon)의 냄새였다. 한 향료회사에서 호로파 종자를 사용하여 식품 향료를 제조했는데, 습도가 높고 비가 내리지 않는 기상 조건에서 냄새가 허드슨강을 가로질러 맨해튼의 서쪽으로 흘러갔던 것이다. 그 공장에서 일하는 사람에게 그 냄새는 팬케이크 시럽, 쿠키 같은 유쾌한 냄새였고 근처에 사는 사람들은 아무도 그 냄새에 놀라지 않았는데 훨씬 더 멀리에서 사는 맨해튼 사람들이 낯선 냄새에 놀란 것이다.

부정의 효과는 정말 강하다. 거식증 환자는 비만해지는 것을 지나치게 두려워하여 자신이 먹는 음식이 하나하나 흡수되어 자신의 체내 세포에 딱딱 달라붙는 느낌이라 괴로워한다. 조금만 먹어도 위경련이 일어나기도 하고 증상을 극복하지 못해 사망에 이르기도 한다. 어느 날 채식이 강한 신념이 되어 실천을 하다 보니 채소와 과일은 아삭아삭하고 향이 좋지만, 고기는 물컹물컹 흐물거리고 이상한 냄새가 나는 고약한 덩어리로 느껴져 더 이상 고기를 먹지 못하는 상태가 되는 사람도 있다. 건강 문제로 마음을 고쳐먹고 고기나 회를 다시 먹고자 하여도 도저히 먹을 수 없게 되어 버리는 것이다. 우리 마음은 그렇게 강력하게 작용한다.

식품은 생존의 문제라 가장 보수적일 수밖에 없다. 식품은 몸에 흡수되

는 것이고, 아무리 확률적으로는 안전하다고 해도 그 일이 나에게 일어나면 확률이 100%인 것과 마찬가지이므로 아무리 사소한 위험이라도 피하고 싶어 한다. 그런 본능을 이용해 위험을 과장해서 불안을 만들거나 더 안 좋은 선택을 하게 하는 것이 문제다.

2 위험 정보는 넘치고 그것을 판단할 지혜는 빈약하다

1) 세상에 안전을 증명하는 기술은 없다

식품은 안전이 최우선이다. 식품을 하는 사람 중에 이 말에 동의하지 않는 사람은 없을 것이다. 하지만 당신이 만든 음식이 완전히 안전하다는 것을 증명하라고 하면 곤란하다. 세상에 안전을 증명하는 기술은 없기 때문이다. 좋은 식품과 나쁜 식품의 구분이 쉬울 것 같지만 실제 식품의 성분을 분석해서 좋은 식품 여부를 판별할 기술은 없다. 몇 가지 음식을 골라 동결건조하고, 분말로 분쇄하여 원래 무엇인지 전혀 알 수 없게 한 뒤 그중에서 어떤 것이 가장 안전하고 좋은 것인지, 가능한 모든 분석 장비를 총동원해 분석해 보고 판단하라고 하면, 평소에 좋다고 생각하는 식품이 아닐 가능성이 높다. 천연식품인지 가공식품인지도 구분할 수 없고, 어지간한 식품보다 햄버거가 좋게 평가될 가능성이 높다.

어떤 식품이 더 좋은지를 객관적으로 평가하려면 가장 이상적인 식품의 규격이 있어야 한다. 그래야 그 식품과의 그 차이를 비교하면서 점수를 부여할 수 있다. 하지만 세상 어디에도 이상적인 식품에 대한 규격은 없다. 굳이 찾자면 동물에게는 이상적인 영양 성분 규격에 맞춰 안전하게 제조한 사료 정도일 것이다. 그러니 식품에서 영양이나 안전만 따지는 것은 인간용 사료가 좋다는 주장과 다를 바 없다. 그런데 사료처럼 개발된 식품이 아니라 좋은 재료를 사용하여 일류 요리사가 정성껏 차린 한 상의 멀쩡한 음식이라고 해도, 전부를 한꺼번에 믹서에 넣고 갈아서 주면 그것을 먹겠다는 사람은 없다. 믹서에 갈아도 맛 성분, 향기 성분, 영양 성분은 그대로 있다. 오히려 편식으로 인한 영양 불균형의 걱정이 없고, 일정량 섭취가 가능한 영양적으로는 이상적인 식사법인데도 사료처럼 느껴진다고 거부한다. 그러면서 식품을 평가할 때는 항상 성분 타령이다.

식품의 가치를 좌우하는 안전, 영양, 기호, 기능성 중에 가장 기본적인 안전의 평가마저 그저 익숙한 정도로 구분하는 경우가 많다. 똑같은 음식도 고유의 형태나 색을 바꾸면 수상한 음식이 되어 버린다. 안심은 안전보다 친숙함에 있는 것이다. 그래서 가공식품이나 첨가물처럼 친숙하지 않은 것에는 무작정 의심을 하면서 안심할 수 있는 증거를 제시하라고 말하지만, 세상에 완전한 안전을 입증하는 기술은 없다. 결국 상대적인 안전도를 따져, 천연물보다 안전하면 만족해야 하는데, 천연은 흠결에 눈을 감고, 가공은 장점에 눈을 감으면서 무작정 절대 안전을 증명하라고 한다. 세상에는 안전을 입증하는 기술은 없고 의심하는 기술만 너무나 많은데도 그렇다.

- 그래서 온갖 엉터리 위험 정보가 넘친다

소비자에게 여러 가지 식품을 나열하고 1~5점의 점수를 주게 하면 보통의 식품(2~2.5점)은 적고, 나쁜 음식(2점 이하)과 좋은 음식(3점 이상)이 훨씬 많게 나온다. 세상에는 키가 크거나 작은 사람보다 보통의 키가 많은데, 왜 식품에 대한 평가만큼은 정규 분포와 반대로 '보통 식품'이 적을까? 어떤 식품은 효능이 과장되고 어떤 식품은 위험이 과장되었기 때문이다. 더구나 이런 평가는 시간에 따라 계속 바뀌어 왔다. 예전에는 과자,

캔디, 아이스크림, 초콜릿을 비만의 주범이라고 맹비난하다가 소비가 줄었음에도 비만이 오히려 늘자 요즘은 주식인 곡류와 탄수화물을 맹비난을 한다. 우리가 섭취하는 열량의 90%는 불과 15가지 작물에서 온 것이며 특히 옥수수, 밀, 쌀이 핵심이다. 그런데 『밀가루 똥배』, 『밀가루만 끊어도 100가지 병을 막을 수 있다』와 같은 책은 밀가루를 만병의 근원이라고 한다. 옥수수는 식량뿐 아니라 사료의 핵심인데 『옥수수의 습격』 같은 책을 보면 현대인의 질병이 모두 옥수수 때문인 것 같다. 적색육은 발암물질이라고 비난받았고, 완전식품이라던 달걀은 높은 콜레스테롤로 비난받았다. 우유마저 건강에 해롭다고 먹지 말라고 한다. 그들의 말을 모두 합하면 세상에는 정말 먹을 만한 것이 아무것도 없는 셈이 된다.

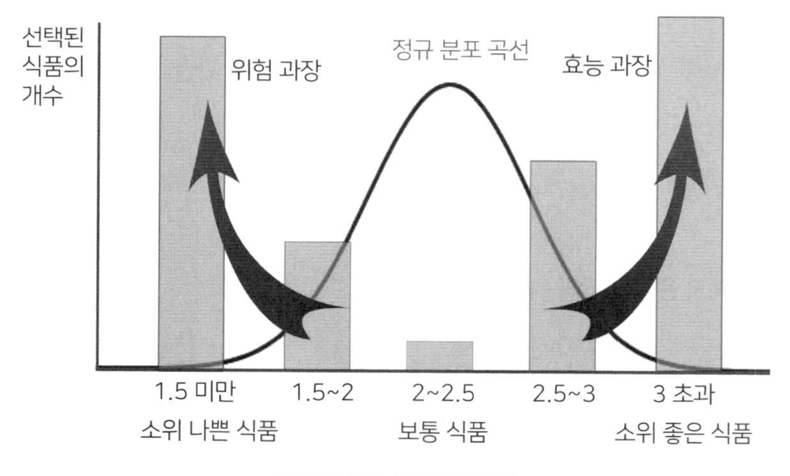

식품에 대한 소비자의 인식

2) 파편화된 정보 속에 길을 잃은 현대인

차라리 가공식품이나 첨가물의 위험을 주장한 책만 있으면 그러려니 할 텐데, 반대로 효능을 과장하는 책도 그만큼 많다. 생강, 마늘, 양파, 브로콜리, 블랙 푸드, 컬러 푸드, 알로에, 유산균, 현미, 수많은 물 건강법, 심지어 요료 요법까지 있다. 모두 그럴듯한 체험담으로 그것을 먹지 않으면 큰 문제라도 생길 것처럼 효능을 과장한. 효능에 관한 책의 내용을 모두 합하면 세상에 질병이 존재하는 이유가 설명이 안 되고, 위험을 주장한 책의 내용을 모두 합하면 세상에 먹어도 되는 식품이 하나도 없게 된다. 결국 시중에는 위험을 과장한 책과 효능을 과장한 책만 가득한 것이다. 더구나 그들의 이야기는 오늘 말과 내일 말이 다르며, 이 사람 말이 저 사람 말과 다르다.

이처럼 상반된 주장이 전혀 여과되지 않고 동시에 존재하는 이유는 지식이 너무나 파편화되어 도저히 전체를 이해할 수 없게 되었기 때문이다. 지금은 전문가의 시대이다. 전문가는 문제를 쪼개어 분석하는 데만 유능하지, 전체의 의미를 파악하는 데는 철저히 무능하다. 대부분의 연구비는 세상에 없는 새로움을 찾는 데 투자되지, 기존의 연구 결과를 취합하여 제대로 된 전체를 설명하는 데 쓰이지 않는다.

정말로 몸에 좋은 성분이 있다면 식품회사나 제약회사가 그것을 상품화하려고 총력을 기울일 것이다. 보건 당국도 널리 알려 국민 건강을 향상해 의료비 부담을 줄이려 노력할 것이다. 정말로 몸에 나쁜 성분을 넣은 식품이 있다면 그것을 판매한 회사는 금방 존립이 위태로워지고, 보건 당국은 그것을 관리하지 못한 책임을 면할 수 없을 것이다. 매일 수억 개의 식품이 5,000만 국민에게 전수검사가 이루어지는 셈인데 별일이 없다.

식품에 관한 온갖 위험성 주장이 근거 없는 소리라는 뜻이다. 지금은 식품의 진실을 알기에는 거품이 너무 많다.

- 식품 공부에 방향을 안내할 등대와 같은 지도 원리가 없다

내가 식품에 대한 오해를 풀어보고자 2009년부터 다시 공부를 시작하였지만, 식품 책에서 원하는 답을 찾기 힘들었고, 오히려 관련된 자연과학 책에서 해결의 실마리를 찾은 경우가 많았다. 식품의 모든 현상은 결국 자연과학 현상의 일부이기 때문이다. 하지만 자연과학도 지식이 너무나 파편화되어 결정적 힌트가 될 지식을 찾기는 쉽지 않다.

과학은 저절로 발전하고 진실을 찾아갈 것 같지만 과학에도 등대의 불빛과 같은 지도 원리가 있을 때 훨씬 빨리 발전한다. 예를 들면 질량 보존의 법칙, 에너지 보존 법칙 같은 것이다. 빛보다 빠른 것은 없고 빛의 속도는 관찰자와 무관하게 일정하다는 지도 원리는 상대성이론을 낳았고 시공간을 통합하는 이론을 낳았다. 세상은 아주 단순한 것에서 출발했기 때문에 복잡성의 깊은 곳에도 항상 단순함이 있고 지도 원리가 있다. 그런 단순함을 찾아낼수록 깊이는 깊어진다.

나는 세상을 단 하나의 방정식으로 설명하겠다는 물리학자의 끊임없는 노력이 정말 부럽다. 그렇게 만들어진 양자역학이나 우주론이 아무리 일반 상식으로는 이해되지 않는다고 해도 함부로 거짓이라고 시비를 걸지 못한다. 지도 원리를 통해 관련된 지식이 씨줄과 날줄로 촘촘히 연결되면 불량 지식은 끼어들 틈이 없어지고, 거짓말은 저절로 사라지기 때문이다. 반면에 식품은 여러 현상을 단순명료한 이론으로 다듬는 노력이 너무 부족했다. 그래서 다양한 팩트를 체계적으로 쌓을 수 있는 지도 원리가 없고, 지도 원리가 없으니 깊이가 없고, 엉터리 지식이 너무 많이 끼어들어도 걸러낼 힘이 없다. 전체를 이해하지 못하고 여기저기서 자신의 입맛에 맞는 일부분만 떼어 와서 만들어진 엉터리 불량 지식에 속수무책이다.

그래서 나는 식품이나 생명현상을 공부할 때는 일단 양이 많은 순서로 공부하는 것이 좋다고 말한다. 식품이나 생명현상에서 많이 있거나 많이 활용하는 것은 마땅한 이유가 있기 때문이다. 자연은 불필요한 것을 많이 비축해도 생존할 수 있을 만큼 여유롭지 않다. 이것만 알아도 연결되어 설명되는 현상이 정말 많다. 예를 들어 장내 세균이 다양하면 좋은 이유, 생후 12개월 미만의 아기에게 벌꿀을 먹이면 안 되는 이유, 성인은 그래도 괜찮은 이유 같은 것이다. 세상에서 가장 강력한 독을 만드는 보툴리누스균은 생각보다 흔하다. 벌꿀 속에는 다른 균은 살지 못해도 이 보툴리누스균의 포자가 들어 있을 수 있는데 아기의 장 속에서 자라면 치명적이기 때문에 먹이지 말라고 하는 것이다. 그럼 어른은 왜 괜찮다고 하는 것일까? 보툴리누스균 포자가 들어와도 장내에 살고 있는 다양한 미생물과 경쟁에서 완전히 밀리기 때문이다. 세균의 관점에서 포자나 독을 만드는 것은 시간과 비용을 엉뚱한 곳에 쓰는 것이라 속도 경쟁에서 일반 미생물에 완전히 밀려 살아남기 힘들다. 99.99% 도태되는 치열한 경쟁에서 살아남은 것, 그래서 양이 많은 것은 충분한 이유가 있으니 그것부터 공부하는 것이 효과적이다.

3 세상에 불안 전문가는 넘쳐도 안심 전문가는 없다

"선동은 문장 한 줄로도 가능하지만, 그것을 반박하려면 수십 장의 문서와 증거가 필요하다. 그리고 그것을 반박하려고 할 때면 이미 사람들은 선동 당해 있다." - 괴벨스 어록

1) 불안을 판매하는 것은 쉽고 장사도 잘된다

서점에 가면 정말 많은 종류의 건강 서적이 있고 그런 책들을 따라 하면 금방 문제가 해결될 것처럼 보인다. 설득력이 대단한데, 설득력은 보통 무수히 등장하는 체험담과 그것을 바탕으로 한 자신감에서 나온다. 문제는 '더닝-크루거 효과(Dunning-Kruger Effect)'이다. 어설프게 알면 자신의 판단이 잘못되었을 가능성을 생각하지 못하고 자신 있게 말하는 것이다. 경험과 능력이 풍부한 사람이 오히려 오류의 가능성을 항상 생각하기에 우물쭈물하고 자신감이 없다. 한마디로 무식하면 용감하다는 뜻이다.

원래 복잡하고 어려운 주제는 아무리 뛰어난 전문가라도 어렵게 말할 수밖에 없는데, 이때 누군가 자신만만하게 간단한 답변을 제시하면 인기를 끌게 된다. 어려운 진실보다는 입맛에 맞는 겉모습만 그럴싸한 대답이 인기인 것이다. 식품은 단지 익숙하여 쉽게 보일 뿐 실제 내면은 매우 복잡한 현상이다. 이런 식품을 쉽게 단정적으로 말하는 사람은 대부분 사이비이다. 문제는 사이비 전문가들이 점점 늘어나고 있는 것이다.

오죽하면 '쇼 닥터(Show Doctor)', '닥터테이너'라는 신조어가 생길 정도로 각종 건강 쇼 프로그램이 넘친다. 방송에서 사적 이득을 위해 의학적 근거가 없는 시술이나 건강기능식품을 추천하는 의사도 있다. 소비자들이 의사 말이라면 무조건 믿는 점을 개인적으로 악용하는 것이다. 진짜 전문가들은 연구하고 치료하느라 바쁘고, 진실보다는 소비자 입맛에 맞는 말을 할 줄 아는 인기에 야합하는 사이비 전문가들이 언론에서 맹활약하고 있다.

> 지금 세상에는 하나의 괴물이 배회하고 있다. 바로 불안이라는 괴물이다. 이 괴물은 사람들의 마음속을 떠돌며 약한 곳에 파고들어 자리 잡고서 우리를 아우성치게 만들고, 침울하게 만들고 여기저기 쑤시고 아프게 만든다.

우리가 실제보다 불안감이 높은 이유

쓸데없는 검사를 받게 하고, 겁 없이 큰 수술을 덜컥 받게도 만든다. 효과가 있는지 없는지 알 수도 없는 약을 평생 챙겨 먹게도 만들고, 별의별 보험을 몇 개씩 들어놓고 그 보험금을 대느라 쩔쩔매도록 한다. 불안은 포식자들이 호시탐탐 노리는 기름진 먹잇감이다. - 『의사는 수술받지 않는다』, 김현정

- 비행기의 안전한 착륙은 뉴스가 되지 않는다

불안을 부추기는 사람들은 정말 많아도, 안심을 설명하는 사람은 거의 없다. 안심 정보는 전혀 인기가 없기 때문이다. 그래서 정보 전달의 불균형이 일어난다. 콜레스테롤이 음식과 무관하다는 것이 밝혀진 지 오래지만, 뉴스를 통해 그것을 이해한 사람은 별로 없을 것이다. 언론에 보도해도 큰 반향을 일으키지 못하고 기억하는 사람도 별로 없다. 반면 "○○에서 대장균이 발견되었다", "발암물질이 발견되었다"라고 하면 금세 떠들썩해지고 인터넷에 남아 계속 떠돌게 된다. 안심 정보는 금방 사라지지만, 불안 정보는 더욱 부풀어져 주기적으로 인터넷에서 유행한다. 비행기의 안전한 착륙이 뉴스가 되지 않는 것과 같은 원리다.

사람들은 불안 정보에 훨씬 잘 반응한다. 걱정이 많은 사람은 자신의 걱정을 확신시켜 줄 증거를 탐닉하지만, 낙관적인 사람은 낙관하기 위한 정보가 필요하지 않다. 그러니 안심 전문가가 인기 있을 리 없다.

언론의 여러 고발 프로그램에는 항상 소위 전문가가 등장한다. 그런데 전문가는 불안감을 키우는 데나 유능하지, 안심과 편안함을 주는 일에는 철저히 무능하다. 위험성을 주장하면 소비자를 위해 몰랐던 위험을 알려준다는 좋은 평판을 얻을 수 있고, 만약 그 주장이 사실로 입증되면 대단한 명성을 얻을 수 있다. 자신의 주장이 틀렸다는 것이 명백히 밝혀져도 문제

가 될 것은 전혀 없다. 소비자를 위한 것이었다는 핑계가 있기 때문이다.

만약에 안전을 주장하면 이와 정반대의 상황에 직면한다. 가장 먼저 업계의 로비를 받았다는 인신공격성 비난을 받기 쉽다. 또한 안전하다는 것을 완벽하게 입증할 기술도 없고 쉽게 설명할 방법도 없다. 더 심각한 것은 위험하다는 주장은 백 번 틀리다 한 번만 맞아도 큰 명성을 누릴 수 있지만, 안전하다는 주장이 백 번, 천 번 옳았어도 단 한 번이라도 틀리면 치명적이다. "당신이 안전하다고 말한 것 때문에 여러 사람이 위험에 처했다"라는 비난을 피할 방법이 없는 것이다. 그래서 학자들은 "안전하지만 가능하면 피하시오", "위험(Risk) 대비 이득(Benefit)이 큽니다" 정도로 모호하게 말을 한다. 소비자는 "절대로 안전합니다!"라고 말해도 믿지 않을 판에 그 정도의 말에 안심할 리 없다.

그래서 나는 곧잘 첨가물이나 가공식품에 대하여 세상의 평판과 정반대되는 말을 하곤 했다. "천연을 포함한 모든 조미료 중 MSG가 가장 안전합니다", "검증된 합성 향이 천연 향보다는 안전합니다", "천연색소가 합성색소보다 안전한 것은 아닙니다" 등이다. 워낙 엉터리 정보로 만들어진 불안감이 커서 정반대되는 말만 골라 한 것이다. 이미 신념이 된 사람에게는 이래도 소용이 없겠지만, 아직 마음이 닫히지 않은 사람들은 상반된 이야기 속에 스스로 균형추를 맞추지 않을까 하는 기대가 있어서이다.

- 위험하다는 정보 위주로 편향되게 전달된다

손실은 이득보다 2.5배 정도 더 큰 영향력을 갖는다고 한다. 머피의 법칙의 원리다. 우리는 확실히 손해를 오래 기억한다. 연구 결과 중에는 틀린 경우도 많다. 「네이처」, 「사이언스」같이 유명 저널에 발표되는 논문도

2/3가 추후 다시 검증하면 오류로 밝혀진다고 한다. 이런 오류가 정보 전달 과정에서 더욱 왜곡된다. 사람들은 원하는 결과만 발표하거나 듣는 경향이 있기 때문이다. 예를 들어 사카린에 대한 발암성을 20명이 연구했는데 잘못된 실험으로 인해 "사카린에 발암성이 있다"라는 결과가 2가지, 제대로 된 실험으로 "사카린은 발암성이 없다"라는 결과가 18가지 나왔다고 가정해 보자. 연구자들이 있는 그대로 발표한다면 최소한 '발암성이 없다'라는 결과가 더 많다는 것을 알게 될 것이다. 하지만 정보 전달 과정에서 왜곡이 일어난다. 첨가물이 안전하다는 실험 결과는 주목을 받지 못하기 때문에 결과의 10% 정도만 발표되고, 반면 잘못된 실험이지만 사람들이 주목하는 결과인 '발암성이 있다'라는 결과는 발표될 가능성이 100%이다. 그 결과 우리는 '발암성이 없다'라는 연구 결과 1.8편과 '발암성이 있다'라는 연구 결과 2편을 보게 된다. 언론은 위험하다는 쪽만 보도할 확률이 높고 소비자는 위험하다는 정보에 더 큰 영향을 받는다. 그래서 사람들은 사카린에 발암성이 있다고 확신하게 된다.

천연물은 안전성을 입증하는 실험 자체를 거의 하지 않는다. 안전하다는 결과를 찾아내 봐야 아무도 주목하지 않기 때문이다. 첨가물은 처음부터 문제가 있을 것이라는 편견으로 검증을 시작하고, 사소한 흠집이라도 발견되면 그것이 엉터리 실험일지라도 소비자를 위해 대단한 발견을 한 것처럼 대서특필한다.

- 한번 믿으면 잘 바꾸지 않는다

"산타클로스가 존재하지 않음을 증명할 수 없다면 산타클로스는 틀림없이 존재해야 한다." 누구나 이 말이 억지라고 느낄 것이다. 그런데 "첨가물은 부작용이 없다는 것이 입증되기 전에는 반드시 부작용이 있다고 봐야 한다"라는 주장은 그러려니 한다. 첨가물은 위험하고 천연식품은 안전하다는 믿음이 있기 때문이다.

우리는 한번 어떤 것을 믿으면 그 믿음을 굳게 지키려는 경향이 있다. 때로는 '증명할 수 없는 무언가'로 이 믿음을 정당화하기도 한다. "세상에는 과학으로 증명할 수 없는 것들이 있고, 이것이 그중 하나이다", "과학보다 훨씬 높은 도덕적이고 철학적인 가치가 있다"라고 하는 식이다. 자연식품에 대한 믿음 역시 과학으로 증명할 수 없는 무언가 깊은 것이 있다고 주장한다. 과거에 흔한 믿음이었던 애니미즘이 다른 분야에서는 대부분 사라졌지만 음식에는 여전히 남은 셈이다. 그러면서 과학적 결과는 끊임없이 의심하라고 한다.

하지만 스스로를 의심하는 것은 불량 지식이 아니라 과학 자체이다. 과학의 핵심은 결과가 아니라 답을 얻어 가는 과정이라 끊임없이 현재의 답을 의심하고 부족한 점을 점검하여 채워 나간다. 이런 과학적 결론보다 불안 장사꾼의 현란한 말장난을 믿고, 자신의 몸을 맡기는 것은 결코 바람직하지 않다.

2) 안전을 말하는 것은 보상은 없으면서 위험만 크다

안심 전문가가 등장하기 힘든 이유는 소비자의 태도에도 있다. 믿고 싶은 것만 믿고, 설득되지 않기 때문이다. 1950년대 중반, 미국 미네소타대학의 심리학자 레온 페스팅거는 신분을 속이고 종말론 집단에 끼어들었다. 지구가 대홍수로 멸망하고 외계 신(神)을 믿는 사람만 구원받는다고 믿는 집단이었다. 예고된 멸망 시간이 지났지만 아무 일도 일어나지 않자 교주는 "신이 신자들 열성에 감동해 세상을 구원하기로 했다"라고 설명했다. 그러자 놀랍게도 신자들은 예언이 빗나간 것에 실망하거나 분노하기는커녕 열광하며 축제를 벌였다. 이후로도 수많은 종말론이 등장하여 많은 사람의 생활이 파탄이 났지만, 종말론을 주장한 사람은 항상 건재했다. '종말은 분명히 올 것인데 날짜 계산을 잘못했다', '불쌍해서 신이 멸망을 취소했다'라는 변명에 기꺼이 동조한 것이다. 이런 배경에는 '이걸 위해 내가 이렇게까지 했는데 부인해 버리면 나는 더 이상 버틸 수 없어'라는 심리가 있다. 그래서 자기의 모든 자산을 잃게 만든 목사에 대해서 놀랍도록 관대하고 오히려 변명해 준다. 이처럼 위험하다는 주장에는 그 주장이 아무리 틀려도 항상 관대하다.

이것은 식품이나 첨가물에 대한 오해와 편견에도 비슷하게 작용한다. 최근까지도 가공식품과 첨가물을 안병수 씨 등이 발간한 엉터리 책으로 공부한 사람이 많았다. 책을 통해 알게 된 것을 열심히 블로그에 올리고 주변에 알렸다. 그러면 주변의 반응은 뜨겁다. "그렇게 중요한 정보를 알려줘서 너무나 고맙다", "당신이 아니었으면 큰일 날 뻔했다" 이런 찬사를 받는 것이다. 그들의 엉터리 주장을 사실로 믿고 주변에 전파함으로써 우매한 사람을 일깨우고 그들의 건강을 지키는 영웅으로 인정받은 것이다.

불안 전도사가 많은 이유

	특징	위험 있으면	위험 없으면
불안하다는 주장	관심받기 좋다 정의롭다는 칭찬	명성	책임 없음
안전하다는 주장	뉴스성이 없다 설득이 어렵다 매수되었다는 비난	지옥	이득 없음 당연한 것

인정받고 싶은 것은 인간의 가장 큰 욕구의 하나이다. SNS에서 친구의 숫자가 늘고 '좋아요'의 수가 늘어나면 뿌듯해지는 이유, 여자의 명품 가방, 남자의 멋진 차, 명문대와 대기업이라는 간판 등에도 이런 인정의 욕구가 강하게 반영되어 있다. 건강이나 식품 정보는 모든 사람의 관심사이다. 이에 대한 정보의 전달은 인정받기 좋은 소재였고 그만큼 엉터리 정보가 순식간에 퍼져 나갔다.

이런 식으로 널리 알려진 유해론은 설득이 불가능에 가깝다. 아무리 안전하다는 증거를 보여 줘도 "당신은 기업의 거짓말에 속고 있는 것이니 정신 차리세요!" 하는 댓글이 달린다. SNS의 토론은 논리의 공방이 아니고 감정의 공방이 된다. 사실과 논리에 집중하는 것이 아니라 타인의 이목 때문에 어찌 되었거나 이기려 한다. 상대방의 사소한 허점이라도 찾아서 공격하고, 자신의 주장은 억지 논리로라도 방어하기 위해 자신의 입맛에 맞는 증거들만 끌어모으게 된다. 한번 가공식품과 첨가물을 '악'이라고 판단한 사람에게는 논리와 증거는 중요하지 않다. 반박당할수록 본인은 진실을 위해 악에 맞서 싸우는 외로운 전사라는 숭고함마저 느낄 수 있다. 이런 점에서 신념에 찬 사람을 설득한다는 것은 거의 불가능하고, 안심을 말해 줄 전문가는 나오기 힘든 것이다.

4 식품회사는 소비자 설득을 포기한 지 오래되었다

1) 식품회사는 이슈가 터지면 소나기만 피하려 한다

우리나라의 식품에 대해 국민의 80%가 불안해할 때에도 소통에 나서려는 식품회사는 없었다. 소통의 주체라는 생각도 소통의 기술도 없었기 때문이다.

식품회사도 너무 많고 식품의 종류도 너무 많다. 식품의 한 가지 이슈는 식품회사 전체의 문제보다 특별한 제품이나 성분을 사용한 회사의 문제라 전체적인 대응은 없다. 이슈가 터지면 오히려 반사이익을 보는 회사도 있다. 더구나 일단 이슈가 터지면 회사가 아무리 설명해도 소비자는 변명이라며 믿지 않을 것이라고 판단해 설명을 포기하고, 공방하다 괜히 더 시끄러워지면 오히려 손해라고 생각하며 침묵한다. 더 심각한 것은 어떻게 설명해야 설득할 수 있는지 전혀 준비되어 있지 않다는 것이다. 식품 대기업 정도면 잘못된 정보에 효과적으로 대응할 준비가 되어 있을 것으로 생각하지만, 나는 그런 준비나 의지를 거의 본 적이 없다. 어떻게 언론이나 소비자 단체와 싸우느냐, 싸워 이길 수도 없고 이겨 봐야 남는 것도 없다는 패배주의만 자주 보았다. 그렇게 침묵하는 동안 잘못된 정보가 진실로 둔갑하였다.

- 식품회사는 무첨가 마케팅이나 하려고 한다

내가 처음 쓴 책이 2012년에 발간한 『불량지식이 내 몸을 망친다』인데, 거기에 식품회사는 소비자의 불안감을 해소하려는 노력 대신 무첨가 마케팅 같은 '나쁜 마케팅'이나 할 것이라고 말한 바 있다. 그 후 다른 책을 통해서도 꾸준히 무첨가 마케팅의 문제점을 말했지만, 가공식품에 대한 불신과 불안감이 최고조에 달했을 때, 식품회사들은 무첨가 마케팅에나 집중했다. 처음부터 그 회사의 철학이 무첨가 쪽이었다면 괜찮은데, 그저 시류에 편승하는 회사들이 많았다.

무첨가는 단지 명시한 성분을 넣지 않았다는 뜻이지, 제품 중에 그런 성분이 없다는 뜻도 아니다. 무가당 주스라고 하면 당류를 첨가하지 않은 것이지 그 제품에 당류가 없는 것은 아니다. 과일에는 원래 당분이 많아 굳이 넣을 필요가 없는 경우가 많다. MSG 무첨가도 마찬가지다. 글루탐산(감칠맛을 내는 아미노산)이 주성분이라 감칠맛이 전혀 필요 없는 제품에 MSG 무첨가라고 표시하는 것은 일종의 소비자 기만행위이고, 감칠맛이 필요한 제품에 MSG 대신 HVP 등을 첨가하고 무첨가를 주장하는 것도 어찌 보면 속이는 행위이다. 그런데 이런 엉터리 마케팅이 점점 기승을 부려 처음에는 무가당, MSG 무첨가를 주장하더니 점차 그 숫자를 늘려서 3무, 5무, 7무를 주장하였다.

사실 음식에 가장 강력한 효과를 주는 첨가물은 소금이다. 모든 요리는 소금을 넣어야 비로소 제맛이 나기 시작한다. 그리고 보건 당국이 건강을 위해 줄이라고 하는 것은 소금(나트륨)이다. 첨가물은 대부분 소금보다 안전하기에 기준에 맞추어 쓰면 건강에 전혀 문제가 없다. 식품첨가물은 식품에 첨가하도록 만들어진 물질인데, 소금은 마음껏 넣으면서 소금보다 안전한 첨가물은 넣지 않아서 좋다고 주장하는 것은 옳지 않다. 혹시라도 특정 첨가물에서 위험성이 발견되면 그 품목은 법으로 사용 가능 품목에서 제외해야 하고, 안전한데 사람들이 위험하다고 오해하면 제대로 설명하려고 노력해야 할 것이다. 그런데 그런 노력 대신에 그 식품에 쓸 필요도 없는 첨가물을 빼거나, 실제로는 사용하는 것이 더 안전해지는 첨가물을 빼고는 무첨가라 광고한 것이다. 이런 무첨가 마케팅은 후발주자가 새로 시장에 진입할 때나 쓰던 네거티브 전략이다. '우리 제품에는 ○○을 뺐다'라고 광고해서 기존 제품을 몸에 안 좋은 제품으로 인식시키는 것이다. 소비자야 불안하든 말든, 전체 시장이야 망가지든 말든 자사의 이익만 추구하면 그만이라는 마케팅이다. 그러다 심지어 우유 회사에서 커피믹스에 우유의 단백질인 카제인나트륨을 빼고 화학적 합성품을 뺀 제품이라고 광고하는 마케팅마저 등장했었다.

우리나라의 첨가물 사용 기준은 미국이나 유럽에 비해 엄격하고, 실제 사용량도 허용량보다 훨씬 적어서 식품첨가물에 의한 질병은 전혀 걱정할 필요가 없다. 그런데 국내 소비자들은 식품첨가물을 가장 두려워한다. 미국이나 일본에서 식중독을 가장 두려워하는 것과 대비되는 점이다. 그런데도 식품회사는 그런 오류를 바로잡기보다는 무첨가 마케팅으로 면피만 하려 했다. 결국 소비자가 제대로 알아야 한다. 식품회사가 해결하기 힘든 것은 설탕, 소금, 지방 같은 것이지 첨가물이 아니다. 음식에서 소금(짠맛), MSG(감칠맛), 설탕(단맛) 같은 성분을 빼고 만드는 것이 힘들지, 첨가물을 빼는 것은 별로 큰 기술이 아니다.

2) 내가 식품을 다시 공부하고 책을 쓴 이유

내가 1989년 대학원을 졸업하고 평범한 식품회사 연구원 생활을 하다가 2009년 식품 공부를 다시 하고 책을 쓰게 된 것은 한 TV 프로그램 때문이다. 우연히 본 어느 방송에서 아이스크림과 향료를 불태우면서 나를 아이들에게 해로운 불량식품이나 만드는 파렴치한으로 만들었다. 그 방송이 가공식품과 첨가물이 나쁘다는 부정적 인식을 만드는 데 완벽하게 성공했으니, 식품에 대한 규제는 갈수록 심해질 것이고, 새로운 신제품이 나와도 관심이 없을 것이고, 점점 일하는 재미와 보람이 사라질 것이라는 생각이 들었다.

나는 이것을 해결할 정답은 없어도 힌트는 많을 것이라 생각하고 개인 블로그인 'Seehint.com'을 만들어 자료를 정리하기 시작했다. 자료를 모으고 정리를 할수록 '문제는 결국 양이다'라는 확신이 들어서 첫 번째 책인 『불량지식이 내 몸을 망친다』를 쓰게 되었다. 양이 문제라는 것 하나로 식품 대부분의 논란에 답을 할 수 있다는 것을 알고 너무나 통쾌했다. 그래서 책의 감사의 글에 "가장 먼저 감사할 것은 오히려 스펀지 2.0(가공식품과 첨가물 시리즈)이다. 나를 분노하게 하여 평범한 회사 생활에서 깨어나 식품이 무엇인지 다시 공부하게 해 주었다"라고 썼다.

내 책을 읽고 반응을 보여 준 사람은 식품 관련자가 아니라 오히려 식품에 대하여 엉터리 내용만 방송한다고 생각했던 기자, 작가, 피디였다. 그리고 이전과는 다른 태도를 보여 주었다. 이를 보고 식품 전문가들이 한 번도 식품이나 독과 약이 무엇인지 제대로 설명해 주지 않은 채, 언론 탓만 했구나 하는 생각이 들었다. 그들은 건강 전도사보다 비교할 수 없이 열린 시각을 가진 사람인데, 식품업계는 이슈가 터진 후 사후 대응만 했지, 사전에 그들에게 제대로 설명하려는 노력은 전혀 한 적이 없었다는 사실을 깨닫게 되었다. 식품회사는 그렇게 오랫동안 실패했음에도 어떻게 해야 효과적으로 설명할지 고민하지 않고 '어차피 그들은 설득이 안 돼' 하는 변명만 했다.

실제보다 불안감이 많은 이유

▶ 음식에 과도한 의미 부여: 내가 먹는 것이 그대로 내가 된다?

- 풀만 먹는다고 해서 풀이나 소가 되지 않는다.

- 식품은 건강에 필요조건이지 충분조건이 아니다.

- 좋다는 것만 먹은 갑부나 권력자도 특별히 오래 살지는 못했다.

▶ 안전에 대한 과도한 집착: 절대 안전은 절대 없다.

- 물마저 과도하게 마시면 위험하다.

- 조심은 지혜이지만 과도한 불안감은 인생의 낭비이다.

- 안전은 가운데 있다. 이분법적 사고는 불안만 키운다.

▶ 전체적으로 보지 않고 개별 이슈에 일희일비한다.

- 세상의 건강 비법을 모두 합하면 불치병은 없어야 한다.

- 세상에 위험 주장을 모두 합하면 먹을 것은 하나도 없다.

- 개별적으로 대단하다는 소재도 모두 합해 보면 평범해진다.

▶ 효능이나 위험을 과장한 불량 지식이 너무 많다.

- 지식이 파편화되어 정보는 과잉이고, 그것을 판단할 지혜는 부족하다.

- 위험 정보의 진위를 판단할 능력을 훈련받지 못했다.

- 단편적 실험 결과와 체험담을 제 입맛에 맞는 것만 골라 듣는다.

- 진실의 반대말이 신념이고, 과학의 반대말이 체험담이다.

▶ 불안 전도사는 넘쳐도 안심 전도사는 없다.

- 세상에 완전히 안전하다는 것을 입증하는 실험법은 없다.

- 위험 정보와 손해에 훨씬 민감한 것이 인간의 본능이다.

- 그런 본능을 언론이나 건강 전도사들이 과도하게 이용한다.

2장.

식품의 안전:
걱정할 이유가 없다

1 우리보다 안전한 식품을 먹는 나라도 없다

1) 완벽하지는 않지만 가장 안전한 편이다

- 우리나라보다 까다로운 식품 법규를 가진 나라도 없다

10년 전 식품에 대한 불안감이 최고조에 있을 때 내가 언론이나 식품을 이야기하는 사람과 만나거나 세미나를 하면 으레 하는 질문이 있었다. "우리나라보다 안전한 식품을 먹는 나라, 우리보다 좋은 식품 환경을 가진 나라를 알고 있으신가요?" 그러면 대부분이 침묵한다. 미국, 일본, 유럽 등 선진국은 많지만, 막상 우리나라보다 안전하다고 자신 있게 말하는 사람은 없다. 심지어 가공식품과 첨가물을 말하면서 우리나라가 식품 안전에 최악인 것처럼 말하던 사람도 이 질문에는 침묵한다. 사실 식품을 수입하거나, 식품 관련 일을 하는 사람에게 물어보면 한국처럼 식품 법규가 까다롭고, 요구하는 서류도 많고, 해명이 통하지 않는 나라도 없다는 것에 모두 동의한다.

예전에는 제품 포장지에 주요 원료 5가지를 표시하고 합성보존료, 합성색소 등을 추가로 표시했다. 요즘은 모든 원료를 풀고, 원료(반제품)에 포함된 원료까지도 풀어서 표시하게 되어 있다. 그래서 보통의 인내심으로는 도저히 모두 읽기 힘들 정도로 세상에서 가장 상세한 표시사항을 제공한다. 제품개발자, 포장개발자 모두 표시사항 작성과 확인에 애를 먹고 있다. 그런데 이렇게 해서 소비자는 조금이라도 더 안심하게 되었을까?

영양 성분 표시는 1980년에 미국이 비만과의 전쟁을 시작하면서 만들어진 제도다. 미국의 비만과의 전쟁은 실패한 전쟁이다. 영양 성분 표시로 지방과 칼로리를 강조한 다이어트의 시도는 효력이 없다. 하지만 이런 표시를 계속해서 늘리려 한다. 얼마 전 미국 보건부와 농림부는 콜레스테롤의 섭취 제한을 없앴다. 우리 몸 안에 있는 콜레스테롤의 대부분은 음식과 무관하게 체내에서 합성한 것이고, 콜레스테롤 유해론이 오해였음이 밝혀졌기 때문이다. 마가린 등에 문제가 된 트랜스지방은 2005~2009년 사이에 에스테르화 공법을 통해 제로 수준으로 없앴다. 그렇다면 식약처는 이것을 반영하여 식품 표시사항에서 콜레스테롤이나 트랜스지방을 더 이상 표시하지 않아도 되도록 노력할까? 최소한 지방의 함량이 낮은 식품부터라도 그런 검사 비용과 표시 부담을 없애야 할 텐데 내가 봐서는 스스로 그런 노력을 할 가능성은 없다.

지금까지 식약처의 예산이 늘수록 식품회사가 부담해야 할 일과 비용도 늘었다. 규제와 검사 항목이 계속 늘어서 분석 비용과 Q.C 비용이 그렇게 늘고, 표시사항이 그렇게 늘었으면 안심하는 사람이 늘어나야 보람이 있을 텐데, 전혀 그렇지 않으니 누구를 위한 것인지 알 수 없다. 그렇게 늘어난 비용을 최종적으로 감당하는 사람은 결국 소비자다. 식품의 내용물에 사용되어야 할 비용이 갈수록 안전의 비용으로 소진되고 있는 것이다.

우리나라가 식품 안전을 위해 시행 중인 제도들

▶ **제조물 책임법(PL)** 선진국에서 시행하는 제조물 책임법(PL)이 이미 시행 중이며, 제조물로 인한 피해는 제조자가 모두 책임지게 되어 있다.

▶ **HACCP** 우주인에게 안전한 식품을 공급하기 위해 개발한 방법으로 가장 까다로운 관리 규격이다. 우리나라가 가장 열심히 인증 추진 중이다.

▶ **이물 규제 처벌법 추진** 세계에서 유일하다. 이물 관리는 지금도 세계적으로 우수한데 법적으로 이물에 대해 행정 처분을 하겠다는 곳은 우리나라 밖에 없다.

▶ **세상에서 가장 상세하고 까다로운 식품표시제도**

- 전 원료 표시: 세상에서 가장 길고 복잡한 표시를 한다.
- 영양 성분 표시: 이미 선진국 수준인데 여기에 어린이 신호등, 나트륨 표시제 등을 계속 추가 중이다.
- 원산지 표시: 이것을 실시하는 나라는 별로 없다.
- 알레르기 표시: 알레르기 물질의 잔류 여부와 무관하게 표시하게 하고 품목은 계속 확대 중이다.

▶ **가장 까다로운 식품표시 규정**

- 감미료를 넣거나 원래 당분이 존재해도 무가당 표기를 못 한다.
- MSG를 넣지 않아도 글루탐산이 있으면 무 MSG 표시가 금지되었다.
- 보존료를 넣지 않아도 허용 품목이 아니면 무보존료 표기가 불가능하다.
- 무색소도 색소가 허용된 품목에만 가능하다.
- 천연이라는 표시도 사실상 불가능하게 막고 있다.
- 과장광고를 막기 위해 검증되지 않은 내용의 문구도 금지하고 있다.

▶ **Positive list:** 세계 최초로 모든 향료 물질을 국가에서 관리한다.

▶ **품목신고제도:** 미국, 일본, 중국에서는 생산 가능 품목 유형만 관리하지 제품 하나하나마다 품목 제조 신고를 하지 않는다.

- 높은 교육 수준과 상호 감시망

소주를 공업용 원료로 만든다는 괴담을 믿는 사람이 있다. 글의 내용을 보면 왠지 전문적인 지식이 있는 것 같고, 숨겨진 비밀을 밝히는 정의로운 사람 같기도 하다. 하지만 100% 거짓말이다. 그런 글에 속지 않는 가장 간단한 방법은 경쟁자를 확인하는 것이다. 소주는 뛰어난 가성비로 주류 시장의 괴물 같은 존재이다. 소주가 사라지면 환호할 다른 술 경쟁자가 많고, 그런 경쟁자가 소주에 대해서 다른 어떤 전문가보다 훨씬 많이 알고 있다. 그런 경쟁자가 소주가 화학주니, 건강에 치명적인 술이라 말하지 않는다. 소주가 사라지면 막대한 이익을 볼 수 있는 입장인데 그렇다.

다른 식품도 마찬가지다. 대부분 경쟁 회사가 있고 그 제품의 내막은 경쟁사가 가장 잘 알고 있기에 경쟁사가 무서워 불법인 일은 하지 못한다. 경쟁사보다 더 무서운 내부자도 있다. 생산, 품질, 연구, 구매 등 부서별로 목표가 달라 상호 견제가 있고, 직원들도 각자의 생각이 다르고, 이직하는 사람도 많다. 그러니 내부자 고발이 두려워서라도 법을 어기는 일은 생각조차 쉽지 않다. 경쟁 회사와 내부자가 가장 두려운 감시자이다. 식품 분야는 관련 종사자만 20만 명이 넘는다.

- 식품첨가물은 안전하며 소비량도 매우 적다

첨가물 대부분은 천연식품과 같은 성분이다. 천연물 대부분은 물과 탄수화물, 단백질, 지방이고 향, 색, 항산화 성분은 극미량이다. 미량으로 특별한 기능을 하는 성분을 따로 만든 것이 첨가물이다. 식품에 개별 성분으로 첨가할 수 있는 것은 모두 식품첨가물로 관리한다. 비타민, 미네랄, 아미노산 같은 영양 성분도 당연히 식품첨가물이다. 이들 대부분은 순도가 매우 높은 단일 성분이라 사용량이 규정에 적합한지만 확인하면 된다. 식약처에서는 매년 모든 첨가물의 생산량과 사용량 실적을 집계하여 공개하고 있다.

대부분의 첨가물은 워낙 안전해서 사용 제한이 없고, 보존료 등 일부 품목은 사용량에 제한이 있는데, 허용량은 독성이 발생할 가능성이 있는 양의 1/100로 설정되었고, 우리나라의 사용량은 허용량 0.1~10% 정도이다. 다른 나라보다 적게 쓰고, 과거에 비해서도 훨씬 적게 쓰고 있다. 예전에는 아이스 바 한 개를 먹으면 색소로 혓바닥이 파랗게 물드는 제품도 있었는데 요즘은 그런 제품이 없다.

식약처가 2007년 국내 합성색소 섭취량을 조사한 결과, 색소가 포함된 식품만을 먹어도 일일섭취허용량의 0.01~16.4%에 지나지 않는 안전한 수준을 보였다. 지금은 이것마저 천연색소로 대체되었다.

아황산은 일일섭취허용량의 1/20, 아질산은 1/10 수준으로 섭취하는 것으로 조사돼 모두 안전한 수준으로 평가됐다고 밝혔다. 사용이 허용된 품목의 절반 정도는 아예 쓰지도 않았고, 사용하더라도 허용한 기준보다 훨씬 적게 썼다. 항산화제의 사용량도 우리 국민의 산화방지제 일일섭취량을 평가한 결과 일일섭취허용량의 0.01~0.28%로 나타났다.

보존료 사용량도 안전하다. 2012년 식약처가 시중의 소시지 등 37개 품목, 610건에 대해 보존료 함량을 조사한 결과 허용량의 최대 0.89%에 그쳐 매우 안전한 수준임이 밝혀졌다. 치즈, 어육가공품, 건조 저장육 등에 보존료가 쓰이지만, 보존료 함량이 가장 많은 식품도 허용치의 1/4 이하였다고 밝혀졌다. 검사 제품 가운데 절반은 아예 보존료가 검출되지 않았다. 보존료를 쓸 수 있도록 허용된 제품은 전체 식품의 극히 일부다. 그런데 허용된 제품마저 절반은 보존료를 쓰지 않고, 쓰더라도 허용량의 1%를 넘지 않는다.

식품첨가물의 일일섭취허용량이란 평생 매일 먹더라도 유해하지 않은 체중 1kg당 하루 섭취허용량을 뜻하며, 사소한 유해성이라도 나타날 수 있는 농도의 1/100 수준이다. 그리고 실제 사용량은 보존료의 경우 허용량의 1%, 다른 첨가물도 10% 이하인 경우가 대부분이고, 소비자는 가공식품을 통해 이들을 섭취하므로 지금보다 가공식품의 소비량이 1,000~10,000배 정도가 되어야 구체적 피해가 발생하는지 아닌지 따져 볼 수준인 것이다.

- 한국인의 평균 수명이 세계에서 가장 빠르게 늘어났다

사실 지금의 한국인은 역사상 가장 건강하고 오래 산다. 불안 장사꾼이 주장하는 대로 가공식품이나 GMO 때문에 온갖 질병이 생겼다면 도저히 이해할 수 없는 현상이다. 인류 역사상 가장 빠른 속도로 수명이 증가하는 나라가 바로 우리나라다. 유엔 경제사회국(DESA)은 '2012년 세계 인구 전망' 보고서에서 2095~2100년에 출생한 한국인의 평균 기대 수명이 95.5세로 예측돼 세계 최장수국이 될 것으로 전망했다. 100여 년 전 불과 25세에 불과했던 우리나라 평균 수명이 OECD 국가 중에서 가장 빠른 속도로 증가하여 이미 장수 국가에 속하며 조만간 세계 최장수 국가가 된다고 한다. 여기에는 의학의 발달도 역할을 했지만, 위생적이고 양질의 식품을 충분히 공급한 식품회사의 역할도 크다 할 것이다.

사람들은 항상 "옛날이 좋았어!" 하는 성향이 있다. 우리의 뇌는 힘들었던 과거를 미화하는 습관이 있기 때문이다. 그래서 옛날 사람이 더 야생의 힘을 가지고 건강하게 살았고 현대인은 위험한 물질에 노출된 채 나약하게 살아가는 이미지를 떠올리는 경우가 많다. 하지만 이것은 사실이 아니다. 현대인은 인류 역사상 어느 때보다 건강하고 장수한다. 불과 100년 전 천연 무공해 유기농 작물만 있었던 시절보다 훨씬 건강하고 덜 아프다.

2) 규제를 강화한다고 안심이 증가하지는 않는다

2009년 한국소비자원이 조사한 결과에 따르면 '요즘의 식품 전반이 안전하다고 생각하십니까? 아니면 불안하다고 생각하십니까?'라는 질문에 응답자의 32.0%는 약간 불안, 27.4%는 불안, 10.6%는 매우 불안하다고 응답하여 전체의 70.0%가 식생활 전반을 불안하게 느끼는 것으로 나타났다. 그리고 이어진 2010년 한국 농촌경제연구원의 조사보고서에 의하면 14.9%는 매우 걱정, 69.6%는 걱정됨, 13.5%는 걱정 안 됨, 그리고 1.7%만 전혀 걱정 안 됨이라고 대답하여 84.5%가 불안감을 느끼고 있는 것으로 나타났다.

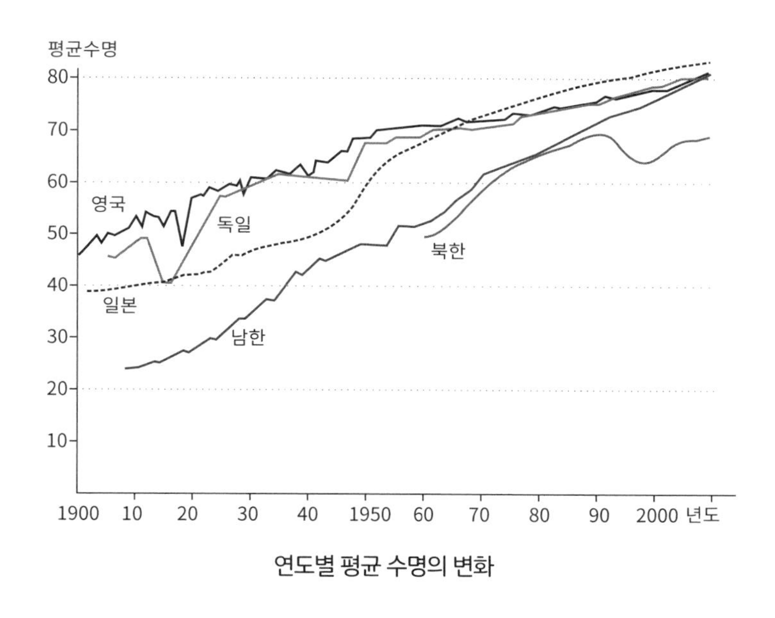

연도별 평균 수명의 변화

그래서인지 건강에 대한 자신감은 OECD 국가 중 가장 낮은 편이다. 대부분 나라는 절반 이상이 자신이 건강하다고 응답했지만, 우리나라와 일본만 30%대에 머문다. 이렇게 자신의 건강에 자신이 없는 것에는 식품에 대한 불안감도 한몫했을 것이다.

다른 나라의 좋아 보이는 규정은 무조건 따라 해서 세계에서 가장 까다로운 식품 법규를 가졌고, 식품회사도 나름대로 열심히 노력해서 세계에서 가장 안전한 식품을 생산하고 있으며 K-푸드는 해외에서도 인정받고 있다. 더구나 땅이 좁아서 불과 한나절이면 산지의 작물이 소비자에게 전달되며, 골목마다 식당과 가게가 있어서 항상 신선식품이 넘친다. 우리나라보다 잘사는 나라는 있어도 우리나라보다 안전하고 신선한 식품을 공급받는 나라는 찾기 힘들다. 그런데도 국민의 80% 정도가 식품을 불안하게 여기는 것은 분명히 문제다. 지금 부족한 것은 안전보다 '안심'이다.

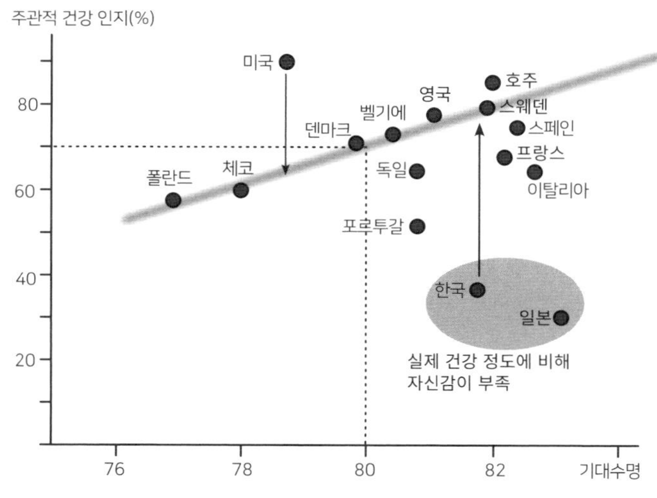

건강의 정도와 만족도(출처: OECD Health online database 2013)

- 더 이상 규제를 강화하면 비용만 증가할 뿐이다

혹자는 그래도 더 안전하면 좋은 것이 아닌가 하겠지만, 일정 수준 이상의 안전 추구는 비용 대비 효과가 없어지는 것을 지나 오히려 위험할 수도 있다. 절대 안전이란 존재하지 않는 것이기 때문이다. 가공식품은 위험하니 천연식품을 먹어야 한다고 하지만 우리가 먹는 독의 99%는 천연물에 있는 것들이다. 천연 독이라고 하면 복어, 독사, 전갈, 독거미 등 동물 독을 많이 생각하지만, 사실 독은 도망칠 능력이 없는 식물의 주된 방어 수단이다. 독은 재배종보다 야생종에 더 많다. 인간의 보호가 없기 때문이다. 식물이 독을 만드는 것은 많은 자원이 소비되는 행위이다. 그래서 필요할 때만 만든다. 농약을 사용하면 벌레의 공격이 적어 농산물 자체의 천연 독성물질은 더 적어진다. 복어도 야생은 독이 있지만 양식 복어에는 독이 없다. 야생에서는 독이 있는 플랑크톤을 먹게 되지만 인간이 준 사료에는 그런 독이 없기 때문이다.

제임스 콜만은『내추럴리 데인저러스』에서 "우리가 먹는 채소나 과일을 포함한 모든 식물성 식품에는 거의 모두 천연 발암물질이 들어 있다. 천연물을 통해 섭취하는 독성물질은 인공살충제 잔류물의 1만 배에 해당하는 양이다"라고 말한다. 식품첨가물은 주로 단일 성분이고 각각 오랜 시간 독성 실험을 했으며, 독성의 정도에 따라 사용의 제한이 없는 것에서부터 품목과 용량이 정해진 것까지 각각의 특성에 맞추어 엄격하게 관리되지만, 천연물의 성분은 통제할 수 없다. 천연물은 독성이 없어서 안전한 것이 아니라, 우리가 먹는 농산물은 자연에서 고르고 고른 품종이고, 특정 성분의 농도가 높지 않아 안전한 것뿐이다.

실제 식품사고는 대부분 천연물로 인해 일어난 것인데, 가공식품이나 첨가물의 문제로 잘못 인식하는 경우가 많다. 예를 들어 식중독, 알레르기, 중금속, 환경호르몬, 잔류농약 등은 모두 천연물의 문제다. 곡류에 핀 곰팡이에 의한 아플라톡신 오염도 많고, 과일이나 우유 등을 검사하면 벤젠과 포름알데히드가 미량은 존재한다.

3) 절대 안전의 추구가 오히려 위험을 키울 수 있다

가공식품을 먹지 않고, 독이 되는 성분을 완전히 제거한 천연식품을 먹으면 안전할까? 천만의 말씀이다. 우리가 알고 있는 독성과 위험성을 모두 합해도 내 몸이 만드는 독인 활성산소(자유라디칼)에 비하면 아주 사소한 문제이다. 우리를 아프게 하고 늙게 하는 것은 음식을 통해 섭취하는 독이 아니라 살아가기 위해 내 몸이 만드는 독이다.

자유라디칼(Free radical)이 노화의 원인일지도 모른다는 생각이 처음 나온 시기는 1950년대이다. 데넘 하먼은 자유라디칼 조각들이 결국 세포를 파괴하고 노화 과정을 일으킬 것이라고 주장했다. 모든 생명체는 활동의

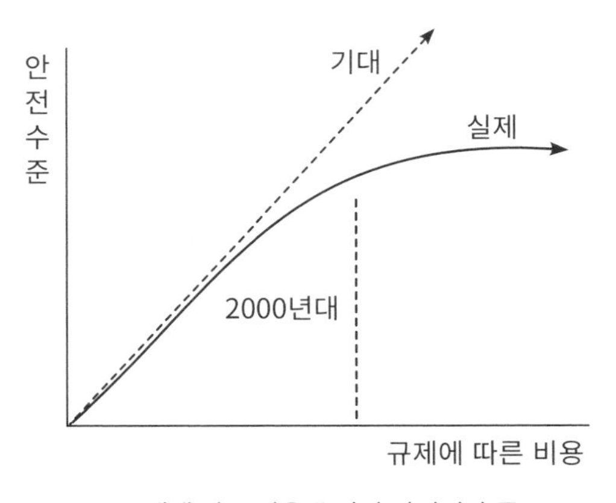

규제에 따른 비용 증가와 안전의 수준

에너지원으로 ATP를 사용한다. 매일 자신의 몸무게만큼 엄청난 양의 ATP를 소모하는데, 이 ATP는 탄수화물 등 열량소(칼로리원)를 소비하면서 재생된다. ATP가 재생을 담당하는 기관인 미토콘드리아가 세포마다 수백~수천 개씩 있다. 문제는 에너지를 만드는 중간 과정에서 생성되는 불완전 연소물인 활성산소다. 활성산소는 공기 중의 산소가 금속을 녹슬게 하듯이 세포 속의 단백질과 유전자 등을 손상한다. 세포 안에는 이런 손상을 보수하는 메커니즘이 있지만 완벽하지는 않다. 활성산소로 세포의 손상이 많이 누적되면 새로운 세포로 대체된다. 그 와중에 DNA 원본에도 조금씩 손상이 누적되어 새로 만든 세포는 점점 원형보다 성능이 떨어진다. 그리고 점점 재생이 느려진다. 노화의 원인은 최대 80%가 활성산소 때문이라고 한다. 우리가 먹고 숨을 쉬는 것 자체가 늙어가는 과정이다.

활성산소인 자유라디칼의 누출이 많을수록 수명이 짧아지는 것은 확실하다. 몸집이 작은 동물은 대사율이 높다. 가만히 있을 때조차 맥박이 1분에 수백 번씩 뛴다. 호흡이 빠르면 자유라디칼 누출이 많아지고 수명이 그만큼 짧아진다. 몸집이 큰 동물은 심장박동은 느리고 자유라디칼 누출도 적다. 그만큼 오래 산다. 그런데 조류는 몸집과 수명이 비례하는 것에 예외처럼 보인다. 비둘기는 45년 정도를 사는데, 이는 크기와 대사율이 비슷한 쥐에 비해 10배나 오래 사는 것이다. 이것 또한 자유라디칼 누출로 설명된다. 새들은 비슷한 크기의 포유류에 비해 자유라디칼 누출이 거의 10배나 적다. 자유라디칼 누출 정도에 따라 수명뿐 아니라 건강한 기간도 달라진다. 쥐는 대사율이 높아 인간보다 30배 이상 질병의 발병 속도가 빠르고, 암도 빨리 걸린다.

그럼 이런 활성산소를 완벽하게 차단하면 더 오래 살까? 안 된다. 우리 몸은 활성산소가 항상 있다는 전제로 만들어진 몸이기 때문이다.

소량의 활성산소는 생존에 필수적이다. 세포의 성장에 필수적이고 인간을 비롯한 동식물의 체내에 세균, 바이러스, 곰팡이 등의 이물질이 침입했을 경우, 이것을 녹여 없앰으로써 생체를 지키는 아주 중요한 역할을 한다. 간에서는 활성산소가 해독 작용을 하기도 하고 어떤 활성산소는 암세포를 죽이기도 한다. 또 활성산소가 인체의 세포 성장과 세포 자살에 관련된 다양한 생체 신호 전달 과정에서 매우 중요한 역할을 한다는 것이 밝혀지기도 했다. 초파리의 경우 활성산소를 만드는 효소(유전자)를 없애면 번식하지 못한다. 사람도 마찬가지다. 정자는 활성산소를 뿜어내는 관을 통과하지 않으면 성숙하지 않는다.

심지어 활성산소가 오히려 수명을 증가시키기도 한다. 2010년 캐나다 맥길대학의 지그프리드 헤키미 박사는 꼬마선충에게 활성산소를 많이 생산하도록 유전자 조작을 한 결과 수명이 단축되기는커녕 오히려 수명이 더 연장되었다고 밝혔다. 활성산소가 체내의 보호와 수리 메커니즘을 작동시켜 오히려 수명이 연장된 것이다. 사람이 적당한 운동을 했을 때와 비슷한 효과인 것이다. 사람의 몸도 활성산소가 적당량 있는 상태에서 최고의 성과를 낸다.

식품 중에서 식이섬유는 우리 몸에 소화 흡수가 안 되는 다당류이다. 소화 흡수가 안 되는 물질이라 한동안 쓸모없는 물질이라는 평가를 받았다. 맛과 식감이 나빠서 제거하는 쪽으로 진행되었다. 그런데 식이섬유를 너무 적게 먹자 장 건강에 문제가 생기기 시작했다. 과거에는 소화 흡수가 안 되는 물질이 너무 많아서 식이섬유의 섭취를 줄이는 것이 건강에 좋았는데, 너무 줄이자 우리 몸은 식이섬유가 많다는 전제로 만들어진 것이라 문제가 된 것이다. 이처럼 대부분의 물질에는 양면성이 있다. 절대 안전은 존재하지 않고, 절대 안전을 추구하다가 오히려 훨씬 위험해질 수 있는 이유이다.

우리가 먹는 대부분의 독은 천연 식물에 존재하는 것이고, 우리 몸에서 실제 피해를 미치는 대부분은 활성산소이라 이것을 줄이는 유일한 방법은 식사량을 줄이는 것인데, 불안 장사꾼은 자꾸 양 대신에 종류를 강조하여 초점을 흐리고 있는 것이다. 절대 안전을 말하는 불안 장사꾼이야말로 안전을 해치는 존재들이다.

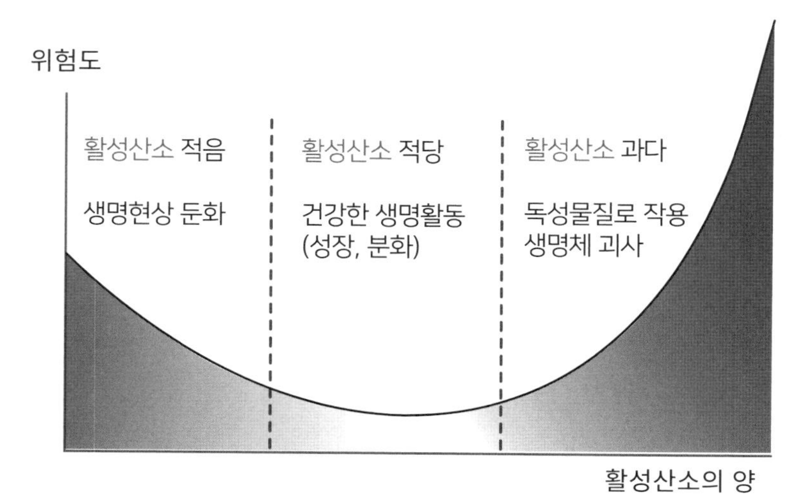

활성산소 양과 위험도의 관계(J curve)

2 내 몸은 손상에 대비하여 설계되었다

1) 각각의 세포마다 매일 100만 번의 손상을 받는다

내가 어렸을 때만 해도 다들 다치는 일이 많았다. 대부분 시골에서 살았고 산과 들을 쏘다니고 일하다, 나무를 타다, 바위에서 뛰어내리다 다치고 부러지곤 했다. 시골에 약도 병원도 없었지만 다들 시간이 지나면 멀쩡해졌다. 이런 치유력의 배경에는 세포의 재생이 있다. 우리 몸에는 37조 개 정도의 세포가 있는데, 1년이면 절반 정도가 새롭게 만들어진 세포로 대체된다고 한다. 보통 우리 몸은 아무 손상이 없다가 독성물질에 노출되거나 상처를 입을 때 손상이 발생한다고 생각하지만, 모든 세포가 매일 100만 번의 손상을 받는다고 한다. 심지어 생명의 설계도라 가장 보호를 받는 DNA마저 매일 1만 개 이상의 손상을 받는다. 이런 손상이 37조 개 세포마다 일어난다. 그래서 우리가 조심하든 말든 평균 2년마다 한 번씩 우리 몸은 완전히 새로운 몸으로 바뀌는 것이다. 심지어 뼈도 매년 절반은 파골과 조골에 의해 새로 만들어진다. 우리 몸은 외부 요인에 의한 손상보다 활성산소의 발생 같은 내부 요인에 의한 손상이 많다. 그러니 만약 이런 세포의 재생이 없다면 우리의 수명은 20살을 넘기기 힘들 정도로 짧을 것이다.

세포는 짧으면 몇 시간, 길면 60년 이상의 수명을 가지고 있다. 세포는 분열 횟수에 한계가 있으며 결국에는 죽는다. 이것을 처음 알아낸 사람은 미국의 세포생물학자 레오나르 헤이플릭 박사다. 그는 1961년 인체 세포

배양 실험을 통해 태아의 세포는 각각 약 100회, 노인은 약 20~30회 분열한다고 밝혔다. 그 후 파악된 연구에 따르면 세포의 분열 횟수가 태아 90회, 노인 20회 정도라고 하니 그의 연구는 상당히 정확했던 셈이다. 세포의 평균 수명이 2년이고 분열 횟수가 50회라면 100년을 사는 것이고, 그동안 37조 개의 세포가 50번 재생되면 1,8500조 개의 세포가 재생되는 것이다. 이와 같은 세포의 재생을 통해서 우리는 손상을 견디고 살아간다. 대충 손상을 보며 살아도 세포의 꾸준한 재생으로 복원되고, 아무리 손상을 줄이려 해도 소화 과정 등에서 발생하는 활성산소로 인한 손상이 훨씬 많아서 별 차이가 없기도 하다. 우리가 태어나 죽음까지 이르는 노화의 과정은 내부적으로 강물처럼 도도히 흐르고 어지간한 노력은 강물에 물 한 바가지 퍼붓거나 퍼내는 정도의 차이만 만드는 것이다.

신체 부위	세포 수명
눈, 심장, 뇌	60년
대장, 소장	16년
근육	15년 이상
신경 간	7년
간	12~18개월
손톱, 발톱	6개월
적혈구	120일
두피	60일
일반적인 체세포	**1달**
피부	2~4주
백혈구	3~20일
장 내벽 세포	5일
위장	2.5시간

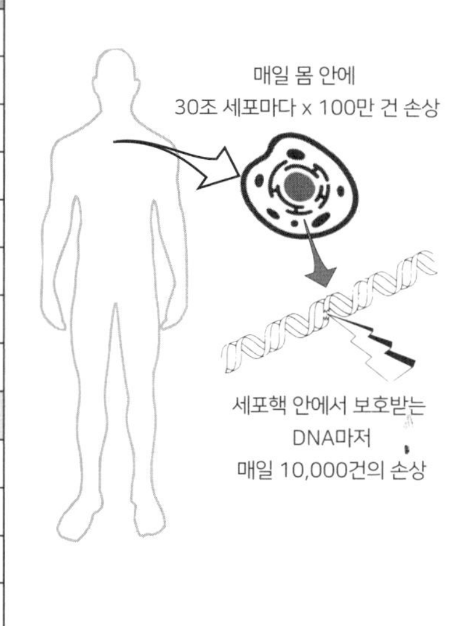

2) 어설픈 과학보다 우리 몸이 똑똑하다

우리의 감각은 생각보다 정교하다. 이것은 무수한 다이어트 실패 사례에서 알 수 있다. 내 몸의 살과 혼신의 전쟁을 하지만, 내장 기관의 칼로리 및 영양 성분 감지 시스템 그리고 지방 세포가 가지고 있는 포만감 조절 시스템을 속이지 못해서 세상의 모든 다이어트 식품이 실패하고, 세상의 26,000가지 다이어트 방법이 실패하는 것이다.

우리 몸의 감각은 부족할수록 점점 예민하고 강력해진다. 평소 단것에 심드렁한 남자도 열량 소비가 많은 군대에 가면 저절로 단것을 좋아하게

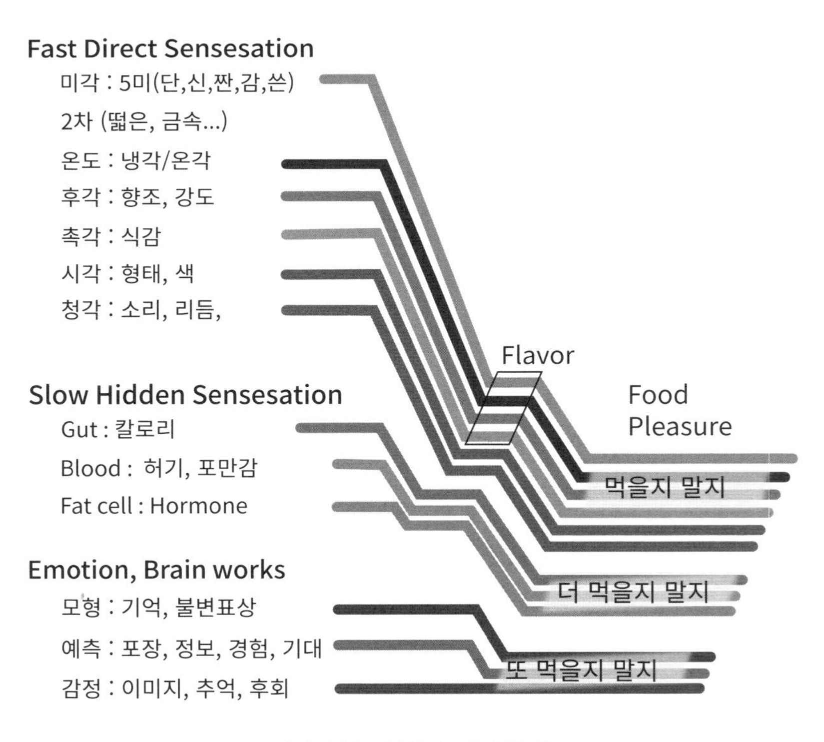

맛의 구성요소(출처: 맛의 원리)

된다. 항암 주사를 맞는 것이 갈수록 견디기 힘들어지는 것도 온몸의 세포가 항암 주사로 고통을 받기 때문이다. 생존을 위해 모든 세포가 아우성을 치기에 견디기 힘든 통증 신호가 만들어진다. 내 몸의 감각 시스템은 완벽하게 정교하지는 않지만, 어설픈 과학보다는 훨씬 현명하게 작동한다.

감각의 정교함을 알 수 있는 대표적인 것이 갈증이다. "우리 몸은 수분이 몇 %가 부족해야 갈증을 느낄까요?"라고 물으면 언뜻 답하기 힘들 것이다. 갈증을 유발하는 양을 평소에 마시는 물의 양으로 추정할 수 있다. 500㎖ 한 병을 마셔야 할 정도면 상당히 심한 갈증일 것이다. 그런데 체중이 77kg인 사람의 65%가 물이라면 50kg이 물이기 때문에 500㎖는 1%에 불과하다. 결국 1%면 상당한 갈증이고, 우리는 보통 수분이 0.5%만 부족해도 갈증을 느끼고 물을 찾아 마시는 셈이다. 이런 갈증을 속일 방법은 없다. 갈증의 정도에 따라 물맛이 달라질 정도로 우리 몸은 필요에 맞게 정교하게 작동하는데 어설픈 지식으로 엉뚱한 충고를 하는 경우가 많다. 지구상에 어떤 생물도 먹을 것을 학문으로 공부하지 않는다. 그래도 아무런 문제 없이 자기한테 필요한 것을 챙겨 먹고 산다. 그런데 만물의 영장이라는 인간이 자신이 먹는 것에 대한 자신이 없고, 남의 말에 지나치게 휘둘리고 있다. 음식이 다 거기서 거기이고 적당히 골고루 먹으면 과식 말고는 걱정할 것이 없는데도 그렇다.

- 적당한 독, 스트레스는 건강에 오히려 도움이 된다

채소가 몸에 좋은 이유로 채소에 많은 피토케미컬의 항산화 작용을 꼽는 경우가 많다. 그런데 실제로 그것들이 항산화 작용을 하려면 지금의 수백~수천 배를 더 먹어야 한다. 그래서 요즘은 채소의 피토케미컬이 몸에 좋은 스트레스(Eustress)로 작용한다고 해석한다.

피토케미컬의 상당히 많은 성분이 산화적 스트레스를 일으키거나 DNA에 돌연변이를 일으키는 발암성 성분인데 이것들이 오히려 몸에 좋은 작용을 한다는 주장이다. 많은 양의 일산화탄소는 호흡을 마비시키는 치명적인 독이지만, 적은 양의 일산화탄소는 폐 기능을 강화하는 원리와 같다.

이런 작용을 호르메시스(Hormesis)라고 하는데 스트레스나 독소 등이 미량일 때는 단순히 해롭지 않은 정도가 아니라 오히려 건강에 좋은 작용을 한다는 것이다. 노화를 연구하는 생물학자들은 세포나 생명체에 열충격, 방사선 조사, 산화 촉진제, 음식 제한과 같은 가벼운 스트레스를 주면 잘 견디거나 건강에 이로운 반응이 나타나는 것에 주목하고 있다. 운동과 소식(小食) 또는 간헐적 단식이 대표적인 예이다. 음식은 생존에 필수적이지만 간헐적 단식은 배고픔으로 인해 인체의 여러 방어기전을 활성화하여 건강에 도움이 된다. 운동을 아주 많이 하는 사람들은 매우 높은 수준의 산화성 스트레스로 인해 각종 질병에 걸릴 확률이 높아지지만, 적절한 운동은 확실히 몸을 튼튼하게 한다.

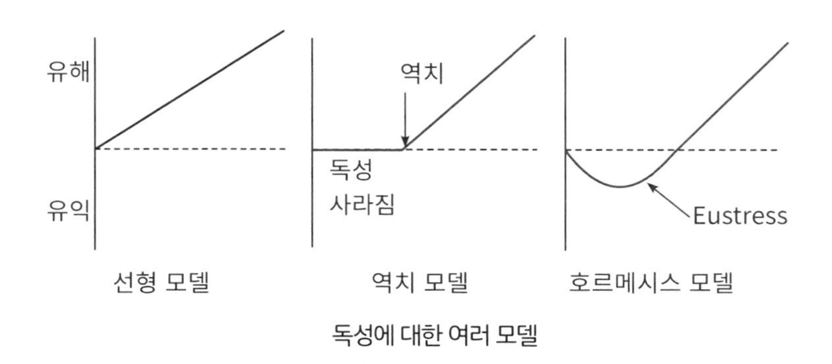

독성에 대한 여러 모델

- 양날의 검, 청결마저 지나치면 독이 될 수 있다

인간의 수명이 늘어나기 시작한 것에는 상수도와 하수도의 발전 등 청결해진 환경이 크게 기여했다. 하지만 청결마저 과하면 부작용이 있다. 바로 면역의 반란이다. 과거에는 알레르기성 환자가 적었지만, 지금은 눈에 띄게 증가했다. 지난 30년 동안 선진국에서는 아토피성 피부염이 2~3배가량 늘어났고, 어린이의 15~20%가 고생한다. 선진국과 개발도상국, 도시와 농촌을 비교하면 위생을 철저히 지키는 곳이 오히려 발생 빈도가 높다. 그래서 '위생가설(Hygiene hypothesis)'이 등장했다. 부모가 농·축산업에 종사하는 경우, 임신 중 산모가 농장 동물들과 접촉을 하는 경우, 축사가 있는 경우, 반려동물을 키우는 경우, 모유 수유를 한 경우, 나이 많은 형제자매가 있는 경우 순서로 알레르기 발생이 감소했다. 반대로 영유아기의 항생제 사용은 알레르기 발생률을 높였다. 무균 상태일수록 건강에 좋을 것이라는 기대는 잘못된 것임을 보여 주는 예다.

우리 조상들에게 기생충은 생존을 위협하는 문제였고, 우리 몸은 이에 대응하기 위해 면역글로불린(IgE)을 이용한 면역체계를 진화시켰다. 문제는 선진국으로 갈수록 어린이들이 구충제를 복용하고, 깨끗한 환경에서 자라기 때문에 더 이상 기생충에 노출되지 않는다는 것이다. 우리 몸은 과거 200만 년 동안 세균과 기생충의 공격을 많이 받을 것이라 예상하고 강력한 면역체계를 준비해 두었는데, 더 이상 그들과 만날 기회가 없어진 것이다. 그러자 훈련되지 않은 면역체계의 오폭이 많아진 것이다.

자가면역질환 환자들은 "암은 차라리 치료의 희망이라도 있지"라고 하소연한다. 내 몸이 나를 공격하는 면역질환처럼 무서운 병도 없을 것이다. 알레르기, 아토피가 깨끗할수록 증가한다고 해서 인위적으로 기생충에 노출되기는 힘들다. 적절함이 지혜이다. 면역은 내 몸 안의 군대다. 군인이 없으면 안보가 없지만, 훈련이 안 된 군인은 적이다. 무작정 군대(면역)를 늘려야 한다는 주장보다는 효과적인 훈련법을 고민해야 한다.

3 우리가 모르는 기적의 건강 비결 따위는 없다

1) 평범한 일상이 행복이고 건강이다

"당신은 건강한가요?"라고 물으면 자신 있게 건강하다고 말할 사람은 많지 않을 것이다. 반대로 "당신에게 특별히 불편한 곳이 있나요?"라고 물으면 아니라고 하는 사람이 많을 것이다. 어느 쪽이 건강에 대한 적당한 평가일까?

내가 본 행복에 관한 정의 중 가장 와닿는 것이 '행복은 단순 반복에 있다'이다. 매일 똑같은 장소에 출근하여, 똑같은 자리에서 마음 편히 근무하고, 똑같이 식사 시간에는 무엇을 먹을까 고민하고, 퇴근 후 돌아갈 집이 있는 단조로움이 예측 가능성이고 행복의 기본이라는 것을 알았기 때문이다. 날마다 예측 불가능한 삶을 살면서 행복하기는 힘들다. 매일 출근할 회사가 바뀌어 어디로 출근할지, 오늘은 일할 곳이나 있을지 모른다면 행복하기 힘들다. 반복 속에 간혹 찾아오는 적당한 변화가 즐거운 것이고, 반복이야말로 익숙함의 시작이자 효율성과 창조의 시작이다.

내 몸도 그렇다. 아니, 훨씬 더 그렇다. 똑같이 심장이 뛰고 똑같은 체온, 호흡, 혈압, 혈당, 체중이 유지되는 것이야말로 건강이고 내가 내 몸에 신경을 쓰지 않고 딴 일을 할 수 있는 기본이다. 정말 아무렇지 않은 가장 평범한 상태가 가장 건강한 상태이고 다른 것을 시도해 볼 수 있는 상태이다. 좋은 식사는 소화 잘되고 편한 음식이지 대단한 영양분이 있거나 날마다 축제의 음식처럼 화려하게 먹는 것이 아니다.

체온이 높으면 면역력이 높아져 질병에 강해진다고 하는데, 그게 수명에도 좋을까? 추운 지방의 동물이 오래 사는 이유는 몸속의 대사율을 낮추어 노화를 늦추기 때문이라는 연구 결과가 있다. 보통 혈압이 높은 것을 걱정하지만, 혈압이 너무 낮으면 더 대책이 없다. 혈당이 높다고 걱정이 많지만, 저혈당만큼 치명적이지는 않다. 뭐든 적당하면 좋은 것인데, 걱정을 사서 하는 사람들이 있다. 저혈압인 사람이 고혈압의 위험을 걱정하고, 비만이 문제인 사람이 거식증을 걱정하는 셈이다.

'설마 그러겠어?' 하겠지만 불안 장사꾼은 그것을 조장한다. 미국에서 심장질환이 심각해지자 만들어진 것이 포화지방과 콜레스테롤 유해론인데, 우리나라는 고기는 별로 안 먹고 채소를 많이 먹던 시절부터 포화지방과 콜레스테롤을 걱정했다. 요즘 우유의 유해론이 점점 세를 넓히고 있는데, 우리나라는 우유 유해론을 꺼낼 자격조차 없을 정도로 적게 소비한다. 가공육을 걱정하는데, 우리나라의 가공육 섭취는 독일 등에 비하면 너무나 적은 양이다. 걱정은 자신에 해당하는 것만 해도 넘치는데, 단편적 정보에 속아 불필요한 걱정을 사서 하는 경우가 많다. 위험이나 효능 정보는 양부터 확인해야 속지 않을 수 있다.

- 우리 몸은 네트워크로 좋은 일과 나쁜 일이 동시에 일어난다

의학이 한참 발전하던 시기에는 그렇게 무서웠던 질병이 알약이나 주사 한 방에 해결되자 금방이라도 모든 질병이 사라질 것으로 기대하기도 했다. 그런데 암의 종말은 아직 희망이 안 보이고, 비만처럼 간단해 보이는 질병도 해결의 가능성이 불투명하다. 한 방에 해결될 만한 과제는 이미 해결되어 기적의 치료법이 점점 등장하기 힘든 것이다.

모든 대사는 연결되고, 세포끼리도 연결되어 있으니 좋은 점과 나쁜 점도 서로 연결되어 있고, 일방적으로 좋아지거나 나빠지지 않는다. 다이어트, 아토피, 암 같은 우리가 크게 관심을 가져도 좀처럼 해결책을 발견하지 못하는 것들은 그것 자체가 가장 복잡하게 얽혀서 한쪽의 경로를 조작하면 다른 경로에도 영향을 미치고, 평소에는 드러나지 않던 우회로가 작동하고, 항상성의 시스템이 어찌 되었거나 다시 원래대로 돌리려 하는 복잡한 상호작용이 있어서일 것이다. 앞으로는 한두 가지의 특정 요소가 아니라 동시에 여러 경로를 미세하게 종합적으로 조절하는 기술이 효력을 발휘할 가능성이 커졌다. 그러니 아직 기다려야 하는 것은 기다려야지, 단편적인 정보에 일희일비할 필요가 없다.

2) 유행하는 건강법은 2년을 넘기기 힘들다

미국 보스턴의 보훈(VA)보건시스템 연구진은 2023년 미국영양학회 연례 학술회의에서 수명을 늘려 주는 생활 습관 8가지를 발표했다. 활발한 신체활동(운동)을 비롯해 좋은 식습관, 긍정적 사회관계, 스트레스 관리, 절제된 음주, 절대 금연, 충분한 수면, 약물 중독에 빠지지 않기였다. 누구나 알고 있는 평범한 이야기일 수 있지만 이보다 의미 있는 것도 없다.

서점의 건강 도서 판매대에 가면 정말 많은 종류의 책이 있다. 하나하나를 보면 전부 그럴듯한데, 모아서 보면 같은 주제에 대해 정반대의 의견인 책이 동시에 진열된 경우가 있다. 자연은 치열하게 경쟁하고 검증된 적합한 자가 살아남는데, 건강 지식이나 책에는 그런 치열한 경쟁과 검증이 없다. 물리학의 경우는 우주를 단 하나의 방정식으로 설명하기 위해 정말 치열하게 검증하여 빈틈없이 차곡차곡 지식을 쌓고 있는데, 식품이나 건강에 관한 지식은 그런 치열함이 전혀 없이 각자의 생각을 제멋대로 배설만 하는 것이다.

결국 소비자가 현명해지는 방법밖에 없다. 그렇다고 무슨 대단한 공부가 필요한 것은 아니고 '슬로 팔로우' 정도로 충분하다고 생각한다. 남들이 아무리 좋다고 해도 2년 정도만 미루는 전략이다. 그것이 진짜로 좋은 것이라면 2년 뒤에는 더 많은 인기가 있고, 비용은 훨씬 저렴해져 있을 것이다. 새로운 비법이나 비결이 등장할 때마다 따라 하며 마루타 역할을 하느니, 2년 뒤에 남들이 다 검증하여 부작용도 없고, 진짜로 효능이 있다고 할 때 따라 해도 늦지 않다. 사실 식품에 별로 관심이 없어도 된다. 그냥 부모님 삶의 모습과 현재 주변 삶의 모습에서 중간만 하겠다고 생각하면 그만이다. 그보다 더 검증된 건강법도 없다.

그리고 좋은 식품에 대한 쓸데없는 환상에서 벗어나면 된다. 우리는 2분 정도만 숨을 쉬지 못해도 생명이 위험해진다. 공기는 생명을 유지하는데 가장 긴급한 조건이다. 하지만 공기를 신비화하지 않는다. 그냥 필요량만큼 있으면 된다. 무작정 산소가 많다고 건강해지지 않고, 어떤 공기든 출처를 따지지 않고 깨끗하면 그만이다. 다른 음식도 이렇게 생각하면 정말 좋겠다. 요즘은 음식의 신비화가 너무 심하고 쓸데없는 의미 부여가 너무 많다.

어설픈 과학보다 우리 몸이 똑똑하다

▶ 우리가 모르는 기적의 장수 비결 따위는 없다.

- 쉽게 해결할 만한 과제는 이미 해결되었다.
- 남은 것은 평범하지만 꾸준히 실천해야 할 것이다.
- 음식을 적게 먹기가 가장 중요한데, 가장 실천하기 어렵다.

▶ 우리나라보다 안전한 식품을 먹는 나라는 없다.

- 세계에서 가장 까다로운 법규와 위생을 기준으로 관리된다.
- 국토가 좁아서 그만큼 유통기간이 짧고 신선식품이 많다.

▶ 내 몸은 손상에 대비되어 설계되었고, 타고난 대책이 있다.

- 과거의 혹독한 환경에서도 살아남은 생존력이 있다.
- 내 몸 세포의 절반은 매년 새롭게 태어난다.
- 세상에 어떤 동물도 영양학에 의지하지 않고 스스로 알아서 먹는다.

▶ 유행하는 건강식과 건강법을 바로 따라 할 이유는 없다.

- 2년 넘게 인기를 끄는 새로운 건강법이나 다이어트 방법은 없었다.
- 2년 뒤에도 인기가 있으면 그때 따라 해도 늦지 않다.
- 건강에 대한 지나친 강박은 질병으로 발전할 수도 있다.

▶ 세상에서 가장 빠른 속도로 수명이 늘어 이미 최장수국이 되었다.

- 안전과 건강의 수준에 비해 걱정이 너무 많다.
- 효능과 위험을 과장한 불량 지식만 넘치기 때문이다.

3장.

식품의 가치:
위험도 과장되고 효능도 과장되었다

1 식품이 지나치게 신비화되었다

1) 여왕벌이 오래 사는 진짜 이유

예전에 한동안 한국인의 정력식품 선호가 문제가 된 적이 있다. 태국 등으로 여행을 간 관광객 일부가 곰 사육장에 들러서 돈을 내고 곰의 몸에 대롱을 찔러 넣어 웅담 즙을 먹는 장면이나 뱀탕을 먹고 힘을 되찾았다고 즐거워하는 장면이 방영되어 많은 사람의 눈살을 찌푸리게 하였다. 개고기, 장어 등 일명 '정력식품'은 대단한 인기를 끌었고 녹용, 웅담, 곰 발바닥 등은 세계 소비량의 80~90%를 차지하기도 했다. 국내에서도 야생동물과 온갖 희한한 것들이 보양식품이나 정력식품으로 둔갑하여 인기를 끌었다. 그러다 비아그라라는 희대의 화학물질(약)이 등장하면서 싹 사라졌다. 그리고 그 자리를 웰빙 식품이 차지하였다. 식품에 관한 관심은 대상만 바뀌었지 여전한 셈이다.

식품이 건강에 큰 역할을 하는 것은 부인할 수 없는 사실이다. 하지만 그것은 부족함을 채울 때나 강력한 효과를 보이는 것이지 지금처럼 영양이 과잉인 상태에서는 특별하지 않다. 오히려 부정적인 역할을 할 가능성, 즉 과거의 보양식품은 현대인에게 비만식이 될 가능성이 있다. 그런데도 한국인이 생각하는 건강 요소에는 식품이 가장 큰 비중을 차지하고 있다. 이런 시류를 잘 반영하는 것이 건강과 관련한 방송 프로그램의 양이다. 세계 어느 나라보다 음식과 건강에 관련된 프로그램이 많다.

가장 오랫동안 장수 국가로 인정받은 나라는 일본이다. 한 사람당 가공식품 소비량도 일본이 세계 1위이다. 일본에서 가공식품의 소비가 늘어날수록 수명도 함께 늘었다. 가공식품이 늘면서 질병이 늘어서 수명이 늘어났을까? 아니면 가공식품이 늘면서 수명이 늘어서 질병이 늘어났을까? 수명이 늘면 질병도 함께 늘게 되는데 사람들은 가공식품이 늘어서 질병이 늘었다는 해석만 좋아한다. 일본은 장수 국가이면서도 건강에 관심이 많아서 건강 기능성 식품도 정말 많이 개발한다. 하지만 특별한 성과는 없었다. 우리나라에 유행한 첨가물과 가공식품에 대한 온갖 사이비 이론이 이런 일본에서 만들어져 수입되었다는 것도 정말 아이러니하다.

한동안 로열젤리는 특별한 음식 대접을 받았다. 평범한 벌도 로열젤리를 먹으면 여왕벌이 되어 일벌보다 10~100배 정도 오래 살았기 때문이다. 이보다 간명하게 음식의 의미를 보여 주는 예도 없을 것이다. 보통의 애벌레는 평범한 꿀을 먹고 21일 만에 일벌이 되는데, 마음껏 로열젤리를 먹은 애벌레는 16일 만에 여왕벌이 된다. 로열젤리에는 무슨 특별한 성분이 있어서 어떤 애벌레든 그것만 먹으면 여왕벌이 되어 10배 이상 오래

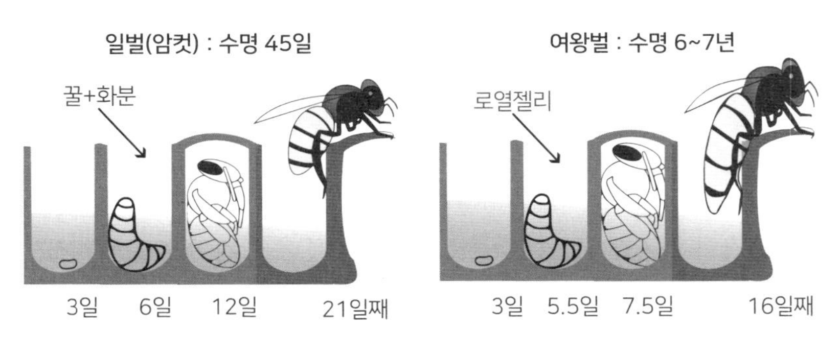

일벌과 여왕벌의 차이

살까? 과학자들이 로열젤리의 신비를 밝히려고 노력했지만 성과가 없었다. 로열젤리에는 물 67%, 단백질 12.5%, 당분 11%, 지방 5% 그리고 소량의 미네랄과 비타민이 들어 있다. 이것으로는 로열젤리의 위력을 설명할 수 없다. 그러다 100년 만에 마침내 그 비밀이 밝혀졌다.

2011년 5월 「네이처」지에 일본 도야마 대학의 마사키 가마쿠라 박사가 로열젤리가 가진 비밀의 힘이 바로 '로열랙틴'이라는 단백질이라고 밝힌 것이다. 40℃에 일주일 보관한 로열젤리를 애벌레에게 먹이면 몸이 충분히 자라지 않고 난소도 작아 알을 덜 낳았다. 2주, 3주 이렇게 오래 보관한 로열젤리일수록 효력이 줄어들었다. 로열랙틴이라는 단백질을 40℃에서 한 달을 보관하면 완전히 변형되어 효과가 없어졌다. 그렇게 효과가 없어진 로열젤리에 신선한(?) '로열랙틴'을 첨가하면 다시 여왕벌을 만드는 힘을 되찾는다. 이 물질은 꿀벌의 성장호르몬으로 밝혀졌고, 초파리에게도 성장호르몬이라는 사실도 밝혀졌다.

결국 여왕벌이나 여왕개미는 단지 호르몬과 함께 먹이를 듬뿍 먹고, 충분히 자랄 수 있기에 제 수명을 누린 것뿐이다. 다른 벌들도 여왕벌만큼 제대로 먹고, 자라면 오래 살 수 있는데 성장호르몬(로열랙틴)이 부족해 제대로 자라지 못해 제 수명을 누리지 못한 것이다. 일반 꿀에 벌의 성장호르몬이 추가된 것이 로열젤리다. 이것을 신비화할 필요도 없고 이것이 인간의 수명 연장에 도움이 될 가능성도 없다.

이처럼 필요한 식사량을 제대로 공급받는 것은 제 수명을 살아가는 데 가장 중요한 조건이다. 북한 사람은 우리와 같은 유전자를 가졌지만 1970년대 이후 남한과 북한의 평균 수명은 점점 차이가 벌어지고 있다. 북한

이 남한보다 첨가물이나 가공식품을 훨씬 적게 먹고 이론적으로는 훨씬 건강한 음식을 먹지만 식량이 부족해 제대로 먹지 못하고 성장하지 못했기 때문이다. 현대인이 평균 수명이 늘어난 가장 큰 이유도 필요한 식량을 충분히 공급받는 데 있지 특별한 성분에 있지 않다. 딱 여기까지면 좋은데 과도한 기대가 문제이다.

사람들은 히포크라테스의 '음식으로 고치지 못하는 병은 약으로도 고치지 못한다', '음식으로 고치지 못하는 병은 의사도 고치지 못한다'라는 말을 곧잘 인용한다. 그런데 히포크라테스 전집 등에는 이런 말이 전혀 없다고 한다. 음식의 중요함을 강조하기 위해 '약식동원'이라는 말도 자주 쓴다. 그런데 약은 우리 몸에 불필요한 성분이다. 아플 때 몸을 정상으로 돌리는 데 도움이 되는 화학물질(분자)이다.

항상 먹어야 하고 먹을 때 즐거운 것이 음식이고, 아프지 않으면 먹을 필요가 없고 먹을 때 즐겁지 않은 것이 약이다. 약식동원은 식품의 심한 평가절하인 셈인데, 왜 식품을 하는 사람이 그 말을 좋아하는지 모르겠다. 식품도 약처럼 전문가의 처방을 받고 먹고 싶다는 것일까? 나는 전혀 그러고 싶지 않다.

- 유기농을 먹으면 건강해진다고요?

1900년 이전에는 설탕이 슈퍼 푸드로 칭송받았다. 우유와 달걀도 완전식품으로 칭송받았다. 그러나 이제 설탕은 비만의 주범, 달걀은 콜레스테롤의 주범, 우유는 알레르기 주범의 하나로 비난을 받는다. 식품 중에서 아직 욕을 덜 먹는 것이 채소 정도인데, 수분이 95%라 많이 먹어도 살찔 염려가 적은 것이 가장 큰 이유이다. 하지만 수분이 95%라는 것은 그만큼 영양이 없다는 말이 된다. 사실 다른 식품은 배제하고 채소만 먹어서는 건강할 수 없다. 더구나 식중독 사고의 주범도 채소이다.

사람들은 유기농 식품이 농약이나 화학 비료를 배제하고 천연 농약이나 유기 비료를 사용해서 영양이 풍부하고 건강에 유익할 것으로 기대한다. 그러나 2012년 미국 스탠퍼드 의대 연구진이 발표한 자료에 따르면 지난 40년간 유기농과 일반 식품을 비교한 논문 237편을 분석한 결과 영양학적 차이가 없는 것으로 나타났다. 다른 여러 논문의 결과도 마찬가지다. 반면, 천연 독은 유기농 농법으로 키운 작물들이 오히려 많다고 『내추럴리 데인저러스』의 저자 콜만 박사는 주장한다. 식물은 외부 환경으로부터 해충 등의 공격을 받으면 자기를 보호하기 위한 독을 만드는 것이다.

요즘은 농약 피해도 보고된 바가 없다. 농부들은 농약 살포 중에 한꺼번에 일반인에 비해 수만 배의 농약에 노출되어 과거에는 종종 농약 중독 사고가 발생했는데, 지금은 그런 사고도 없다. 농약이 많이 개선되고 사용도 과학화된 것이다. 반면 식중독 사고로 죽는 사람은 미국에만 매년 수백 명씩 보고되고 있다. 유기농 식품은 이런 세균에 노출될 확률이 8배나 높다. 2011년 미국에서 콜로라도산 멜론(cantaloupe)이 리스테리아균에 오염되어 72명이 감염되어 16명이 사망했고, 스페인산 유기농 채소에서도 장출혈성대장균(EHEC)이 발견돼 무려 2,325명이 감염, 24명이 사망한 사건이 있었다. 결국 유기농의 진정한 가치는 자연과 인간, 생산자와 소비자의 좋은 관계이지 특별한 영양 성분이나 안전이 아니다.

2) 식품은 다양한 분자의 종합일 뿐이다

- 내가 먹는 것은 나를 만드는 부품이나 연료일 뿐이다

사람들의 식품에 대한 오해 중 가장 뿌리 깊은 것은 아마 섭취한 음식이 그대로 흡수되어 내 몸이 된다는 생각일 것이다. 하지만 섭취량=소화량도 아니고, 소화량=흡수량도 아니며, 흡수량=축적량도 전혀 아니다. 그런데 과학자들마저 그런 착각을 한다. 대표적인 경우가 콜레스테롤이다.

최근에야 콜레스테롤 때문에 성인병의 주범으로 몰렸던 달걀에 대한 누명이 벗겨졌다. 미 보건부와 농림부는 「미국인 식생활 지침」을 개정해 콜레스테롤 하루 섭취량을 300㎎ 이하로 권장하는 조항을 삭제했다. 무려 44년 만의 일이다. 미국심장협회가 1961년 '콜레스테롤이 심장질환을 비롯한 성인병을 일으킬 수 있다'라는 경고를 공식적으로 제기한 이후 미국 정부는 이 주장을 꾸준히 반영해 왔다. 이 메시지의 최대 피해자가 바로 달걀이었다. 달걀은 우리에게 친숙하지만 그 물성은 정말 특별하다. 채소는 95%가 물이고 고기(근육)도 75% 정도가 물인데 달걀노른자(난황)는 액체임에도 수분이 52%에 불과하다. 그리고 고형분의 절반이 넘는 27%가 지방이다. 이 지방을 16%를 차지하는 단백질과 1%가 넘는 콜레스테롤이 유화물의 형태로 보관하고 있다. 난황은 LDL 콜레스테롤 자체인 것이다. 그러니 난황 100g에는 1,300㎎의 콜레스테롤이 있어 버터(200㎎)나 소 곱창(190㎎)에 비해서 5배 이상 많다. 달걀이 콜레스테롤의 주범으로 비난을 받으면서 미국인 1인당 연간 달걀 소비량은 1945년 421개에서 2012년에 250개로 줄었다. 하지만 음식을 통한 콜레스테롤 섭취가 혈중 콜레스테롤 농도에 영향을 미치지 않는다는 사실이 명백해짐에 따라 길고 길었던 불명예를 벗게 되었다. 달걀만큼 경제적이고 훌륭한 식재료도 드문데 어설픈 지식에 그렇게 오랫동안 가치를 손상받은 것이다.

- You are not what you ate!

"당신이 무엇을 먹었는지 말해 달라. 그러면 당신이 어떤 사람인지 알려주겠다." 1825년 사바랭이 쓴 『미식예찬』에 등장하는 유명한 문장이다. 이것이 독일어로 번역된 후 영어로 번역하는 과정에서 "당신이 먹는 것이 곧 당신이다(You are what you eat)"로 둔갑하였다. 이것을 1930년 건강에는 식품이 지배적인 역할을 한다는 믿음이 강한 영양학자 빅터 린드라가 적극 활용하였다. 질병의 90%는 싸구려 음식에 기인하며 당신이 먹는 것이 당신이라고 주장하기 시작하여 1942년에 『You Are What You Eat』이라는 제목의 책을 펴낸다.

사바랭이 한 말의 원래 의미는 그것이 아니었다. 그 당시에는 신분에 따라 먹는 것이 뻔히 정해져 있었다. 사바랭은 미식 예찬론자로 음식을 제대로 즐기기 위해서는 공부도 필요하고 문화가 중요하다고 설파한 사람이다. 사바랭의 말에서 본질은 사라지고 껍데기만 남았다. 음식은 문화의 산물이니 좋은 문화를 위해 노력하자는 의미가 "좋은 성분을 먹어라"라고 변질된 것이다.

식품의 역할에 대한 과거의 믿음과 현대의 믿음

과거의 믿음	현대의 믿음
임신 중 닭을 먹으면 아이의 피부가 닭살처럼 된다 자라는 오래 사니 먹으면 오래 산다 야생동물을 먹으면 야생의 힘을 얻는다 해구신을 먹으면 정력이 강화된다 호랑이 뼈를 먹으면 용감해진다 코뿔소 뿔을 먹으면 강인해진다	콜라겐을 먹으면 콜라겐이 늘어난다 지방을 먹으면 지방이 늘어난다 콜레스테롤을 먹으면 콜레스테롤이 증가한다 유전자 변형 작물을 먹으면 유전자가 변형된다

내가 먹은 것이 내가 된다는 생각은 아주 오래된 생각이다. 내가 어릴 때만 해도 "임신 중 닭고기를 먹으면 아이의 피부가 닭살처럼 된다. 동물의 왕인 호랑이의 뼈를 먹으면 강해진다. 자라는 오래 사는 동물이니 장수식품이다" 이런 말이 진실로 통했다. 그것이 지금까지 이어져 "유전자 변형 식품을 먹으면 내 몸의 유전자가 변형된다"라고 믿는 사람들도 있다. 콜레스테롤을 먹는다고 내 몸속 콜레스테롤 평균이 증가하지 않고, 뼈를 갈아 먹는다고 뼈가 튼튼해지지 않고, 쇳가루를 먹는다고 철분이 강화되지 않는다. 내가 먹을 것을 결정하지, 먹는 것이 나를 결정하지 않는다. 우리가 먹는 것의 기원을 추적하면 대부분 옥수수, 밀, 쌀, 콩 등 몇 종의 식물로 수렴하고, 한 단계만 더 추적해 보면 이산화탄소, 물, 질산(암모니아)으로 수렴한다. 모든 먹거리의 기원은 지극히 단순하고 먹을 수 없는 성분에서 시작된다.

- 내가 먹을 것을 결정하지, 먹은 것이 나를 결정하지 않는다

내 몸이 먹는 것에 따라 달라진다면 풀을 먹으면 소가 되고, 물고기를 먹으면 생선이 되고, 새를 많이 잡아먹은 인간은 하늘을 날고 있어야 할 것이다. 지구상의 대부분 생명은 극히 단순한 것을 먹고 산다. 식물은 물, 이산화탄소와 질산(NO_3)만으로 세상 유기물의 대부분을 만든다. 황소는 풀만 먹고도 왕성한 근육을 만들고, 대왕고래는 아주 작은 크릴만 먹고도 지구 역사상 가장 거대한 몸집을 유지하며 장수한다. 그런데 인간은 참으로 복잡하게 먹는다. 대부분 동물은 극히 몇 가지 음식을 편식하지, 인간만큼 다양하게 먹지 않는다.

지구의 역사에 인간을 위해 준비된 환경이나 먹거리는 없었다. 계속 새로운 재료와 조리법을 찾아 과감히 도전했기에 이만큼 다양한 먹거리를 찾아낸 것이다. 그러고도 모자라 천연에 뭔가 우리가 놓치고 있는 몸에 좋은 특별한 성분이 있을지도 모른다는 생각으로 남들이 뭐가 좋다고 하면 그것을 먹지 못해 건강을 해칠까 봐 걱정한다.

식품은 이미 매우 안전하고, 영양도 충분하다. 따라서 더 안전한 식품을 찾으려는 노력과 더 건강한 식품을 찾으려는 노력은 기대보다 효과가 미미할 수밖에 없다. 오히려 그런 집착이 비용과 불안감만 키운다.

우리가 식품을 대하는 태도는 과장된 부분이 많다. 음식은 약이 아니다. 그래서 약사의 처방을 받지 않고 마음대로 즐길 수 있다. 약은 아플 때나 유용한 것이지, 평소에는 전혀 필요 없는 것이 약이다. 나쁜 음식을 먹고 건강할 수는 없지만 좋다는 음식만 골라 먹는다고 해서 특별히 더 건강해지지 않는다. 그런데 어떤 사람은 식품으로 모든 건강 문제를 해결할 수 있는 것처럼 말하고, 어떤 사람은 식품의 가치가 고작 건강에 있는 것처럼 말한다. 하지만 식품과 건강은 일부 공유하는 부분이 있을 뿐, 어느 한쪽이 다른 한쪽을 지배하는 구조가 아니다. 건강에서 식품이 차지하는

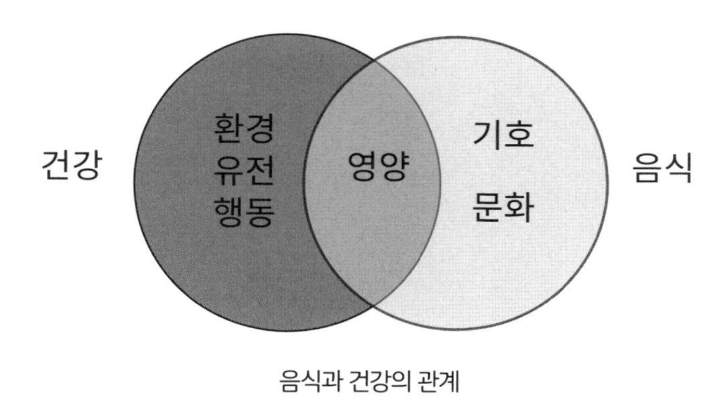

음식과 건강의 관계

비중은 생각보다 적고 식품의 가치에서 건강 또한 일부의 가치일 뿐이다. 사람들이 맛의 의미를 제대로 알고 식품의 의미를 제대로 이해할 때 우리의 건강도 더 잘 지켜질 것이고 행복도 커질 것이다.

2 자연과 천연식품에 대한 착각을 버리자

1) 산 좋고 물 맑은 시골로 이사하면 장수할까?

요즘은 동서양을 막론하고 많은 사람이 자연을 절대 잊지 말아야 할 '고향'으로 여기고 그리워한다. 하루빨리 복잡한 도시의 반(反)자연적인 삶을 정리하고 포근하고 안락한 자연의 품으로 돌아가야 한다고 믿는다. 과거에는 모든 식품이 자연의 식품이자 좋은 식품이었는데 산업화하면서 많은 가공식품이 등장했고, 가공 중에 영양이 파괴되고 나쁜 첨가물이 많이 들어가서 건강을 해치고 있다는 주장을 믿는다. 이런 주장은 미국에서는 이미 100년 전부터 시작된 것이기도 하다.

미국의 '자연식품' 주창자인 실베스터 그레이엄(Sylvester Graham)은 집 밖에서 만들어지는 수많은 가공식품은 신(神)의 건강 법칙에 위배되며, 특히 젊은이들 사이에 심신을 약화시키는 자위행위를 유행처럼 번지게 한다고 경고했다. 이런 주장은 처음에는 별로 받아들여지지 않았다. 그때 미국은 오히려 기술의 발전이 만들어 준 풍요와 편리함에 행복하고 감사하는 편이었다. 자연식품의 찬양이 본격화된 것은 1930년대 세계 유기농업의 창시자인 영국인 식물학자 알버트 하워드와 '자연식품'이란 용어를 처음 사용한 로버트 맥캐리슨 때문이다. 알버트 하워드는 인도 농업에 관한 연구를 통해 천연비료 혹은 유기 물질을 사용한 배양토에서 자란 작물이 화학비료를 사용한 토양에서 자란 작물보다 훨씬 더 영양소가 풍부하다고 주장했다. 이것은 나중에 '유기농업'이라고 불리게 된다. 그런데 과연 유기농이 영양이 풍부하고, 문명이 덜 발달한 나라 사람들이 질병이 없고 건강한 삶을 누렸을까?

- 옛날 사람이 현대인보다 더 건강했을까?

유럽 중세 시대 도시의 냄새를 한마디로 정의한다면 '악취'였다. 사람들이 모여 사는 성벽 안의 주거지에서 버려지는 음식 찌꺼기, 오물, 동물을 도살하면서 흐르는 피 냄새, 가축의 배설물 냄새 등이 뒤섞인 악취투성이였다. 그런 오물이 흘러든 유럽의 강들은 거대한 하수구나 다름없었다. 유럽에 근대적인 하수시설이 설치되기 시작한 것은 1751년 프랑스 파리가 시초였다. 이전까지는 주기적으로 수인성 전염병인 콜레라가 창궐했다. 성안에 살던 중세인은 역병이 창궐하면 오염이 상대적으로 덜한 시골로 피신하는 것이 유일한 방법이었다. 왕궁 또한 마찬가지다. 프랑스의 베르사유 궁전에 화장실이 없었다는 것은 그리 신기한 일이 아니다. 유럽의 도시는 19세기 중반 무렵까지도 악취로 가득 찬 거대한 화장실이었다.

현대인의 수명이 늘어난 것은 비타민과 항산화제가 아니라 굶주림을 면하게 한 식품의 증산과 식품 위생이 큰 역할을 했다. 깨끗해진 식수, 식품 살균, 냉장 기술 등이 그것이다. 불과 100년 전만 해도 미생물과 기생충에 의해 인간 수명의 20~30년 정도가 줄어들었다고 한다. 위생적이고 쾌적한 생활환경이 수명 연장에 결정적인 도움이 된 것이다. 그래서 항생제와 백신이 개발되고 현대 의학이 본격적으로 발달하기 전부터 사망률이 크게 낮아지기 시작했다. 난방시설이 나무와 연탄에서 석유와 가스로 바뀌면서 많은 일산화탄소 중독 사망자와 화재 사망자가 줄어들었다. 미생물학자 르네 뒤보는 전염병 퇴치에는 약이나 의료 기술의 발전보다 세탁이 쉬운 값싼 순면 속옷의 개발과 집 안에 빛이 들게 한 투명 유리의 도입, 그리고 하수도 시설이 더 큰 역할을 했다고 평가한다.

그런데 사람들은 이런 혜택은 당연한 것으로 여기고, "옛날이 좋았어!"라고 말하는 습성이 있다. 우리의 뇌는 힘들었던 과거도 미화하는 습관이 있기 때문이다. 그래서 옛날 사람이 더 야성적으로 살면서 건강했고, 현대인은 위험한 물질에 노출된 나약하고 병든 모습의 이미지를 떠올리는 경우가 많다. 하지만 이것은 사실이 아니다. 허준 같은 어의를 둔 선조 임금도 아주 사소한 질병으로 죽었으며, 어쩌다 전염병이 돌면 원인도 모르고 속절없이 온 동네 사람이 죽어 나갔다. 40대 장년도 '노환(老患)'으로 드러누우면 속절없이 황천길을 떠나야 했다. 그래서 60세가 되면 환갑을

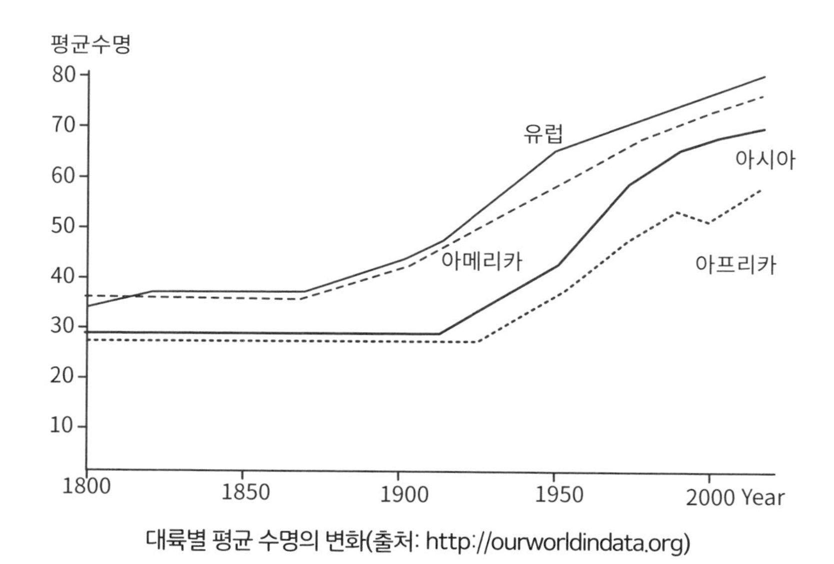

대륙별 평균 수명의 변화(출처: http://ourworldindata.org)

축하하기 위하여 온 동네가 떠들썩하게 잔치했던 것이 불과 50년 전의 삶이다.

현대인은 인류 역사상 어느 때보다 건강하고 장수한다. 100년 전 천연무공해 유기농 작물만 먹었던 시절보다 훨씬 건강하고 덜 아픈 것이다. 100년 전 65~75세의 55%가 허리 통증이 있었지만, 현재는 35%로 줄었다. 심장 질환, 폐 질환, 관절염의 발병 시기도 10~25년 정도 늦춰졌다. 도쿄 노인의학연구소의 조사에 따르면 2007년 87세의 건강과 체력이 1977년의 70세 수준이라고 한다. 17세 정도 젊어진 셈이다.

- 과거는 지금보다 평화롭고 행복했을까?

산속 맑은 물가에서 무공해 음식을 차려 놓고 산새 소리를 벗 삼아 풍류를 즐기는 모습은 과거에 대한 너무나도 순진한 환상에 지나지 않는다. 인류 역사상 식량이 남아돌고, 교육과 정보가 평등하고, 서민들이 여행을 떠나고 음악회나 전시회를 즐길 정도로 여유 있는 시간을 보낸 시대는 과거에는 없었다.

사람들은 과거에는 평화롭고 좋았는데 현대에 들어와서 인간이 잔인해졌다고 느낀다. 1·2차 세계대전, 한국전, 핵무기, 테러 사태 등을 보면 요즘은 과거보다 참 잔인하고 끔찍해졌다고 느낄 수밖에 없어 보인다. 하지만 스티븐 핑커는 자신의 책 『우리 본성의 선한 천사』를 통해 정반대라고 말한다. "기나긴 세월이 흐르는 동안 폭력이 감소해 왔고, 어쩌면 현재 우리는 역사상 가장 평화로운 시대를 살고 있는지도 모른다"라는 것이다. 핑커는 구체적 수치뿐 아니라 고고학적 발견과 문헌으로 과거에 대한 일반적인 통념을 부정한다. "성경에 묘사된 세상은 현대인의 시각에서는 혼비백산할 만큼 야만스럽다. 사람들은 친족을 노예로 부리고 겁탈하고 죽였다. 군사 지도자들은 아이를 포함해 민간인을 무차별적으로 죽였다. 여자들은 성 노리개처럼 거래되거나 강탈되었다." 어렸을 때 즐겨 보던 동화책도 아동용으로 각색되지 않은 것에는 잔인한 묘사가 많다. 그런 내용이 별로 특별하지 않게 느껴질 정도로 험한 세상이었기 때문이다.

20세기를 가장 폭력적인 세기로 생각하는 것은 '역사적 근시안' 때문이다. 상대적으로 가까운 시기의 일들을 더 잘 기억하기에 빚어지는 혼동이다. 실제 폭력의 발생 비율과는 달리 연일 폭력 사건들을 톱뉴스로 다루는 언론 때문에 우리 곁에 늘 빈번하게 존재한다는 잘못된 믿음을 갖게 된다. 국가가 없던 시기에는 현대 선진 국가들보다 4~10배 이상 폭력적이었다. 과거는 우리가 지금껏 알던 평화로운 낙원이 아니라 폭력으로 얼룩진 낯선 나라였다. 현대에 들어서 아동 학대 발생률도 줄고 가정 폭력 발생률도 줄고 있다. 사실 우리는 뭔가를 잘해온 것이다. 물론 요즘도 끔찍한 일들이 존재하고, 고칠 문제가 많지만 그래도 과거보다는 여러모로 낫다.

2) 홍콩이 2013년 이후 세계 최장수 국가가 되었다
- 도시는 점점 쾌적해졌다

스모그는 'smoke(연기)'와 'fog(안개)'의 합성어이다. 스모그로 인해 1909년 가을, 영국 글래스고와 에든버러에서 1,000명 이상의 사상자가 발생했다. 영국이 가장 먼저 산업화가 시작되어 가장 먼저 대기 오염의 피해를 본 것이다. 현대 도시는 그 출발이 쾌적하지 못하고 오염이 심했다. 그래서 결핵과 같이 당시에는 치료 기술이 존재하지 않았던 병의 경우에는 산 좋고 공기 좋은 곳에서 요양하는 것이 유일한 대책이기도 했다. 아직도 많은 사람은 도시 생활이 소음과 공기 오염, 각종 범죄, 높은 인구밀도, 스트레스 등으로 건강에 좋지 않다고 생각하며 신선한 공기와 지저귀는 새소리 등을 찾아 '도시 탈출'을 꿈꾼다. 하지만 지금은 대도시에 사는 사람이 더 오래 산다.

공해 없고 공기 좋은 강원도나 제주에서 사는 것이 서울에서 사는 것보다 훨씬 오래 살 것 같지만 차이는 별로 없고 오히려 서울에서 사는 것이 더 오래 산다. 서울(81.7년), 제주(81.4년), 경기(80.7년), 대전(80.3년), 인천(80.1년), 광주(80.0년) 등의 순이다. 전국 16개 광역자치단체 중에 건강 순위는 제주가 11위, 강원이 16위였다. 우리나라만 그런 것이 아니다. 2011년 미 위스콘신대학이 미국 3천 개 이상 카운티의 건강 순위를 매긴 보고서에 따르면 가장 건강한 카운티의 48%는 도시 또는 도시 근처다. 반대로 가장 건강하지 못한 카운티의 84%는 시골 지역이었다. 환경은 어느 수준 이상만 되면 충분하다는 것과, 현대 도시의 환경이 충분히 개선되었다는 것을 보여 준다.

- 왜 홍콩이 최장수 국가가 된 것에는 관심이 없을까?

유엔(UN)이 발표한 '세계인구전망 2022' 보고서에 따르면 세계에서 가장 장수하는 나라는 평균 수명 87.01세의 모나코이다. 모나코는 바티칸 시국에 이어 세계에서 두 번째로 작고, 인구도 3만 3천 명에 불과하다. 1인당 국민소득이 23만 달러(약 3억 원) 이상으로 세계 최고 수준이다. 2위가 홍콩으로 85.83세이다. 서울 면적의 1.8배에 불과한 좁은 지역에 730만 명이 거주하는 인구밀도가 가장 높은 지역 중 하나다. 3위가 마카오로

85.51세다. 인구는 약 63만 명 정도지만, 면적은 홍콩보다 훨씬 적어 인구 밀도가 더 높다. 그리고 4위는 우리가 최장수 국가로 알고 있는 일본으로 84.95세이다.

모나코의 남성의 평균 수명은 85.6세이고 여성은 무려 93.4세라고 하는데, 인구수가 워낙 적고 다른 나라의 백만장자들이 인생 말년을 보내기 위해 이주해 온 경우가 많아, 현재 지구에서 가장 장수촌은 홍콩이라고 할 수 있다. 2013년부터 일본을 넘어선 세계 최장수촌이 되었는데, 홍콩의 장수 비결에 대해서는 아무도 관심을 가지지 않는 것도 정말 신기한 일이다. 홍콩 사람들이 가장 장수한다는 것에서 최소한 자연 타령은 이제는 그만해야 하고, 인간의 장수 요인은 흔히 생각하는 것과는 많이 다르다는 것도 알아야 할 것이다.

- 자연은 그런 곳이 아니다

> 자연에는 진보도, 합목적성도, 아름다움도 없다. 자연에 그런 것이 있다고 믿는 것은 단지 인간의 희망이 자연에 투사된 것일 뿐이다. - 프란츠 부케티츠, 독일의 철학자이자 생물학자

자연이 우리에게 편안한 안식처라는 생각은 우리의 희망일 뿐이다. 우리가 꿈꾸는 자연의 이미지에는 뱀, 쥐, 말벌, 거머리, 모기 같은 존재들이 없이 낭만적이고 아름답지만, 현실의 자연은 온갖 생명체들이 생존과 번식을 위해 속임수와 유혈극도 서슴지 않는다. 원시인에게 자연은 아늑한 보금자리가 아니었고 맹수, 질병, 어둠, 추위 등이 생명을 위협하는 무시무시한 곳이었다.

호모 에렉투스, 베이징 원인 상상도(출처: alamy)

사람들이 실제로 좋아하는 자연은 있는 그대로의 자연이 아니라 인간의 입맛에 맞게 취사선택한 정원과 같은 가공된 자연이다. 방송에 등장하는 자연인도 노숙을 하거나 동굴에서 살지 않고, 현대의 도구를 쓰고 옷을 입고 산다. 좋아하는 소리도 마찬가지다. 자연의 천둥소리, 새소리, 물소리보다 가장 비자연적이고 인위적인 소리라고 할 수 있는 음악에 빠져 산다. 냄새도 마찬가지다. 유기농을 좋아한다고 말해도 고속도로를 가다가 밖에서 풍기는 퇴비 냄새를 좋아할 사람은 별로 없다. 자연의 것이 맛있다고 말하지만 실제로는 아무도 산과 들에 나가서 자연의 식물을 마구 뜯어 먹지 않고, 인간이 재배한 농산물의 특별한 부위를 날것 그대로가 아니라 양념하고 지지고 볶아서 먹는다.

1950년대 수원화성(출처: 로버트 리 월워스)

한국인이 요즘 가장 선호하는 주거 형태는 아파트이다. 처음 등장했을 때는 사람이 어떻게 저런 곳에서 사느냐며 시골에서 올라온 사람은 난감해했고, 아파트가 결코 건강에 좋지 않을 것으로 생각했다.

요즘 편리한 집을 떠나서 캠핑하면서 힐링한다고 하지만 며칠만 지나면 집 생각이 간절해질 수밖에 없다. 만약에 장마철 내내 텐트에서 계속 보내야 한다면 불편의 차원을 넘어서 건강에도 타격을 받는다. 50년 전의 주거 환경은 요즘의 캠프장보다 낫지 않았다. 비가 오면 천장에서 물이 뚝뚝 떨어지고, 에어컨이 없고 습기도 많고, 집에 마른 수건마저도 몇 개 없었다. 지금의 아파트와 같은 쾌적한 공간은 자연 어디에도 없다. 과거와 자연에 대한 환상은 그리움의 대상으로는 적합해도, 실제 생활에는 그리 호락호락하지 않다. 이 시대를 살아가는 것은 실로 행운이다. 사실 옛

현대인의 마음속의 자연

날 책에 묘사되는 천국의 모습도 겉으로는 평범한 현대인의 삶보다 별로 멋지지 않다. 문제는 현대인이 옛날 사람들이 꿈꾸던 거의 모든 것을 쟁취했지만, 별로 행복하지 못하다는 것이다. 젊은 사람의 부동의 사망 원인 1위는 자살이다.

자연이 평화로우리라는 것은 너무나 순진한 생각이다. 쓰나미로 수만 명의 사망자가 발생하고, 대지진으로 수천 명의 사상자가 발생한다. 이 정도는 사소한 것이고, 과거 지구상의 대부분 생명체가 사라졌던 대멸종이 5번이나 있었고, 작은 멸종은 수시로 있었다. 어쩌면 지금이 지구 역사상 가장 평온한 시기인지 모른다. 자연은 인간에 무심한 채 자신의 규칙대로 작동할 뿐인데 인간들이 온갖 의미를 붙이는 것이다.

3 건강과 장수식품에 대한 환상을 버리자

1) 장수촌과 자연식품의 신화는 조작된 것이다

최초로 중국을 통일한 진나라 시황제(기원전 259~210)는 천하를 손에 넣고 불로불사를 꿈꾸며 온갖 수단을 동원하였다. 어느 날 시황제의 행차는 낭아산에 도착해 머물다가 섬이 갑자기 나타나자마자 희미하게 사라져 가는 경험을 한다.(신기루 현상으로 추정) 그것이 전설상의 봉래산이라고 주장하는 사람의 말을 믿고 봉래산에 가서 불로불사약을 구해 오도록 하기도 했고, 수은을 불로불사의 약인 줄 알고 먹고 자신의 생명을 단축했다. 지금은 오지 탐사가 대부분 끝났기에 덜하지만 예전에는 동서양을 막론하고 오염되지 않은 자연환경에 신비한 장수촌이 존재할 것이라 믿고 동경하는 경우가 많았다.

나는 식품의 가치를 바로 알기 위해서는 이런 장수촌, 장수식품, 자연식품에 대한 환상부터 버리는 것이 좋다고 생각한다. 이들에 대한 헛된 기대가 식품에 대한 불안감의 바탕이 되기 때문이다.

- 장수촌과 자연식품의 환상이 만들어진 배경

요즘 너무 일반화된 '자연식품'이라는 말은 사실 그리 오래전에 등장한 단어는 아니다. 예전에는 모두 자연식품이었기에 자연식품이라는 단어 자체가 없었다. 산업화 이후 이 단어가 등장하게 되었는데 우리나라에서는 1980년 이전까지 전혀 대중의 관심을 끌지 못했고, 보양식품이나 정력식품에 관심이 많았다. 미국에서는 1920년대에 이미 등장하기 시작했는데, 당시 미국은 벌써 비만이 문제가 되어 음식에 대한 선악론이 등장하기 시작했고 과거에 대한 향수가 생겨났다. '자연식품'이란 용어를 처음 사용한 사람은 영국 의사이자 의료연구가인 로버트 맥캐리슨으로 그의 생각은 1921년 집필한 『훈자 계곡 여행기』에 잘 나타나 있다.

> "훈자 마을 사람들은 누구에게도 뒤지지 않을 만큼 완벽한 체력을 갖고 있고, 병에 걸리는 경우도 거의 없다. 이들이 먹는 음식이라고는 곡물, 채소, 과일, 적당량의 우유와 버터가 전부이고, 육류는 축제 기간에만 즐긴다. 이들의 수명은 '놀라울 정도로 길고', 7년 동안 이들을 치료하면서 우연한 사고나 호우 등 재해로 인한 치료 외에는 별다른 질병을 보지 못했다. 맹장염, 대장염, 암 등 유럽에서는 일반적이고 고통스러운 질환이 이곳에는 존재하지 않는다. 확실히 자연이 제공하는 단순한 식품으로 구성된 식단이 훈자인들의 장수, 끝없는 활력 그리고 완벽한 체력을 가능하게 해 주는 힘인 것 같다. 하지만 '문명화된 사회'에 사는 사람들은 건조, 열처리, 냉동과 해동, 산화와 해체, 제분과 정제 등 식품 가공을 통해 식품에 본래 내재된 자연 성분이 파괴되고 대신 인공 성분이 추가된 음식을 먹기 때문에 건강 관련 문제들이 수시로 발생한다." - 『음식, 그 두려움의 역사』, 하비 리벤스테인

1920년대에 지어진 이 이야기는 지금도 혹할 만한 내용이다. 이 이야기를 바탕으로 1933년에 제임스 힐튼이 베스트셀러 『잃어버린 지평선』을 출

간했고, 1937년 동명의 할리우드 영화가 상영되었다. 이후 훈자 사람들의 건강에 관한 책들이 봇물 터지듯 쏟아져 나왔다. 그래도 당시 대부분의 미국인은 세계 최고의 선진국이라는 자부심과 과학과 기술에 대한 혜택을 더 많이 체감하던 시기라 큰 설득력은 없었다. 그러다 1962년 레이첼 카슨의 세계적 베스트셀러 『침묵의 봄』이 등장하자 상황이 바뀌었다. 레이첼 카슨이 "우리 모두 인류 역사상 최초로 자궁에서 땅속에 묻힐 때까지 일생에 걸쳐 위험한 화학 약품에 노출된다"라고 주장하자 소비자들은 가공식품과 식품첨가물을 걱정하기 시작하고, 훈자 마을 이야기를 믿기 시작했다.

하지만 훈자 마을 이야기는 사실이 아니다. 훈자 마을의 이야기를 듣고 이후에 방문한 사람들이 직접 검사한 결과 갑상샘종, 결막염, 류머티즘, 결핵 등 불량한 건강 상태와 영양실조의 징후가 곳곳에서 드러났으며, 영양실조로 인한 영유아의 사망률도 놀라울 정도로 높았다. 이런저런 훈자 마을의 건강에 대한 부정적인 이야기가 계속 흘러나왔지만, 한번 믿기 시작한 사람들에게는 별다른 영향을 미치지 못했고, 자연식품과 장수촌의 신화는 계속되었으며 아직도 그 여운이 가시지 않고 있다.

- 최장수 기록이 훈자 마을에서 나왔을까?

현재 세계에서 가장 나이가 많은 사람은 몇 살일까? 보통 114~118세 사이이다. 90세를 넘기는 사람은 정말 많이 증가하였지만, 100세를 넘기는 사람은 적고, 110세를 넘기는 사람은 급감하여 120세를 넘길 가능성이 있는 사람은 거의 없다. 그래서 아직도 세계 최장수 기록은 1997년 8월에 122세의 나이로 사망한 프랑스의 '잔 칼망' 할머니이다. 비공식 기록으로

120세 이상을 살았다는 주장은 무수히 많다. 하지만 나이 확인이 힘든 곳에서는 '나이 부풀리기'가 흔한 일이라서 신빙성이 없다. 훈자 마을 사람의 99%가 문맹이었다. 따라서 훈자 계곡 사람들이 장수한다는 주장을 입증할 만한 근거 자료는 어디에도 없다. 출생과 사망에 대한 기록이 없고, 사람들은 자신이 정확히 언제 태어났는지조차 알지 못했다. 또 다른 장수 신화를 만든 불가리아 목동의 나이 역시 잘못된 것으로 드러났다. 불가리아 목동들은 할아버지, 아버지, 아들이 모두 같은 이름을 사용하는 경우가 많았다. 그래서 조사원들이 혼동을 많이 했다. 늙은 할아버지나 아버지의 건강을 조사하려 했는데 같은 이름의 아들이나 손자가 나온 것이다. 이처럼 오지 마을의 장수 기록은 말도 통하지 않은 상태에서 부모 대신 이름이 같은 자식의 건강을 검사한 것, 전쟁에 나가지 않기 위해서 거짓으로 나이를 부풀린 것, 나이가 많아야 대접받기에 나이를 부풀리는 사례가 너무 많았다. 나이는 12가지 띠로 나이를 기억하는 중국 문화권의 나라에서나 어느 정도 믿을 만하지, 그렇지 않은 오지에 사는 사람의 나이는 신빙성이 별로 없다.

시대에 따른 평균 수명의 변화

시대	평균 수명
신석기 시대	20
청동기~철기 시대	26
그리스·로마 시대	25~30
1900년 세계 평균	31
1950년 세계 평균	48
2020년 세계 평균	72

- 평균 수명은 빠르게 늘었으나 최장수 기록은 요지부동이다

예전에는 평균 수명이 30세가 안 되었기에 60세를 넘기면 회갑 잔치를 열어 온 마을이 축하해 주었다. 그런데 요즘은 평균 수명이 80세를 넘어서 과거보다 50살이 늘었다. 1900년까지도 세계인의 평균 수명은 31세에 불과했고 미국 정도가 47세였다. 조선시대 역대 왕들의 평균 수명이 47세라고 하지만 이것은 무사히 성인이 되어 왕이 된 사람의 평균 수명이라 왕이 되기 전의 사망률 즉, 유아 사망률이 제외되었기 때문에 수치가 높은 것이다. 2010년대에는 지구 전체 인류의 평균 기대 수명이 67세, 2020년에는 72세가 되었다.

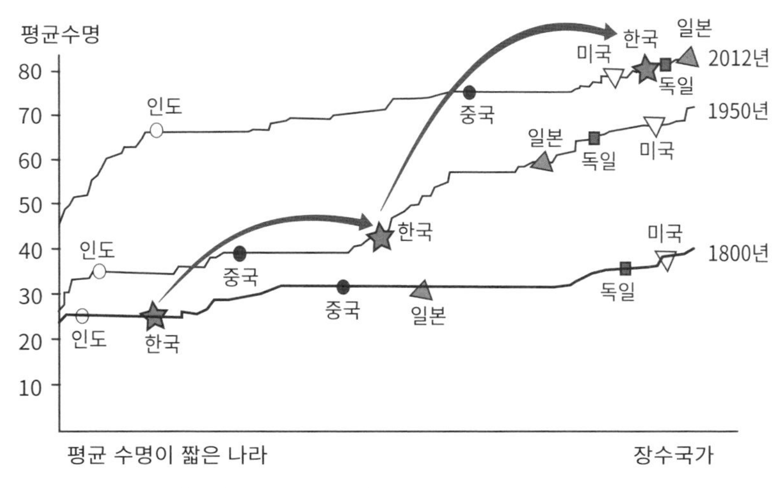

시대에 따른 평균 수명의 변화(출처: http://ourworldindata.org)

이렇게 평균 기대수명이 늘어나는 동안 인류의 최대 수명은 얼마나 늘었을까? 평균 수명이 30세에 불과했던 과거에도 80~90세를 넘긴 사람이 곧잘 있었던 것을 생각해 보면, 지금은 130~140세 장수 노인도 상당해야 한다. 하지만 세계적으로 아직 122세를 넘긴 사람이 없다. 한국인의 기대 수명이 80세가 넘지만 100세 이상은 2010년 기준 1,836명에 불과했다. 100세가 110세가 되는 확률은 1/1,000이고, 110세가 120세가 되는 확률도 1/1,000이라고 한다. 100세의 노인 100만 명이 있어야 고작 한 명이 120세가 될 가능성이 있는 것이다. 도대체 인간의 평균 수명이 왜 늘어난 것이고, 최대 수명은 왜 제자리걸음일까?

이것은 제 수명을 못 누리고 사망하는 경우가 점차 감소한 것이지 인간 수명 자체가 증가한 것이 아니기 때문이다. 지난 1,000년간 인간의 수명은 단 하루도 늘지 않았다. 먹을거리가 풍부해지고, 위생이 갖추어지면서 평균 수명이 급격히 늘기 시작했고, 유아사망률도 현대의학이 발전하며 획기적으로 줄었다. 지금은 제 수명을 누리지 못하고 사망하는 경우가 급감한 것이다. 오죽하면 요즘 우리나라 10~40세의 사망 원인 1위가 자살이고, 40~60세에서는 2위가 자살이겠는가.

세상에는 온갖 생활방식의 사람이 있다. 채식하는 스님, 고기와 생선으로 살아가는 이누이트, 가공식품 등 현대 문화를 거부하고 자연의 품에서 전통의 방식대로 살아가는 집단 등 정말 다양한 방식으로 살지만, 특별히 더 장수하는 집단은 없다. 그러니 장수식품이나 장수법에 관심을 가질 필요가 없는 것이다.

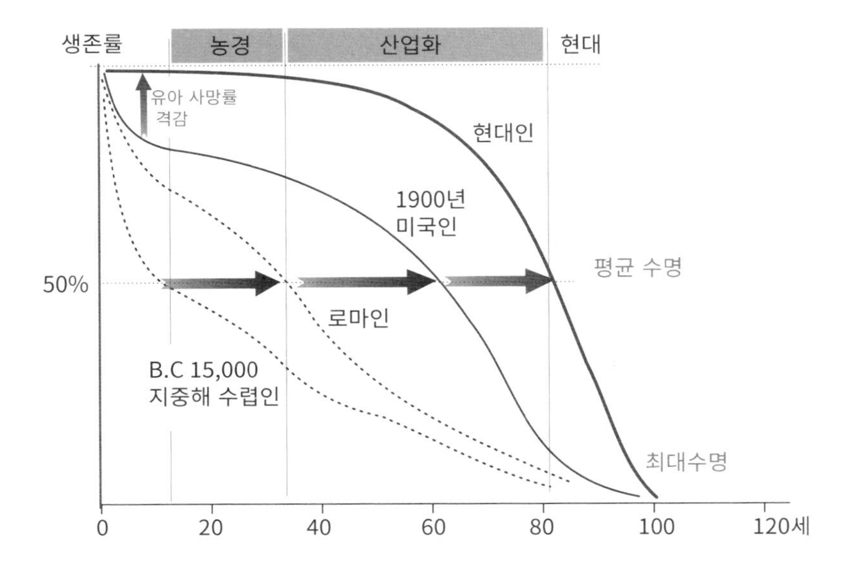

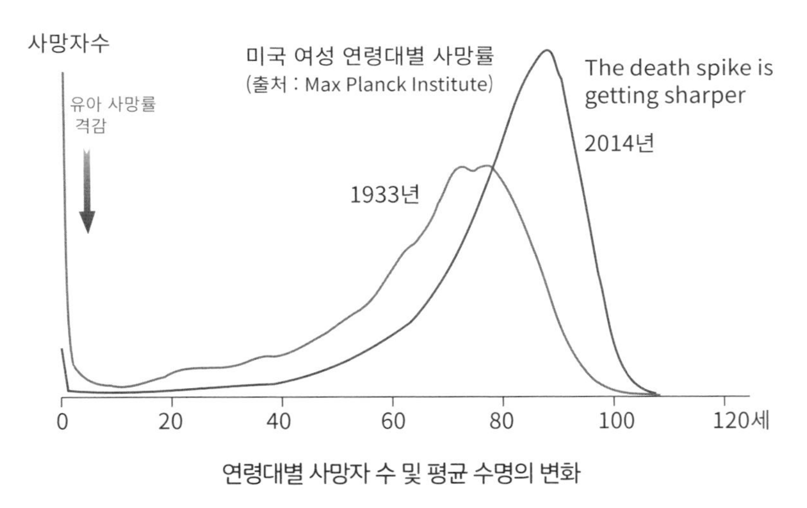

연령대별 사망자 수 및 평균 수명의 변화

2) 인간은 이미 포유류 중에서는 특별히 오래 사는 편이다

인류의 원래 수명이 200살쯤 되는데 자연을 거부하고 뭔가 잘못된 것을 먹어서 제 수명을 누리지 못한다고 생각하는 사람이 많은 것 같다. 하지만 다른 포유류와 비교하면 인간은 정말 오래 사는 편이다.

포유류 심박수와 수명의 관계를 살펴보면 대체로 덩치가 작은 동물이 심박수가 빠르고 수명이 짧다. 효과적인 순환계가 있어야 심박이 느리고 덩치를 키우고 오래 살 수 있는 것이다. 심장박동수와 수명의 관계를 나타낸 그래프에 따르면 인류의 생물학적 수명이 40세 정도일 것이다. 그런데 지금 한국인의 평균 수명은 80세를 훌쩍 넘겼다. 다른 포유류에 비해 2~3배 오래 사는 셈이다. 삶의 질로 봐서는 거의 영생을 누리는 편이라 하겠다. 더구나 자연에서 제 수명을 누리는 경우는 거의 없다. 암수 한 쌍이 평생

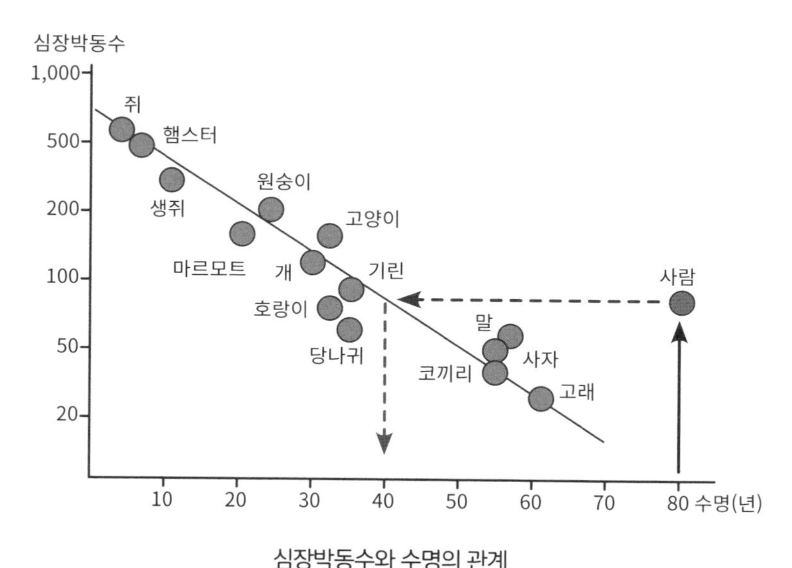

심장박동수와 수명의 관계
(출처: Levine, Herbert J. Rest heart rate and life expectancy.)

수십만 마리에서 수십 마리의 새끼를 낳고, 그중에 겨우 2마리 정도만 살아남아 다시 번식하는 것이 자연을 살아가는 동물의 일반적인 삶이다.

포유류 중에 인간만 정말 오래 살면서, 생존의 차원을 벗어나 문화까지 누리며 산다. 그런데도 감사보다는 불만이 많다. 세상 누구도 성공하지 못한 '어떻게 하면 오래 살까'를 궁리하는 것보다 주어진 시간을 즐겁고 효율적으로 쓰는 것이 현명한 선택일 것이다.

4 항암식품에 대한 기대와 발암물질의 공포를 버리자

"암은 왜 걸리는 겁니까?" 다큐멘터리 제작을 위해 세계 곳곳을 누비면서도 첫 질문은 늘 한결같았다. 노벨 의학상 수상자, 국내외 손꼽히는 대학들의 암 연구진, 수천 건의 암 수술을 집도한 전문의 등 암 연구의 최전선에 있는 그들로부터 듣게 된 그들의 첫 답변은 예상치 못한 침묵이었다. 그리고 한참 숙고 끝에 '대가'들의 입에서 나온 대답은 거의 비슷했다. "우리도 아직 잘 모릅니다." - 『암의 종말』, 이재혁 외

1) 암의 주범은 따로 있다

전문가도 잘 모르는 암에 대하여 내가 말한다는 것이 정말 부담스럽지만 그동안 특정 식품이 암을 유발하느니, 암을 예방하느니 하면서 함부로 말하는 경우가 너무 많아 다루기로 했다. 소위 '대가'들조차 모른다고 하는 암의 원인, 그런데 건강 전도사들은 암에 대해 너무나도 용감하게 말한다. 그래서 세상에는 발암물질과 항암식품 타령이 너무 많다. 그들은 소비자의 건강을 위하는 의로운 사람이라는 명성을 얻겠지만, 실제로는 소비자의 불안감만 커질 뿐이고 거기에 휘둘리는 식품기업들은 타격이 너무 크다.

암은 발암물질에 의해 걸리는 것으로 생각하는 사람들이 많다. 그래서 발암물질 하면 무서워하지만, 전문가들은 하나같이 암의 원인을 잘 모른

다고 말한다. 도대체 암의 실체가 무엇이기에 암과의 전쟁을 선포하고 세계적인 석학들이 60년간 고군분투를 하여도 그 해결책을 찾지 못하는 것일까?

먼저 암은 한 가지 질병이 아니라고 한다. 암세포가 한 가지라면 한 종류의 면역세포나 항암제로 해결이 가능할 것인데, 종류가 다양해 부분적인 성공을 거두었다 해도 다시 재발하거나 악화되는 경우가 많다. 우리 몸 안의 세포의 종류는 100가지가 넘으니 기본적으로 암도 100종이 넘고, 1㎝의 암 덩어리는 100만 개 이상의 암세포로 만들어진다. 암 덩어리를 구성하는 암세포는 겉과 속 위치에 따라 각자 다른 환경에 맞추어 협력하고 경쟁하는, 마치 나무의 줄기와 잎, 뿌리처럼 각자 다른 생태적 지위를 갖도록 변형된 세포의 집합이다. 그러니 한 가지 대책으로는 해결이 어렵다.

- 암은 나이에 따라 증가한다

나이가 들수록 암이 증가한다는 것은 명백하다. 왜 나이에 따라 암이 증가하는 것일까? 사람들은 보통 발암물질이나 환경요인에 의해 유전자가 변형되어 암이 발생할 확률이 높다고 생각한다. 하지만 이것보다는 그저 세포의 분열에서 오는 실수의 축적일 가능성이 더 높다. 미국 존스홉킨스 대학의 버트 보겔스타인 교수와 크리스티안 토마세티 박사는 신체 조직에 따라 암 발생률이 왜 그렇게 차이가 큰지에 대한 의문을 풀기 위해 연구를 시작했다. 환경요인이 발암의 주요 원인이라면 장기 부위별로 암의 발생률이 비슷해야 할 텐데, 장기에 따라 암 발생률이 최대 24배나 차이가 난다. 같은 음식(화학물질)이 통과하지만 식도는 0.51%, 위는 0.86%, 소장은 0.2%, 대장은 4.82%의 확률로 암에 걸린다. 같은 분자에 노출되는

데 이렇게 차이가 나는 것에 의문을 품고 신체 조직별로 줄기세포의 분열 횟수와 암 발생률의 상관관계를 분석했다. 그러자 0.8의 상관계수를 얻었다. 암 발생의 65% 정도는 줄기세포의 분열 횟수로 설명할 수 있다는 것이다. 세포 분열이 왕성한 조직일수록 실수로 암이 생길 가능성도 높은 것이다.

우리 몸은 약 37조 개의 세포로 되어 있고, 각각의 세포는 매일 활성산소 등의 공격으로 20~100만 회 정도의 손상을 받는다고 한다. 대부분의 손상은 복구되지만 손상이 누적되면 그 세포는 분해되고 새로운 세포로 대체된다. 1년이면 절반이 새로 대체된다고 하니 매일 400억 개 정도가 죽고 새로 태어나는 것이다. 그래서 동위원소 분석법으로 조사하면 우리 몸을 구성하는 원자 중 90%가 매년 대체되고, 5년마다 우리 몸의 원자 전체가 새것으로 바뀐다고 한다.

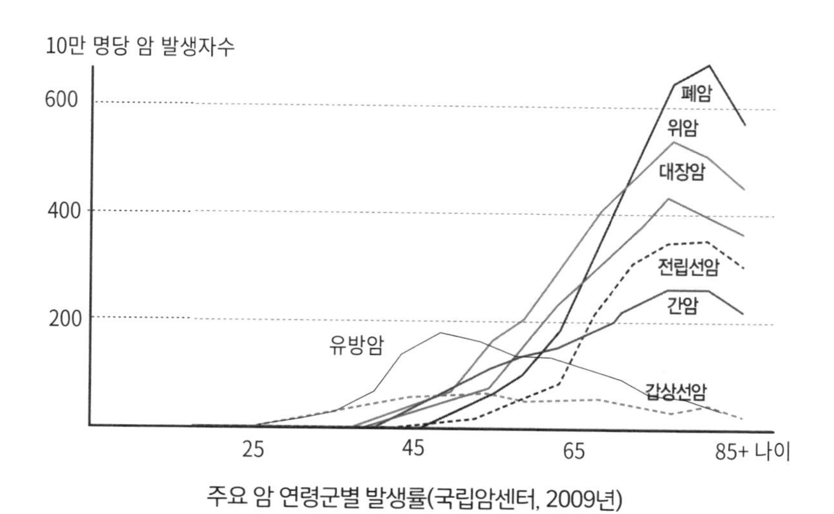

주요 암 연령군별 발생률(국립암센터, 2009년)

우리 몸의 세포는 짧으면 몇 시간, 길면 60년 이상의 수명을 가지고 있다. 평균 수명이 2년이고 분열 횟수가 50회면 평생 1,500조 개의 세포가 새로 만들어지는 것이다. 매일 400억 개의 세포를 새로 만들어야 하는데 세포 1개에는 30억 개의 염기쌍이 있다. 이것이 하나하나 완전히 똑같이 복사되어야 하는데 쉬운 일이 아니다. 한 개의 세포를 복사할 때 대략 12개(자료에 따라 50개)의 오류가 생긴다. 30억 개를 일일이 풀어서 복사하면서 12개 실수를 하는 것은 매우 뛰어난 작업이지만, 매일 4,800억 개의 오류가 만들어진다는 말이기도 하다.

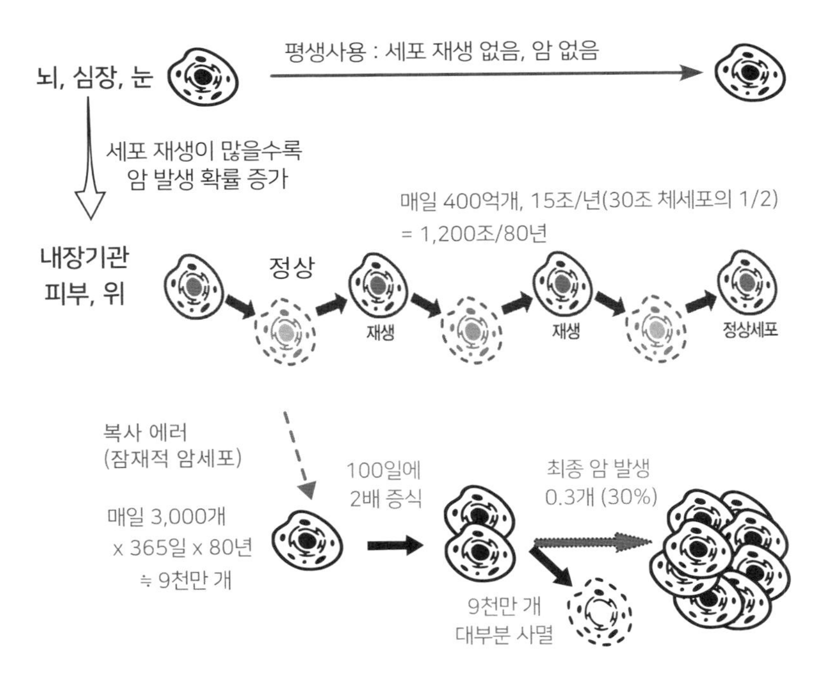

세포 재생과 암의 발생 확률

매일 400억 개의 세포를 새로 만들려면 그만큼 많은 세포가 사라져야 하는데 이것은 저절로 일어나는 것이 아니다. 보수보다는 폐기가 효율적이라고 생각되면 주변의 세포가 세포 자살(Apoptosis) 신호를 보내고 이것을 받은 세포는 죽음의 서약을 수행한다. 죽음의 신호에 따라 미토콘드리아는 효소(Caspase)를 다량으로 만들어 순식간에 자신의 세포 골격을 분해한다. 세포의 죽음은 천천히 저절로 이루어지는 것이 아니라 정교한 기작에 의해 순식간에 이루어지는 숭고하고 격렬한 최후의 생명현상이다.

문제는 매일 3천 개 정도의 세포는 이런 자살 명령 수행체계에마저 손상을 입어 제대로 작동하지 않는다는 것이다. 하루에 잠재적 암세포가 3천 개, 평생 9천만 개 정도가 생긴다. 다행히도 거의 전부 소멸한다. 암으로 발전하려면 여러 단계를 거쳐야 하는데 면역세포의 공격이나 추가적 손상 등으로 사멸된다. 0.3개(30%의 확률)가 끝까지 살아남아 무서운 질병인 암이 된다.

세포의 복사 횟수가 암의 주원인이 될 수 있다는 증거는 특이한 질병에서도 찾을 수 있다. '워너 증후군(Werner syndrome)'은 복제를 담당하는 유전자가 돌연변이를 일으켜 세포 분열이 비정상적으로 빨리 진행되는 질병이다. 일반인보다 몇 배나 빠른 속도로 나이가 들어 20세 정도면 질병과 노화가 빠르게 진행되다가 40~50대에 사망한다. 주 사망 요인은 동맥경화성 합병증, 심근경색, 뇌졸중 또는 악성 종양이다. 그런데 사망 시의 뇌나 심장은 어린 상태를 그대로 유지하고 있다. 둘 다 평생 사용하도록 설계된 세포이기 때문이다. 워너 증후군은 세포 분열이 빨라 암의 발병도 빨라지는 것이다.

이와 반대되는 질병이 '라론 증후군(Laron syndrome)'이다. 성장호르몬

수용체의 이상으로 성장이 느려져서, 이 병에 걸린 남자 가운데 가장 키가 큰 기록은 140㎝이고, 여자는 124㎝이다. 어린이의 몸과 같은 것이다. 이런 라론 증후군 환자는 암과 당뇨병에 걸리는 사람이 없다. 라론 증후군인 사람은 성장 신호를 감지하지 못하니 키가 자라지도 못하고, 암세포도 자라지 못하는 것이다. 어린이 몸답게 인슐린 민감도가 높아 설혹 비만이 되더라도 당뇨병에 걸릴 염려가 적다. 하지만 아주 오래 살지는 못한다. 불의의 사고도 잦고, 간질 같은 신경질환에 취약하기 때문이다.

단식의 효과도 상당 부분은 인슐린유사성장인자1(IGF-1)의 분비 감소로 설명한다. IGF-1은 체내 세포의 성장과 분열을 촉진하는 인자로서 성장기에는 중요한 물질이지만 성인에게서는 오히려 노화나 암과 밀접한 관계가 있다. 단식을 하면 몸은 어려운 환경에 처했다고 해석하기 때문에 성장보다는 현상 유지로 초점을 돌리므로 IGF-1 분비가 줄어든다. 따라서 노화를 늦추고 암 발병률을 낮출 수 있다고 한다.

- 모든 염증은 암의 원인이다

석면은 천연 암석에서 만들어진 바늘 형태의 섬유상 조각이다. 상당한 크기이고 녹거나 분해도 되지 않으므로 DNA에 어떠한 변이도 일으키지 않는다. 단지 날카로운 유리 조각처럼 폐 세포에 꾸준히 손상을 입혀 염증을 유발하고 그만큼 세포의 재생을 촉진한다. 그래서 암의 원인이 된다. 석면이 아니어도 그와 비슷한 형태의 물질이면 뭐든 같은 작용을 한다. 그래서 유리 섬유, 규회석 섬유, 규산염 섬유, 심지어 산삼 가루도 먼지처럼 폐에 들어가면 발암 요인이 된다. 물질의 종류와 관계없이 미세먼지 형태의 입자는 호흡을 통해 폐에 들어가 장시간 동안 폐에 계속 남아 있으면서 꾸준히 손상(염증)을 일으키기에 발암의 원인이 된다. 담배가 유난히 폐암을 많이 일으키는 이유도 타르가 꾸준히 폐에 쌓여 손상을 주기 때문이다.

심지어 뜨거운 열에 주기적으로 자주 노출되는 것도 발암 요인이 된다. 난로 등에 잦은 화상을 입는 것은 피부암, 뜨거운 차나 음료를 자주 마시는 것은 식도암의 위험을 높이기도 한다. 이처럼 같은 조직에 주기적 손상을 가하면 세포는 꾸준히 대체되어야 하고 그중에 실수가 누적되어 암세포로 변하는 것이다.

현대에 들어 여성 암의 발병 시기가 앞당겨진 것도 같은 이유다. 영양상태가 좋아지면서 현대의 여성들은 과거보다 초경이 빠르고 폐경은 느리다. 또한 과거처럼 아이를 많이 낳지도 않는다. 그러니 150회 정도 월경을 했던 조상에 비해 2배 이상 많은 300~400회의 월경을 한다. 그만큼 세포의 재생이 많아지고 여성 암의 발병 시기가 빨라진 것이다.

이런 해석은 암은 해결하기 힘들다는 암담함을 주지만, 한편 암에 걸린 이유가 자신들의 잘못 탓이 아니라 운이 없었을 뿐이라는 위안을 줄 수 있다. 암에 걸리면 자기 잘못으로 알고 유난히 자학하는 경우가 있다. 특히 자녀가 암에 걸리면 잘못된 뭔가를 먹였거나 나쁜 환경에 방치한 결과가 아닐까 하고 심한 죄책감에 시달린다. 암의 주요 원인이 복제 과정의 실수 때문임을 알게 되면 이런 죄책감은 가질 필요가 없게 된다.

한편 암은 이기적인 DNA의 결과물이라고 볼 수도 있다. 우리 유전자는 생존과 번식에만 관심이 있지, 장수에는 별로 관심이 없다. 인간의 생물학적 수명인 40세까지는 암에 잘 걸리지 않는다. 인간이 갑자기 오래 살기 시작하면서 암을 자주 보게 된 것이다.

2) 암을 치료하는 기적의 식품은 없다

그동안 수많은 항암식품 이야기가 있었지만 구체적으로 효능이 밝혀진 식품은 없다. 2009년에 『항암 식탁 프로젝트』라는 책이 발간되었다. 대한암협회·한국영양학회·대한암예방학회가 구성한 특별연구위원회가 한국인이 가장 많이 먹는 116가지 음식 중 암과 관련성이 있을 만한 33가지 음식에 대한 국내외 학술 논문 450여 편을 정밀하게 평가한 것이다. 지금까지 나온 책 중 가장 믿을 만한 이 책의 결론은 사람들의 흔한 기대와 달리 전통 식품이 무작정 좋다는 증거도 없으며, 무엇을 먹으면 암을 예방할 수 있는지에 대한 명확한 해답도 없다는 것이다. 시중에는 인삼, 마늘, 버섯 등 어떤 단일 식품이 암을 예방할 수 있다고 선전하지만, 이 책은 결코 그런 식품은 없다고 한다.

암의 원인이 이처럼 복잡하고 정확히 규명된 것도 아닌데, 시중에는 '이것만 하면 문제없다'라는 식의 소비자 입맛에 맞춘 책이 범람한다. 비타민 중에서 가장 유용하고 부작용이 없는 비타민의 왕자 비타민 C도 발암성이 있거나, 최소한 암 치료를 방해하는 작용이 있다고 한다. 그래서 항암치료를 할 때 건강보조식품과 비타민 제품을 먹지 못하게 한다. 간 기능 저하 등 치료에 부정적인 영향을 주기 때문이다. 케일, 신선초, 돌미나리, 녹즙, 동충하초, 아가리쿠스버섯, 느릅나무즙, 키토산, 스콸렌 같은 건강보조식품은 물론 한약, 상황버섯, 영지버섯, 인삼, 홍삼 심지어 산삼도 먹지 말라고 한다.

암만큼 무서운 병이 어디 있는가. 가족들은 치료에 조금이라도 도움이 된다면 뭐든지 구해 주고 싶을 것이다. 그러나 암에 좋다고 하는 것들로 인한 피해 사례가 너무나 많아서 구체적으로 이름까지 말하면서 먹지 말도록 주의를 주는 것이다. 암 치료 비용의 40%는 마지막 3개월에 들어간다고 한다. 뭐든지 구해 먹어 보고 이것저것 시도하면서 들어가는 비용이다.

- 발암물질에 대한 과도한 두려움은 오히려 해가 된다

발암물질에 대한 공포를 없애려면 그동안 발암물질로 밝혀진 것들의 속성도 이해할 필요가 있다. 알킬화제(돌연변이제)같이 실제 발암성이 강한 물질은 오히려 1군 발암물질에서 빠져 있다. 실험실에서나 조심스럽게 사용되지, 일반인에 노출되어 사고를 일으킨 사례가 없기 때문이다. 오히려 독성이나 발암성은 아주 약하지만, 쓸모가 많아서 대량으로 사용되는 화학물질이 작업자 등을 통해 발암성이 입증되어 '1군 발암물질'로 분류되기도 한다.

암 발생 주요 원인(추정치, %)

요인	국제암연구소(IARC) 2003년	미국 국립암협회지
흡연	15~30	30
자외선, 방사선	3	3
알코올	3	3
음식	30	35
환경오염	3	2
직업	5	4
만성 감염	10~25	10
생식, 호르몬	5	7
유전	5	?

화학공장 종사자는 일반인보다 수천에서 수백만 배 많은 화학 원료에 노출된다. 농약을 뿌리는 농부도 있고, 페인트를 칠하는 사람, 인테리어 하는 사람도 있다. 이들은 매일 이런 물질에 엄청나게 많이 노출된다. 그러니 그런 물질이 유난히 위험한 것으로 오해하기 쉽다. 기존 물질의 기능을 하면서 훨씬 안전한 물질이 있는데 가격 때문에 위험한 물질을 사용하는 것은 아니다. 그래도 그런 기능을 하는 물질 중에서는 가장 안전한 편이라서 사용하는 것이다. 유용해서 많이 쓰고, 그러다 보니 많은 검증이 이루어져 실제보다 나쁜 평판을 지니게 되는 경우가 많다. 악명은 독성보다 오히려 유용성과 관계가 깊다.

소금을 많이 먹으면 위암에 걸릴 확률이 증가하지만, 소금을 발암물질 명단에 넣지는 않는다. 그런데 소금이 많이 들어간 젓갈은 발암물질로 분류된다. 예전에 중국의 비슷한 위치와 환경에서 젓갈을 적게 먹는 농촌과 많이 먹는 어촌이 위암의 확률이 달라서 젓갈이 1군 발암물질로 등재된 것이다.

발암물질의 분류

1군: 111종	2A: 65종	2B: 274종
담배 자외선, 선탠 장치 디젤유, 중금속 석면, 미세먼지 나무 분진, 가죽 먼지 아플라톡신 염장 생선(중국식) 술, 가공육	야간교대근무 미용실 근무 유리공예 튀김(아크릴아미드) 적색육 65℃ 이상의 뜨거운 음료	채소 절임 은행 추출물 알로에 베라 추출물 엔진 배출물 휴대폰 2, 4-D, DDT(살충제)

항상 문제는 총량이다. 알코올 도수가 낮은 술을 마신다고 해도 많이 먹으면 취하고, 도수가 높은 술을 마셔도 적게 마시면 멀쩡하다. 알코올의 총량이 중요한 것이다. 음식도 마찬가지다. 짠 음식도 적게 먹으면 적당한 소금 섭취량이 되고, 싱거운 음식도 많이 먹으면 오히려 소금 섭취량이 과다해지는 것이다. 알코올은 공식 1군 발암물질이다. 단일 품목 중 가장 암 발생률이 높은 것은 담배로, 발암 요인의 30%를 차지하지만 입으로 먹거나 마시는 것 중에서는 술이 가장 큰 발암 요인이다. 3% 정도를 술에 의한 것으로 추정한다. 발암 요인의 30%를 음식 때문이라고 추정하지만, 그것은 과식에 의한 비만으로 생긴 문제이지 특정 음식의 문제가 아니다. 그러니 세계 모든 보건 당국이 알코올의 위험성을 알리고 섭취의 자제를 권유한다. 하지만 이런 경고에 신경 쓰는 애주가는 없다. 그러면서 술에 있는 아스파탐 같은 첨가물에 대해서는 민감하다. 보건 당국이 안전하다고 하는 아스파탐은 의심하고, 위험하니 자제하라는 알코올에는 참 너그럽다. 사실 1군 발암물질인 알코올도 특별히 발암성이 높다고 하긴 힘들다. 물과 3대 영양 성분을 제외하면 알코올이 단일 성분으로 가장 많이 섭취되기 때문이다. 워낙 많이 소비되기에 알코올과 간암과의 인과관계가 명확히 증명된 것뿐, 마시는 양에 비해서는 오히려 독성이 약하다 할 수 있을 것이다. 발암물질의 종류가 400가지가 넘지만, 이들을 다 합해도 알코올 하나에 비해 발암성이 적고, 담배 하나에 비해서는 1/10에 불과하다. 결국 암을 억제하는 가장 효과적인 방법은 '담배를 끊고 술과 과식을 피하는 것'이다. 이것이 발암물질의 60%를 줄이는 길이다. 나머지 물질의 역할은 0.01%도 되지 않는다. 더구나 발암물질은 암에 걸리는 원인의 일부일 뿐이다. 그러니 성분을 따지면서 까다롭게 식품을 골라 먹는 것보다 과식을 피하는 게 암 발생을 줄이는 훨씬 효과적인 방법이다.

- 암은 특별한 잘못 때문에 생기는 병이 아니다

모든 질병은 환자에게 고통과 두려움을 주지만 종류에 따라 대접은 좀 다르다. 50년 전에는 암보다 결핵 같은 호흡기 질환과 감염성 질환으로 인한 사망자가 많았다. 한국 근대문학을 이끈 작가들 가운데 이상, 김유정, 나도향 등이 폐결핵으로 요절했고, 서양에서도 여러 작가가 결핵으로 세상을 떠났다. 그래서인지 많은 문학작품이 결핵을 소재로 다뤘다. 결핵은 당시에는 마땅한 치료법이 없어서 두려움의 대상이었지만 동시에 신비로운 질병으로 여겨졌다. 많은 예술가가 결핵으로 쓰러지면서 이런 환상은 더욱 강화됐다. 결핵이 연약함, 감수성, 슬픔의 대상으로 다루어진 것이다.

암은 반대이다. 암적인 존재! 세포의 무자비한 증식, 냉혹하고 무자비하며 타인의 희생을 초래하는 것은 그 무엇이든지 암에 비유됐다. 그리고 암 환자 스스로가 뭔가 잘못된 일을 한 결과라는 이미지가 강했다. 질병의 책임이 환자에게 돌아가는 것이다. 아니면 암을 상처받은 생태계의 반란, 잘못된 먹을거리의 반란, 잘못된 기술의 반란 등으로 보는 시각이 강했다. 하지만 과거에 같은 나이, 같은 조건의 사람과 비교했을 때 현대인이 더 걸린다는 증거는 없다. 암은 나이가 들수록 많이 발생하는 것이라 과거에는 수명이 짧고 검사법이 발전하지 않아서 실제보다 적게 발견된 결과일 가능성이 높다.

요즘은 결혼도 출산도 안 해서 젊은 여성 유방암 환자가 많이 증가하였지만, 예전에는 유난히 수녀들이 유방암에 많이 걸렸다. 그 이유를 몰랐을 때 얼마나 당혹스러웠겠는가!

내가 '절대로 먹지 말아야 할 발암식품 10가지'와 같은 말을 너무나 싫어하는 이유이다. 세상에 그토록 명백히 나쁜 음식이 있다면 그런 음식을 허용한 보건 당국이나 식품회사는 모두 처벌받아야 한다. 식품학자들도 방조의 책임을 물어야 한다. 실제 그런 식품은 없다. 이런 무책임한 발암물질 타령은 암에 걸린 사람에게 "암에 걸린 것은 당신 책임이야!"라고 하는 나쁜 말이기도 하다.

- 암은 운이 없어서 생기는 병에 가깝다

세균은 20분 만에 2배씩 자랄 수 있다. 우리 몸의 체세포는 세균보다는 훨씬 느리지만 그래도 1~2일이면 2배씩 자랄 수 있다. 과학과 의학의 역사를 바꿔 놓은 '불멸의 세포'가 있는데 이름이 '헬라(HeLa) 세포'이다. 1951년 헨리에타 랙스(Henrietta Lacks)라는 여성의 암세포를 채취해 배양한 것으로 보통의 세포는 몸 밖에서는 며칠 내로 죽는데 헬라 세포는 죽지 않고 빠른 속도로 증식했다.

하나의 암세포가 만들어진 후 매일 2배×2배×2배×2배… 이런 식으로 20번을 거듭해도 우리는 암세포가 있는지 알 수 없다. 아직 크기가 너무 작기 때문이다. 30번 정도를 거듭해야 확인할 수 있는 크기가 된다. 문제는 여기에서 고작 10번 정도만 더 복제되면 암 때문에 죽게 되는 크기가 된다는 것이다. 우리는 보통 암 덩어리의 지름이 1㎝ 정도가 되어야 발견하는데, 만약 이것이 이틀에 2배씩 자라면 20일을 넘기지 못하는 것이다. 대부분 암세포는 여러 제한에 걸려 100일 전후에 2배로 증식한다.

결국 암은 발암 요인이 없거나 암세포가 전혀 안 만들어져서 안 걸리는 것이 아니다. 매일 400억 개 이상의 세포를 새로 만드는 과정에서 잠재적 암세포가 매일 3,000개 정도 생기지만 중간 과정에서 거의 100% 사멸되기 때문에 이 정도인 것이다. 하나의 암세포가 끝까지 살아남아 질병이 되기까지는 넘겨야 할 관문이 아주 많다.

모든 것이 가능한 유전자를 가지고도 묵묵히 주어진 일만 하다가 때가 되면 자신을 스스로 분해하는 우리 체세포가 특별히 숭고한 것이지, 암세포가 특이하거나 부자연스러운 것이 아니다. 모든 세포는 영양을 찾아 이동하여 성장하고 번식하려 한다. 암세포는 단지 야생의 모습으로 과도하게 분열 성장할 뿐, 그 밖의 어떤 목적도 없고 독소를 만들지도 않는다. 단지 체세포에 필요한 영양이나 공간을 차지할 뿐이다. 내가 굶으면 암도 굶고, 나에게 좋은 영양은 암에도 좋은 영양이 되고, 내 몸에 나쁜 물질은

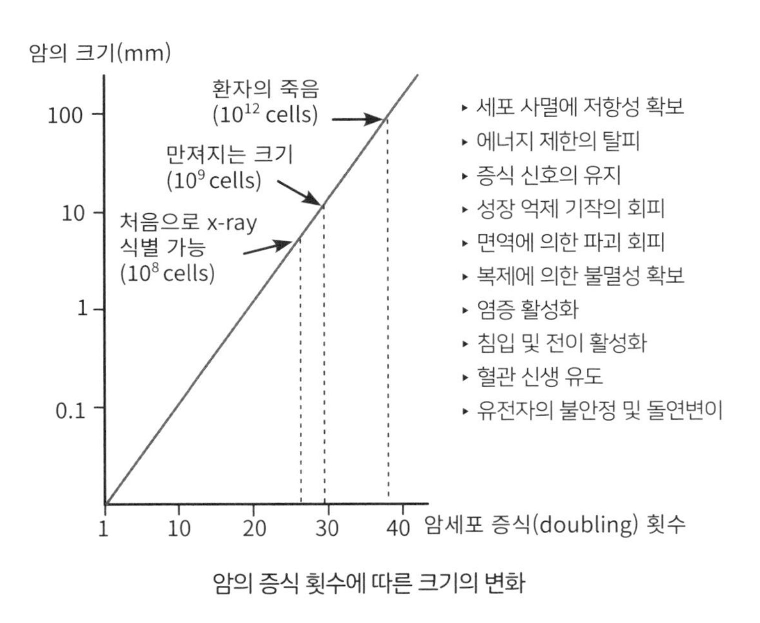

암의 증식 횟수에 따른 크기의 변화

암세포에도 나쁜 물질이다. 방사선, 항암제는 암세포와 정상 세포 모두에게 타격을 준다. 정상 세포는 암세포보다 견디는 힘이 강해서 버티지만, 암세포는 큰 타격을 견디지 못한다. 정상 세포도 겨우 견디는 너무나 큰 스트레스라 항암 치료를 거듭할수록 견디기 힘든 통증이 생긴다. 영양제가 몸 세포에게 좋은 영양을 공급한다면 것은 암세포에게도 좋은 영양을 공급하는 것이고, 항산화제가 우리 몸 세포를 보호한다면 암세포는 더 큰 보호를 받을 것이라는 생각도 해볼 필요가 있다.

가공식품, 식품첨가물, GMO 등 아무것이나 제 맘에 안 들면 무작정 발암물질이라 우기는 건강 전도사들 때문에 암을 다루어 보았지만, 해결책이 없어 답답하기만 하다. 정확한 원인이 밝혀지기 전에는 함부로 말하여 불안을 조장하는 사람이 적어졌으면 한다.

요약: 쉽게 불안감을 절반으로 줄이는 방법 - 부질없는 환상 버리기

- **장수식품에 대한 환상**: 장수촌마다 먹는 음식이 다르다. 그것은 결국 음식의 종류보다 음식을 대하는 태도가 중요하다는 뜻이다.
- **자연식품에 대한 환상**: 자연은 인간에 무심하다. 유기농 천연 무공해 식품만 먹었던 100년 전 우리 조상은 평균 30세도 넘기기 힘들었다. 가공식품이 넘치는 식생활을 하는 현대인이 그때보다 건강하고 오래 산다.
- **전통 식품에 대한 환상**: 오래되었다고 무작정 안전한 것이 아니고, 낯설다고 무작정 위험한 것도 아니다. 전통은 그것이 만들어질 당시에는 가장 혁신적이고 낯선 것이었다.
- **항암식품에 대한 환상**: 암세포도 원래는 우리 몸 세포라서, 암세포만 공격하고 내 몸에 피해가 없는 식품 성분은 없다. 항암제를 암 예방약으로 쓰지 못하고, 우리 몸에 좋은 성분은 암에도 좋은 성분이 된다.
- **좋은 식품에 대한 환상**: 우리나라가 세계에서 채소, 과일, 해산물 등 몸에 좋다는 것을 가장 많이 먹지만 질병에서 자유롭지 않다.

Part Ⅱ

가치를 평가하려면 양부터 확인하자

4장.

왜 모든 다이어트는 실패할까?

1 미국은 좋은 성분 따지다 비만만 증가했다

1) 미국인만큼 의사 말을 잘 따르는 나라도 없다

- 왜 모든 다이어트는 실패했을까?

내가 식품 공부를 다시 공부하면서 도대체 이 불량 지식이 어디에서 시작했을까 근원을 추적해 보니, 해결될 가망성이 없는 미국의 비만 문제에서 온 것이라는 생각이 들었다. 식품의 최대 문제는 영양, 첨가물, 잔류농약, 항생제, 중금속, 독성물질 등이 아니고 과식으로 인한 비만 문제인 것이다. 비만 문제만 해결되면 많은 식품 문제가 해결되고 식품에 대한 불안감도 줄어들 텐데, 비만은 해결될 기미가 없고 점점 악화되고 있다.

미국에서 심장병과 비만 문제가 심각해지자 학자들은 특정 식품, 특정 성분으로 해결해 보려 온갖 노력을 했다. 하지만 비만은 전혀 해결되지 않고, 어떤 성분은 좋고 어떤 성분은 나쁘다는 선악론이 질병처럼 창궐했다. 식사량을 줄이려는 노력 대신에 특정 성분으로 해결하려고 하자 이 연구 결과가 저 연구 결과와 다르며, 올해의 결과와 내년의 결과가 다른 대혼란이 만들어진 것이다. 비만 문제가 해결이 안 되면 식품에 대한 불량 지식도 영원히 지속될 것 같고, 다이어트는 나와 가족의 문제이기도 해서 다이어트 방법 중에 그나마 최고의 방법이 무엇일지 진지하게 검토한 적이 있다. 그때의 결론은 확실했다. 우리는 날씬함을 유지할 수 있는 양의 2배를 먹는다는 것이다. 다이어트 이야기는 나중에 다시 알아보고 여기서는 양을 줄이려는 대신 특정 성분을 문제 삼아 오히려 건강을 망친 미국의 다이어트 이야기만 해 보려 한다.

미국은 세계 최대의 다이어트 국가이고, 비만의 왕국이다. 비만의 부작용이 심각해지자, 미국 정부는 칼을 빼 들고 1980년 비만과 전쟁을 선포하고 온갖 노력을 했다. 제품마다 영양 성분을 표시하고, 지방을 줄이고, 좋은 식단을 추천하고, 대규모 다이어트 집단 실험을 하는 등 가능한 모든 수단을 동원하여 범국가적인 노력을 기울였다. 하지만 처참히 실패했다. 다이어트를 할수록 오히려 비만 인구만 더 빠르게 늘었다. 미국의 첨단 과학도, 기술도, 국력도 식욕 앞에는 철저하게 무기력했다. 도대체 왜 비만 문제는 원인과 진단이 늘어날수록 점점 더 악화되는 것일까?

비만의 원인을 물으면 설탕, 고기, 지방, 운동 부족 등 온갖 이야기를 꺼내지만, 미국인은 1980년대 이전에 이미 넘치게 과식했고 생활은 안락했다. 의사나 영양학자들이 나쁘다는 음식은 시간이 지나면서 점점 덜 먹고, 좋다는 음식은 더 먹었다.

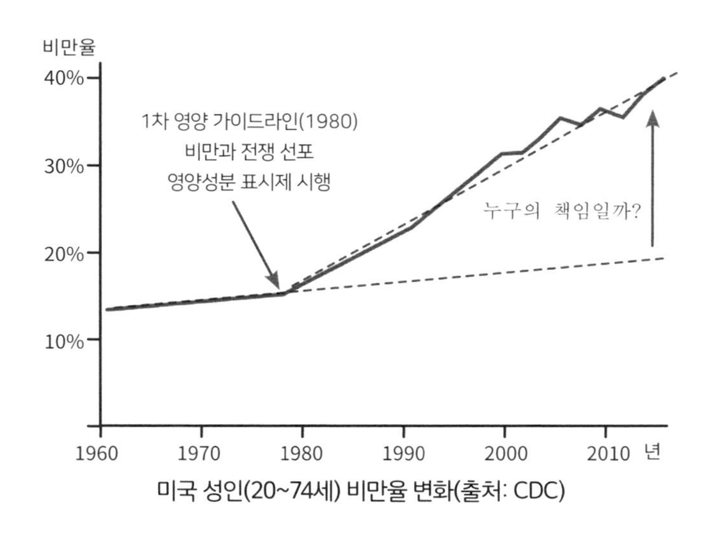

미국 성인(20~74세) 비만율 변화(출처: CDC)

- 미국인은 의사나 보건 당국이 나쁘다고 하는 것은 다 줄였다

사람들은 미국인들이 과학자나 의사의 말을 안 듣고 햄버거나 콜라처럼 소위 나쁜 음식을 많이 먹어서 비만해진 것으로 생각하지만 미국인처럼 의사와 보건정책을 잘 따르는 나라도 없다. 붉은 살코기(적색육)를 먹지 말라 하니 1970년부터 소고기 소비량이 줄었다. 소고기는 미국인의 자부심이자 정체성의 핵심인데 소비를 줄인 것이다. 대신 닭고기의 소비량이 늘어났다. 백색육의 소비를 늘린 것이다. 항상 그런 식이다. 뭐가 나쁘다고 하면 그것의 소비를 줄이는 대신 다른 것을 더 먹었다.

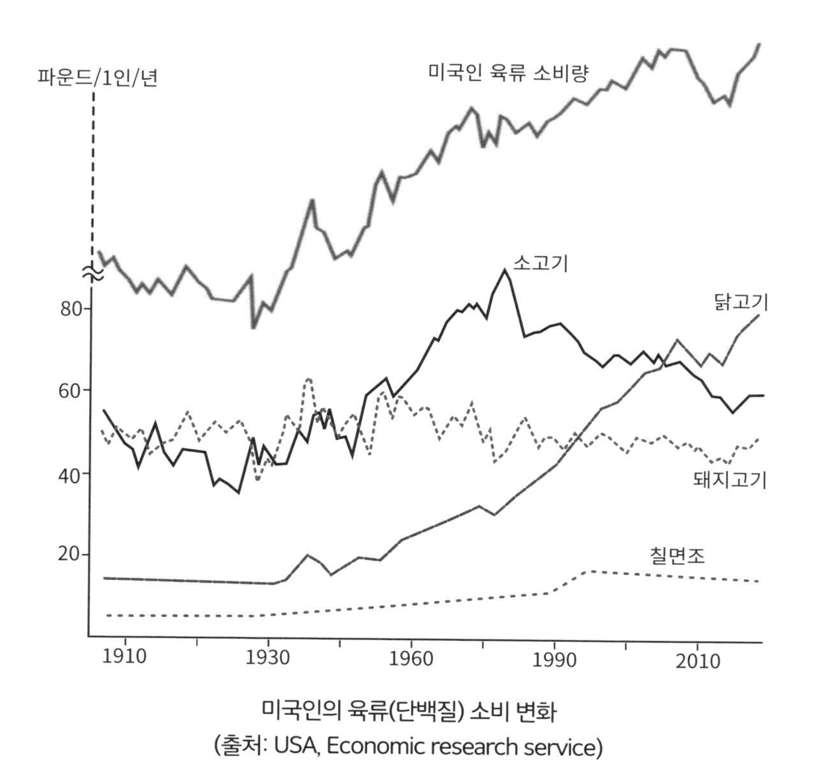

미국인의 육류(단백질) 소비 변화
(출처: USA, Economic research service)

미국인의 비만이 문제가 되고 심장병이 문제가 되자, 당연히 가장 쉽게 떠오른 것이 미국인의 주식인 버터를 포함한 동물성 지방이었다. 더불어 소고기 스테이크가 타깃이 되었다. 1970년 미국심장협회는 대중과 의사에게 포화지방은 나쁘고 식물성 기름이 좋으며, 목숨을 구해 주는 기름이라 계속 선전하였다. 이를 바탕으로 식품회사는 식물성 지방과 식물성 지방으로 만든 마가린을 내세워 여기에 편승했다. 미국심장협회는 매일 4 순갈의 다중불포화지방을 먹으면 포화지방을 상쇄할 수 있다고 지방의 추가 섭취를 권장했다. 이때 육류 섭취는 심장병과 동일시되었고 국립 콜레스테롤 교육프로그램(NCEP)은 콜레스테롤이 심장병의 원인이며, 포화지방과 콜레스테롤을 먹는 것은 마치 청산가리나 비소만큼 치명적일 수 있다고 가르쳤다.

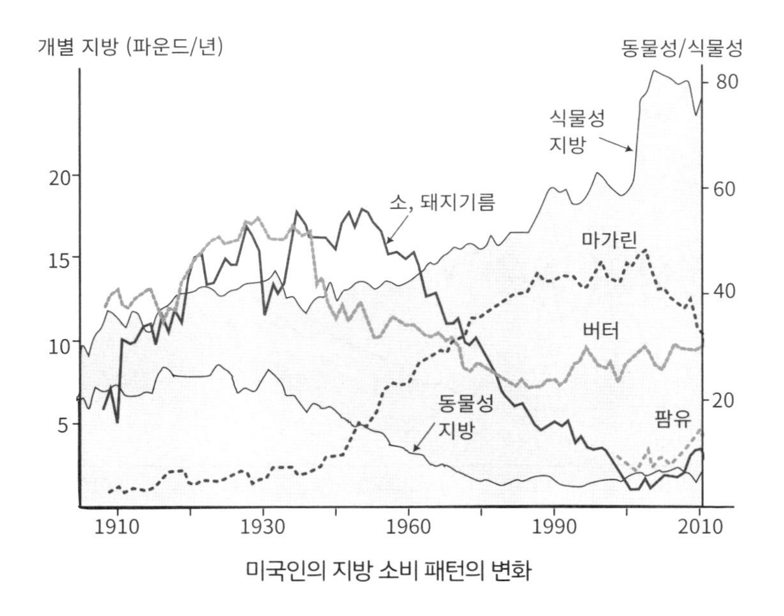

미국인의 지방 소비 패턴의 변화

이후 버터와 우지(소기름)의 소비는 격감했다. 대신에 마가린을 더 먹었다. 그러다가 마가린은 트랜스지방 때문에 더 나쁘다고 했고, 이것의 소비도 줄였다. 대신 팜유나 콩기름 같은 식물성 기름을 폭발적으로 더 먹기 시작했다. 1910년대는 식물성 지방의 섭취가 동물성 지방 섭취량의 절반에 불과했는데 지금은 식물성 지방을 10배나 많이 먹는다. 지난 수십 년간 동물성 지방과 포화지방 유해론이 만든 결과는 칼로리 섭취가 늘고 비만이 늘어난 것 말고는 없다.

지방은 비만과 관련해서 정말 온갖 수난을 겪었다. 다이어트를 말하면 항상 등장하는 것이 칼로리(열량) 이론이다. 섭취한 열량 대비 사용한 열량이 적어서 비만해진다는 것이다. 비만은 체지방이 증가하는 현상이고 열량이 높은 지방을 많이 먹는 미국인이 비만율이 높고, 칼로리가 탄수화물이나 단백질에 비해 2배 이상 높은 지방이 비만의 주범이라는 이론은 틀림없어 보인다.

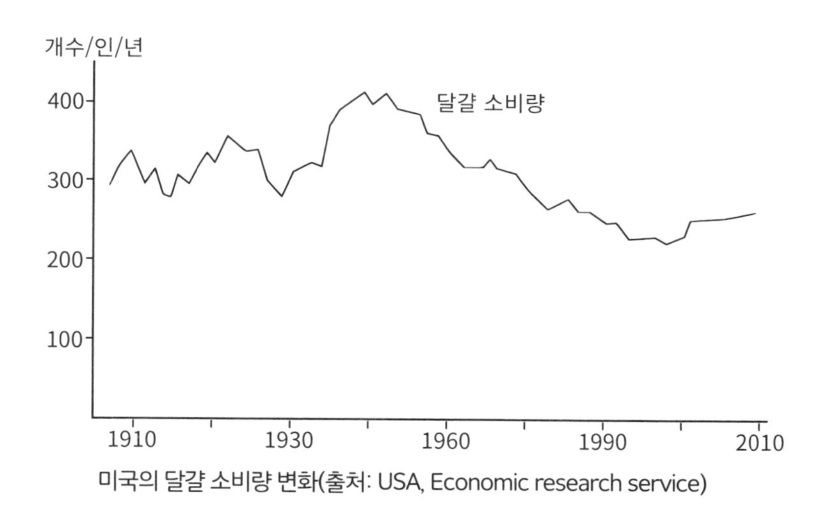

미국의 달걀 소비량 변화(출처: USA, Economic research service)

이런 칼로리 이론의 오류를 가장 잘 보여 주는 것이 앳킨스(일명 황제 다이어트), 요즘의 저탄고지 다이어트다. 앳킨스 박사는 1963년 지방은 해롭지 않고 탄수화물이 문제라며 저탄수화물 다이어트를 제시했다. 다이어트 성공 사례가 많아지자, 1973년 책을 출간해 폭발적 인기를 끌었다. 원하는 만큼 마음껏 고기와 지방을 먹어도 건강에 문제가 없고 살이 빠진다는 주장은 지금도 이해가 쉽지 않지만, 여러 다이어트 방법 중에서 항상 가장 쉽게 살이 빠졌다. 수많은 우려에도 불구하고 다른 다이어트에 비해 부작용이 많은 것도 아니었다. 물론 앳킨스 다이어트도 결국에는 실패하고 부작용이 발생한다. 끝까지 성공적인 다이어트 방법이 있다면 세상에 이렇게 많은 다이어트 방법이 만들어졌을 이유가 없고, 미국의 비만 문제가 갈수록 심각해지지도 않았을 것이다. 모두가 신봉하는 칼로리(지

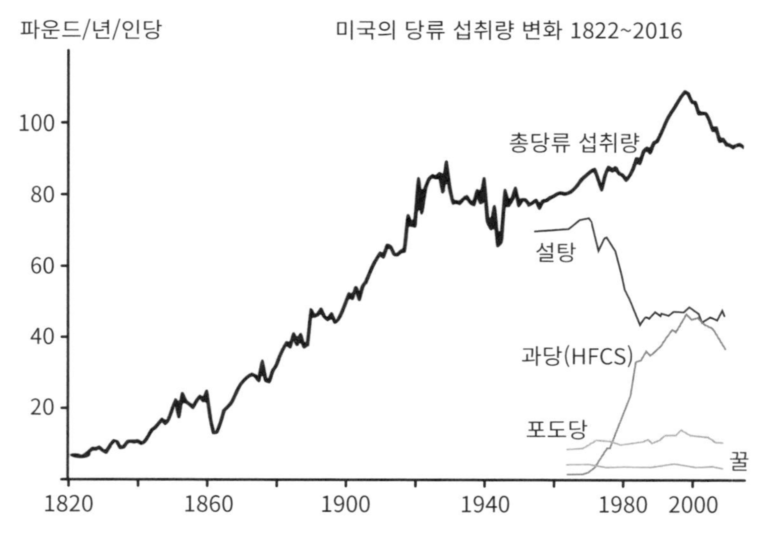

미국의 당류 섭취량 변화(출처: USA, Economic research service)

방) 이론과 정반대의 결과가 앳킨스 다이어트인데도 정확한 이유 규명에는 관심이 없는 것도 문제다.

예전에 중국 음식은 대부분 기름에 볶아 우리에게는 너무 느끼했지만, 이때는 오히려 비만이 적었다. 그 이유를 중국인이 일상으로 마시는 차 덕분이라고 열심히 홍보하기도 했다. 지금도 중국인들은 차를 많이 마시고 요리는 과거보다 기름기가 줄고 담백해졌지만, 다이어트 시장의 성장률은 세계 최고다.

탄수화물과 당류의 섭취량, 특히 설탕과 콜라를 둘러싸고 벌어졌던 유해성 논란은 한 편의 블랙코미디 같다. 설탕이 나쁘다고 하자 1970년부터 설탕을 반으로 줄이고 대신 과당을 더 먹었다. 그 결과 소아 비만율이 3배로 증가하였다. 그러자 설탕 대신에 사용한 과당을 문제 삼기 시작하였다. 그러다 2000년부터는 총당류 섭취량이 줄기 시작했다. 콜라의 판매도 1997년 이후 감소 추세이다. 벌써 20년 넘게 당류 소비가 감소하고 있지만 비만율은 꾸준히 증가하고 있다.

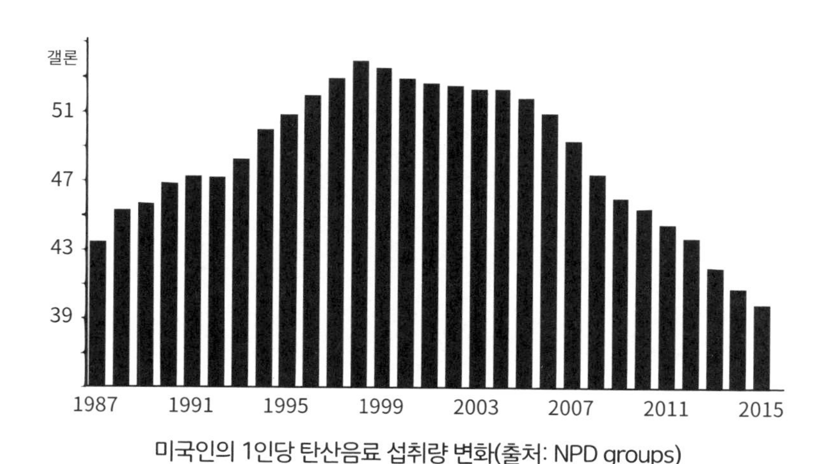

미국인의 1인당 탄산음료 섭취량 변화(출처: NPD groups)

미국의 설탕 섭취량은 200년 전인 1800년대부터 꾸준히 증가하여 1890년 이전에 이미 우리나라의 설탕 섭취량을 훌쩍 뛰어넘었다. 그러나 이때 미국인의 비만 문제는 없었다. 1920년부터 1980년까지는 비만율이 조금씩 증가하였다. 그러다 국가 차원에서 비만과 전쟁을 선포하고 온갖 다이어트가 성행한 1980년 이후 비만율은 폭발적으로 증가하기 시작했다. 그런데도 여전히 설탕이 비만의 주범이라고 하는 사람들이 많다.

2) 몸에 좋다는 건강식품과 영양제도 가장 많이 먹는다

미국인은 의사나 보건 당국이 좋다고 하는 것은 전부 더 먹었다. 통곡물이 좋다고 하자 2000년부터 통곡물을 더 먹고, 유기농이 좋다고 해서 전 세계 유기농 제품의 절반 이상을 소비하고, 건강보조식품의 40%도 미국인이 소비한다. 유기농과 영양제 같은 것을 먹는 것이 건강의 해결책이면

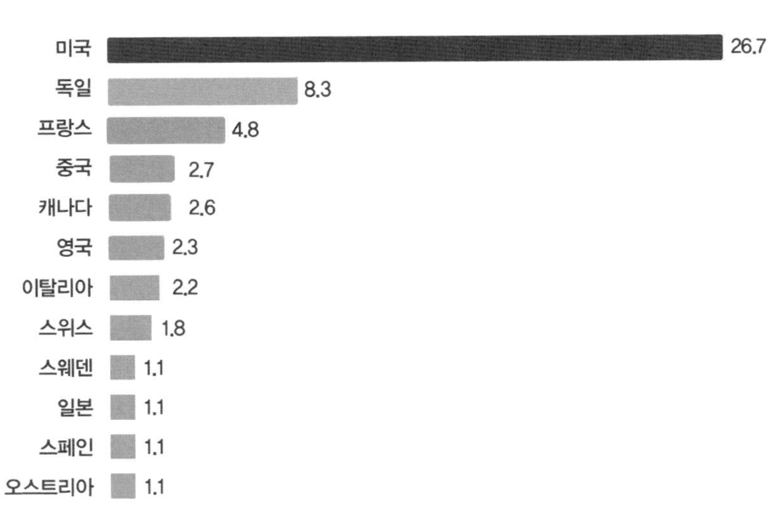

세계 유기농 시장 규모(2013년, Statista, 10억 불)

미국인이 다른 나라보다 몇 배 건강해야 할 것이다.

해산물이 건강에 좋다고 하자 1980년도부터 꾸준히 소비가 증가 중이며, 신선한 채소와 과일도 1970년도부터 꾸준히 소비가 늘어나는 중이다. 도대체 의사의 말을 듣지 않는 것이 없다. 영양적 균형도 좋은 편이다. 미국인은 고기나 콜라 같은 것만 많이 먹어서 심각한 영양 불균형에 빠져있을 것처럼 보이는 경향이 있다. 하지만 실제로는 그렇지 않다. 모든 것을 많이 먹을 뿐 다른 어떤 나라보다도 균형 있게 먹는다. 채소와 과일도 생각보다 많이 먹고 고기보다는 유가공품을 훨씬 많이 먹는다. 단지 과다한 총섭취량이 줄지 않았을 뿐이다. 미국의 일일 칼로리 섭취량은 1910년도에 벌써 3,400kcal였다. 그나마 1980년대까지 약간씩 줄어들다가 1980년대 이후 오히려 증가하였다.

- 개별 성분에 초점을 맞추면서 비만이 폭발했다

80년대 주춤했던 미국의 비만율은 정부의 온갖 노력에도 불구하고 30년 전의 두 배로 늘었고, 언제 멈출지 모르는 형편이 됐다. 이것이 다이어트 산업의 현주소이다. 이론적으로 완벽해 보이는 다이어트 방법도 있고 많은 사람이 다이어트에 성공하기도 한다. 하지만 살을 빼려고 노력했던 모든 사람의 결과를 합하면 다이어트의 결과는 비만의 증가에 기여했다는 결론이 된다.

비만은 가공식품이나 첨가물에 의해 만들어진 현대의 질병이 아니다. 2000년 전의 일부 그리스인부터 18세기 프랑스인까지 당시에도 심각한 비만을 겪은 사람이 상당히 있었다. 그 당시에는 설탕도 없고, 가공식품도 없었다. 단지 과도하게 음식을 먹을 수 있는 사람이 있었을 뿐이다. 그리고 지금은 모든 사람이 과거의 귀족보다 많은 칼로리를 섭취할 수 있는 풍요로운 환경이 되었을 뿐이다.

미국에서 다이어트가 대중의 큰 관심사가 된 것은 이미 1920년대부터다. 요즘 서점에 가면 새로운 다이어트 비법을 담은 책이 베스트셀러에 올라와 있지만, 그것은 이때 나온 방법에서 이름과 설명만 살짝 바꾼 재탕인 경우가 대부분이다. 식사 총량을 줄이려는 지속적인 노력 대신에 특정 성분에 주홍 글씨를 씌워서 문제를 호도하는 의미 없는 노력을 계속하는 바람에 시간과 비용만 낭비하고 문제만 더 악화시켰다.

유대인들은 금욕적인 식생활로 유명한 만큼, 이스라엘은 과일과 채소 소비량이 유럽 국가 평균 소비량보다 60%나 높고 가공식품과 육류의 소비가 극히 적으며 많은 곡물을 섭취한다. 그래서 콜레스테롤 수치도 매우 낮지만, 전 세계에서 당뇨, 심장 혈관 계통 질환, 비만에 걸릴 확률이 가장 높은 민족으로 분류되기도 한다. 이제부터라도 음식의 종류를 탓하는 일은 그만하면 좋겠다.

- 개별 성분에 관한 이야기는 항상 과장되었다

세상에는 정말 다양한 식품이 있고, 식품마다 온갖 다양한 성분이 들어 있다고 하지만 98%는 물, 탄수화물, 단백질, 지방이다. 식물에는 탄수화물이 많고 동물에는 단백질이 많다. 생각보다 아주 단순한 것이다. 그런데 식품과 구성 성분에 대해서는 왜 그리 오해들이 많은지 모르겠다.

물에 대해서만도 수십 가지 건강법이 등장했고, 탄수화물은 단순당, 정제 탄수화물을 거칠게 비난하고 현미나 통곡물을 예찬했는데 요즘은 렉틴(lectin)의 독성을 근거로 이들 또한 비난의 대상이 되었다. 지방에 대해서는 포화지방을 비난하고 불포화지방을 찬양하다 해결이 안 되자, 트랜스지방이 모든 문제의 주범인 양 비난했는데, 우리나라는 처음부터 트랜스지방의 섭취량이 적었고, 2005~2009년 사이에 에스테르화 공법을 통해 트랜스지방을 제로 수준으로 없앴다. 트랜스지방이 그렇게 문제였으면 2009년부터 건강이 조금이라도 좋아져야 하는데, 그 시기에 건강이 나아졌다는 소리는 한 번도 없었다.

개별 성분에 관한 이야기 중에는 어느 것 하나 맞는 말이 없지만, 이 책에서 모두 다룰 수 없으니 가장 양이 많거나 대표적인 것만 다루고자 한다. 미네랄 중에는 가장 많은 나트륨과 염소, 비타민 중에 가장 많은 비타민 C, 독 중에는 가장 맹독성 물질인 보툴리눔 독소와 실제 피해를 가장 많이 주는 활성산소 같은 것이다. 가장 흔하고 잘 밝혀진 것도 오해와 편견투성이면 나머지 사소한 성분에는 얼마나 엉터리 주장이 많을지 짐작할 수 있을 것이다.

2 식품의 최대 문제는 과식으로 인한 비만 문제다

1) 우리는 매년 300㎏을 과식한다

식품의 가치 중에서 '안전'은 이미 완전히 상향평준화 되어서 차이가 없고, 영양적 가치도 이미 충분한 것이라 특별히 따질 이유가 없다. 문제는 영양에 대한 세상의 혼란스러운 기준이다. 이런 혼란의 배경에는 양적인 기준이 없는 것이 가장 핵심적 원인이라고 생각한다. 한 기업이 제대로 운영되고 있는지 파악하려면 정확한 재무제표가 기본인데, 식품은 그 어디에도 장단점을 종합적으로 정리한 재무제표가 없다. 정확한 수치는 없이 제 입맛대로 특정한 단편적 내용으로 효능을 과장하거나 불안을 과장한다. 많이 필요한 것은 많이 필요한 이유, 소량 필요한 것은 소량 필요한 이유부터 따져 봐야 하는데, 그런 양적인 해석은 거의 없다.

사람들은 말로는 좋은 식품을 원한다고 하지만 실제로 구매하는 음식은 항상 맛있는 음식이다. 맛이 있는 것 자체는 문제가 되지 않는다. 문제는 과식이다. 우리의 몸은 항상 배고프던 시대에 세팅된 것이라 필요량보다 30% 정도는 더 먹게 되어 있는데 맛있는 음식을 참기란 쉽지 않다. 결국 모든 식품 문제는 음식(맛)에 대한 통제하기 힘든 욕망의 문제인데, 어설픈 전문가들이 자꾸 개별 식품 또는 개별 성분의 문제로 둔갑시켜 세상을 이처럼 혼란스럽게 만든 것이다. 지금도 '양을 줄여라'라는 너무나 명백하고 절박한 메시지 대신, 어떤 식품 또는 성분의 효능이나 위험을 과장하는 데 여념이 없다. '양을 줄여라'라는 메시지는 아무리 전달해 봐야 인기나 보상이 없고, 특별한 식품이나 성분을 과장하는 것에는 명성과 보상이 따르기 때문이다. 진짜로 국민의 건강에 조금이라도 도움이 될 생각이라면 별로 중요치 않은 개별적인 식품의 장단점을 과장하는 일은 그만두고 양 문제를 해결할 방법을 고민해야 할 것이다. 그것이 아무리 지루하고 재미없어도 진실하고 성의 있는 노력이라 할 수 있다.

- 식사량을 절반으로 줄이면 날씬할 수 있다

동물 실험의 경우 자유롭게 먹게 하여 평균적인 식사량을 파악한 후에 그보다 30% 정도를 적게 먹게 하면 가장 건강하다고 한다. 그리고 다이어트에서 가장 확실한 방법은 반식(1/2) 다이어트라고 한다. 먹는 종류를 따지지 않고 평소 먹는 것에서 식사량만 절반으로 줄이는 것이다. 육식을 배제하거나 채식 위주로 식사할 필요도 없다. 그렇게 3개월 이상 지속하면 위가 줄어든다. 무리한 운동을 하지 않아도 날씬한 몸이 된다고 한다. 이것이 사실이라면 우리는 평소에 도대체 얼마나 과식하고 있는 것일까? 보통 하루에 1.5~1.7kg을 먹어서 1년이면 585kg 정도를 먹는다. 30%인 175kg을 덜 먹으면 훨씬 건강할 수 있고, 절반인 290kg을 덜 먹으면 날씬한 몸매를 유지할 수 있다. 우리는 평소 매년 290kg을 더 먹고도 매년 0.5kg씩 늘어나는 체중에 대해서 강한 불만을 가진 셈이다. 0.5kg씩 느는 것을 만회하려고 온갖 다이어트를 시도하지만, 다이어트를 하면 평균적으로 매년 1kg씩 더 찌는 체질이 된다. 다이어트를 하지 않았을 때보다 2배 속도로 체중이 늘어나는 것이다.

온갖 성분을 따지며 헛고생만 하는 다이어트보다는 몸이 원하는 것을 먹되 양만 줄이는 것이 훨씬 몸에도 좋고 환경에도 좋다. 꾸준히 적게 먹는 것이 유일한 답이지만 그것을 지속하기가 가장 어렵다.

2019년 CNN이 보도한 "태국은 왜 승려들을 다이어트를 시키는가?"라는 기사에 따르면 승려 약 35만 명 중 48%는 태국의 일반 남성보다 과체중이라고 한다. 태국에서는 매일 오전 6시 승려들이 길거리에 나와 음식 공양을 받는데, 이 한 끼로 하루를 산다. 하루에 한 끼만 먹는데 왜 비만해질까?

태국 인구의 약 90% 이상이 불교를 믿고 있으며, 이 독실한 신자들은 승려들에게 가장 좋고 맛있는 음식을 제공하려 한다. 승려는 차마 그 음식을 남길 수 없어, 하루에 한 끼지만 폭식할 수밖에 없고 비만, 당뇨병, 관절염, 고혈압으로 고생하는 승려가 많다. 그래도 신도들의 독실한 신앙심의 표현을 거절할 수 없는 태국의 승려들은 지금 같은 식습관을 되풀이할 것이라고 한다.

2) 좋은 음식의 과식보다 나쁜 음식을 소식하는 것이 건강에 좋다

미국 위스콘신주에 사는 고스케(Donald Gorske) 씨는 지난 50년간 3만 2천 개 이상의 빅맥을 먹었다고 한다. 그는 1972년에 처음으로 맥도날드 햄버거를 먹기 시작하여 매일 2개 이상 먹었다. 이런 추세라면 86세가 되는 2040년에는 4만 개를 돌파할 것이다. 강박장애 환자인 고스케 씨는 지금까지 사 먹은 빅맥 영수증을 모두 보관하고 있다. 더 놀라운 사실은 건강에 아무런 이상이 없고 콜레스테롤 수치도 정상이라는 것이다.

한편 편의점에서 판매하는 각종 크림 케이크, 스낵, 비스킷만 먹으면서 10주 동안 체중을 90kg에서 78kg으로 줄이고, LDL 콜레스테롤 수치를 20%나 줄인 사람도 있다. 미국 캔자스주립대 영양학자 마크 홉 교수의 이야기다. 그의 비결은 보통 하루에 먹던 2,600kcal 정도의 식사 대신 편의점 음식으로 1,800kcal만 먹은 것이다. 체중은 음식의 종류보다는 '얼마나 많이 먹느냐'가 더 중요한 요소라는 것을 보여 주고 있다.

패스트푸드의 폐해를 다룬 영화 『슈퍼 사이즈 미』에 영감을 얻은 미국 노스캐롤라이나주에 사는 메랍 모건이라는 여성은 영화처럼 맥도날드의 음식만 먹은 끝에 90일 만에 몸무게를 102.9kg에서 86.1kg으로 감량했다. 단지 양을 줄여서 다이어트에 성공한 모건은 사람들이 먹는 양에 책임이 있지 식당에는 책임이 없다고 주장한다. 소소 훼일리라는 여성도 30일 동안 하루 세 번 맥도날드 음식을 먹었지만 양을 2,000kcal로 줄여 몸무게를 79.3kg에서 63kg로 줄였다.

세계적 투자자 워렌 버핏(Warren Buffett) 회장은 억만장자답지 않게 이른바 '초딩 입맛'을 자랑한다. 2015년 2월 「포춘」지에는 버핏이 젊음을 유지하는 비결로 '나는 6살처럼 먹는다'라는 제목의 기사가 게재되었다. 버핏은 "내가 하루에 2,700kcal를 소비한다면, 4분의 1은 콜라 덕분이다"라며 매일 적어도 콜라 5캔을 마신다고 말했다. 그의 콜라 사랑은 어릴 적부터 시작되었고 요즘에도 매일 아침 콜라에 감자튀김을 곁들여 먹거나 초콜릿 칩 아이스크림으로 식사를 대신한다. 그는 이런 음식으로 지금까지 자신의 건강을 유지할 수 있었다고 믿는다.

미국 앨라배마주에서 태어난 117세에 사망한 수산나 무샤트 존스의 장수 비결은 '넉넉한 베이컨'일지도 모른다. 그녀는 매일 아침 베이컨, 달걀, 구운 옥수수를 먹었다고 한다. 그녀를 돌봐 주던 도우미가 "그녀는 아마 하루 종일 베이컨을 먹을 거예요"라고 말했을 정도다.

106세에 미국 메이저리그(MLB) 최고령 시구자가 된 엘리자베스 설리

번은 매일 닥터 페퍼(탄산음료)를 3캔씩 마신다. "모든 의사가 닥터 페퍼가 나를 죽일 거라고 했지만, 그렇게 말한 의사들이 죽었지, 난 죽지 않았어요"라고 그녀는 당당하게 말했다.

어떤 칼이 흉기가 되고 도구가 되는 것은 칼이 아닌 사람의 사용법에 달린 것처럼, 어떤 식품이 독이 되고 약이 되는 것도 식품 자체의 차이보다는 그것을 먹는 사람의 방법과 양에 달린 것이다. 적게 먹기가 힘들어서 사람들은 자꾸 음식 종류 핑계를 댄다.

- 자연은 편식하는데, 인간은 지나치게 잡식에 집착한다

이○○ 씨(27세)는 매일 2kg의 설탕을 섭취하고 있으며, 2년간 섭취한 설탕의 양만 무려 1.5톤에 달한다. 하지만 쇼핑몰 모델로 활동하고 있을 정도로 날씬한 몸매의 소유자이다.

김○○ 씨(58세)는 MSG 마니아이다. 밥에도 넣어 비벼 먹고, 식후 커피 한 잔에도 조미료는 기본이다. 조미료를 넣지 않은 음식은 맛이 안 난다는 게 이유다. 게다가 운전석 옆자리에 항상 비치해 두고 빨간 신호에 걸릴 때마다 조금씩 먹으면 그 이상의 피로 회복제가 없다고 한다. 한 달에 6kg씩 38년간 먹은 양이 2.7톤이 넘는다.

모델 최○○ 씨는 매일 아침을 닭 한 마리로 시작한다. 그녀는 "채소, 커피, 빵, 밀가루, 콩나물은 아무 맛이 느껴지지 않아 안 먹는다. 고기는 맛이 있어서 고기만 먹는다"라고 자신 있게 말한다. 그런데도 너무 날씬하다.

미국에 건너가 놀라운 활약을 한 일본 야구선수 이치로는 어릴 적부터 채소를 무척 싫어해서 유일하게 먹는 채소는 단무지뿐이고, 10대 때도 고기를 게걸스럽게 먹었다고 한다. 체조 선수인 우치무라 고헤이도 초콜릿

마니아이고 채소는 쳐다보는 것도 싫어해서 채소가 연상되는 초록색마저 싫어한다고 말한다.

골프 선수 타이거 우즈도 소위 정크푸드를 너무 좋아해서 "나는 이것들을 먹으면서도 이만큼 잘 자랐다"라고 늘 자랑한다.

이처럼 특이한 식성을 가진 사람도 건강 검사를 하면 큰 문제가 없는 경우가 대부분이다. 그런데 이들보다 훨씬 균형 있게 먹으면서도 걱정이 너무 앞서는 사람이 많다. 현대인은 과식하는 편인데, 영양이 고르면 그만큼 살이 되기 쉽다. 그래서 다이어트 음식의 기본 속성은 편식이다. 어떤 음식이든 원푸드 다이어트를 하면 살이 빠지고 탄수화물만 많이 먹거나, 지방만 많이 먹거나, 단백질만 많이 먹어도 살이 찌지 않는다. 다이어트에 좋다는 음식은 기본적으로 소화 흡수가 안 되거나 영양 불균형 상태인 것이라 과거라면 불량식품으로 욕먹을 것들이다.

3 음모론은 백해무익하다

1) 식품회사가 담배회사만큼 나쁘다고요?

2015년 서○○ 교수가 식품회사는 담배회사만큼 해롭다는 글을 일간지에 기고하였다. 인터넷에 흔히 있는 전형적인 식품회사에 대한 음모론과 매도이지만, 신뢰를 받아야 할 의사이자 교수가 아무런 비판적 사고 없이 시중에 떠도는 잡설을 믿고 펴 날랐다는 것이 너무 실망스러워서 당시에 반론으로 제시했던 내용이다. 그의 주장을 통해 식품에 대한 엉터리 이야기를 얼마나 검증 없이 무심하게 유포하는지를 알아보고자 한다.

A. 식품회사가 엄청난 이익을 내면서 국민의 건강을 해친다.

B. 식품회사는 매출을 올리기 위해 달고, 기름지고, 짜게 만든다. 그 결과로 당뇨병, 고혈압, 고지혈증, 비만, 동맥경화가 일어나 국민 건강을 해친다. 식품에서 가공 과정은 식품회사의 이익을 만드는 과정이다. 가공할수록 건강에 해로운 당분이 높아지고, 비만을 유발하는 칼로리도 높아지고, 가격도 올라가지만, 건강에 좋은 섬유질과 필요한 영양분은 줄어든다.

C. 식품회사는 자사 제품이 건강에 좋다는 연구 결과를 위해 몰래 연구소를 후원하여 진실을 왜곡해 왔다.

D. 식품산업이 문제가 되는 것은 주로 아이들과 학교를 겨냥하고 있기 때문이다.

E. 비만율 세계 1위인 미국에서는 이미 식품회사와의 전쟁이 시작됐다. 콜라

를 없애고 우유나 오렌지주스와 같은 음료로 대체하기 시작했다.

우리나라에서 사망 원인 1위인 암, 2위인 뇌혈관 질환, 3위인 심혈관 질환은 모두 잘못된 식사와 관련이 있다.

F. 식품회사는 담배회사만큼 나쁘다. 그래서 담배회사와의 싸움에서 배운 전략을 식품회사에 그대로 적용해야 한다.

반론 A. 식품회사가 엄청난 이익을 내면서 국민의 건강을 해친다?

2013년 생산 실적을 보고한 국내 식품 제조 가공업 업체 수는 총 26,741개이고 전체 종업원 수는 27만 6,000명, 매출은 54조 원 정도이다. 평균 10명 정도 근무하고, 평균 매출액은 20억 수준이다. 대기업의 세전 순이익률은 5.4%, 중소기업의 경우 3.8%로 엄청난 이익을 낸다고 하기는 많이 부족하다.

만약 식품회사가 해로운 제품을 공급한다면 100년 전 불과 25세에 불과하던 평균 수명이 OECD 국가 중에서 가장 빠른 속도로 늘어나 이미 장수국가에 속하며 조만간 세계 최장수 국가에 포함된다는 사실을 어떻게 받아들여야 하는가? 현대인이 가공식품을 더 많이 먹는 것은 사실이고, 질병을 앓는 사람도 많다. 그런데 질병은 수명과도 비례한다. 건강 전도사의 주장대로라면 가공식품을 많이 먹어서 질병이 늘었고 그래서 오래 산다는 괴상한 논리가 된다. 분명한 것은 위생적이고 양질의 가공식품이 수명 연장에 도움이 되었으면 되었지, 수명을 낮추었다는 증거는 없다.

모든 회사가 그러하듯 식품회사도 매출과 이익률을 높이기 위해 노력하는 것은 사실이다. 하지만 소비자가 원하는 제품과 서비스를 제공하지 않고 생존할 수 있는 기업은 없다. 식품은 이미 성숙 산업이고, 식품회사들은 다른 어떤 산업보다 단기간의 성과보다는 소비자의 지속적인 사랑을 받고자 노력하는 기업들이다.

반론 B. 문제는 '왜 달고, 기름지고, 짠 제품이 많을까'이다

이 주장도 딱 맞는 말은 아니다. 우리나라가 다른 나라에 비해 달고, 기름지게 먹는 편은 아니기 때문이다. 유일하게 짜게 먹는 것이 문제인데, 이에 대해서는 보건 당국과 관련 단체와 식품회사에서 다 같이 노력하고 있다. 장류, 면류, 소스류를 비롯하여 식품 전반에 저감제품 연구 개발 및 출시를 활발히 진행해서 수많은 저염 식품이 개발되었다.

우리나라 식품이 특별히 칼로리가 높은 편도 아니지만 다이어트는 유망한 분야이기 때문에 무수히 많은 다이어트 제품이 출시되었다. 흔히 비난의 대상이 되는 햄버거와 콜라도 저칼로리 제품이 많이 개발되었다. 문제는 "그런 제품은 왜 시장에서 살아남지 못하고 금방 사라졌는가?"일 것이다. 사실 다이어트 제품은 정말 많은 제품이 출시되었지만, 항상 차갑게 외면당했다. 사람들이 말로는 좋은 식품을 원한다고 하지만 실제로 구매하는 음식은 항상 맛있는 음식이다. 그러면서 모든 잘못은 식품회사에 있다고 비난한다.

미국의 한 대형 식품회사에서 기가 막힌 스낵 제품을 개발한 적이 있다. 과일을 진공 튀김기를 이용하여 기름을 쏙 빼고 튀겨서 열량도 낮고, 소금도 적게 넣은 제품이었다. 과일로 만들어 건강을 중시하는 사회 분위기에도 잘 맞았고, 맛까지 좋았다. 시식해 본 사람들이 모두 감탄할 정도로 맛이 좋아서 큰 비용을 들여 새로운 공장에 새로운 설비를 설치하고 막 본격적인 판매에 돌입하려는 순간, 제품 생산 계획이 전면 취소되었다.

한 지역에서 테스트 판매를 진행 중이었는데 한 번이나 두 번까지는 구매했지만 세 번씩 구매하는 사람이 없었기 때문이다. 그렇게 경험 많은 초대형 식품회사가 또 소비자에게 속은(?) 것이다. 완벽한 건강 콘셉트에 맛까지 뛰어난 스낵을 개발했지만, 스낵을 찾는 사람들의 내면의 욕망을 간과하여 수백억 원의 손실을 봤다. 소비자들이 말로는 건강한 스낵을 찾았지만 실제로 구매한 것은 기름지고(열량이 높고) 짭짤한(소금이 많은) 스낵이었다. 식품회사는 매출을 탐하는 것이지 설탕, 소금, MSG, 칼로리 따위를 탐하지 않는다. 소비자가 구매하는 방향대로 식품회사는 무조건 따라간다. 몸에 좋다는 식품이 시장에서 잘 팔리면 모든 식품회사는 당장에 따라간다. 실제로는 그런 제품을 외면하면서, 말로만 좋은 식품 타령은 의미 없다.

반론 C. 식품회사가 돈으로 진실을 왜곡해 왔다?

전형적인 음모론이다. 일반 식품의 효능 광고는 법으로 금지되어 있다. 식품회사는 의사나 과학자들이 뭐가 건강에 좋다고 하면 그런 소재를 넣은 제품을 출시하거나, 뭐가 나쁘다고 하면 그것을 없애거나 대체한 제품을 출시할 뿐이다. 실제로 우리나라처럼 식품 법규가 까다로운 나라도 없다. 그리고 식품회사가 직접 어떤 성분의 효능을 위한 임상 실험을 하지는 못한다. 건강에 관련된 연구에서 실제 실험을 하는 사람들이 주로 의료기관과 관련 연구소들인데 의사가 스스로 돈을 받고 연구 결과를 왜곡하는 부도덕한 사람들만 있다고 주장하는 셈이다. 그리고 식품회사가 그렇게 여론 조작에 능숙하다면 왜 지난 50년간 MSG에 대한 억울한 누명, 사카린에 대한 누명을 벗기지 못했을까? 시중에는 온갖 엉터리 괴담과 서

적들이 난무한다. 진실을 왜곡하는 능력이 그렇게 좋다면 그 능력의 1/10이라도 거짓을 없애는 데 사용했으면 지금과 같은 식품에 대한 국민의 불안감도 없었을 것이다. 이런 상황인데도 속수무책으로 당하고만 있는 것이 식품회사의 정확한 형편이다.

반론 D. 식품산업이 주로 아이들과 학교를 겨냥하고 있다?

우리나라의 어린이는 급격히 감소 중이며, 초중고 학급 수도 격감 중이다. 더구나 청소년 보호를 위한 어린이 신호등 제도와 같은 규제도 있다. 이쪽을 겨냥했다가는 미래가 뻔히 어두워지게 된다. 그리고 가계 지출에서 과자나 음료의 비중은 매우 적고, 전체 식품시장에서도 과자나 음료의 시장은 극히 일부이다.

반론 E. 미국에서 식품회사와의 전쟁이 시작됐으니 따라 하자?

결국 식품 문제는 과식을 유발하는 욕망이 문제인데, 어설픈 전문가들이 자꾸 개별 식품 또는 개별 성분의 문제로 둔갑시켜 세상을 이처럼 혼란스럽게 만드는 것이다. '양을 줄여라'라는 너무나 명백하고 절박한 메시지 대신 식품 또는 성분의 효능을 과장하거나 불안을 과장하는 데 몰두하고 있다.

금연을 해 본 사람은 욕망의 관리라는 게 얼마나 힘든지 알 것이다. 아무리 어른이라 해도 욕망을 통제하기란 힘들다. 제품의 포장지에 혐오스러운 사진을 넣고, 암에 걸려 죽을 수 있다는 경고로 겁을 줘도 실효성이 없다. 백해무익하다는 담배도 이 정도인데 매일 반드시 먹어야 하는 식품을 그런 어쭙잖은 처방으로 해결할 수 있다는 생각 자체가 아마추어적이다.

반론 F. 서 교수의 발언을 그대로 의료산업에 적용하면

한국을 성형 왕국이라고 한다. 그만큼 의사 중에는 외모지상주의를 이용해 오로지 자신들의 영리만을 추구하는 예도 있고 광고 문구마저 선정적이다. 성형 전후의 모습을 보여 주며 얼굴에 투자해야 경쟁력이 있다는 식으로 광고하여 획일화된 '외모'를 양산하고 있다. 그러다 성형 중독이나 수술의 부작용으로 삶이 파괴되는 경우마저 있다. 식품에 규제를 주장하려면 이런 시류를 부추기는 일부 의료인에 대한 규제부터 먼저 말하는 것이 도리가 아닐까?

식품을 비판한 서 교수의 발언을 의료산업에 대입하면 아래와 같아진다.

A. 의료산업은 국민 건강보다는 자신의 이익과 매출을 위해 온갖 음모를 꾸민다.
B. 의료산업은 매출을 올리기 위해 온갖 방송과 언론을 통해 건강에 관한 관심을 극대화하고 특정 질병의 위험을 과도하게 강조함으로써 국민의 불안감을 높인다. 심지어 쇼 닥터나 닥터테이너라는 신조어가 생길 정도다.
C. 부작용으로 지나친 건강염려증을 가진 사람이 많고, 지나친 의료쇼핑으로 가계 의료비와 의료보험에 부담으로 작용해 국가 경제의 짐을 가중하고 있다.
D. 제약회사는 매출을 높이는 데 유리한 연구 결과를 얻기 위해 연구를 후원하고, 부작용을 감추기 위한 로비를 하여 진실을 왜곡하고 있다.
E. 일부 병원이나 의사에게 리베이트를 제공하여 약값의 부담을 높이고, 환자에게 최적의 약보다는 자신의 매출에 도움이 되는 처방을 유도하고 있다.
F. 혈압과 당뇨와 같은 질병의 기준을 자꾸 엄격하게 적용하여 치료의 대상을 넓히고 있으며, 이런 약은 일단 사용하면 끊기가 힘들다.

G. 더욱 문제가 되는 것은 이런 의학이나 건강 정보가 건강에는 관심이 많지만, 판단력은 부족하기 쉬운 노인들을 겨냥하고 있다는 것이다.
H. 결국 의료회사는 담배회사만큼 위험하다. 그래서 담배회사와의 싸움에서 배운 전략을 의료회사에 그대로 적용해야 한다.

- 식품회사에 미안해야 할 의료인도 많다

의료인 중에는 단편적인 실험 결과와 무책임한 주장으로 식품회사를 괴롭힌 경우가 많다. 최근까지 많은 사람이 MSG를 절대로 피해야 할 첨가물로 생각했다. 이 논란의 불씨를 만든 사람은 미국의 의사 로버트 호만 곽(Robert Homan Kwok)이다. 그는 1968년 뉴욕에 있는 한 중국 음식점에서 음식을 먹고 난 후 목과 등, 팔이 저리고 마비되는 듯한 증세를 느꼈고, 그 원인으로 MSG를 꼽았다. 이후 '중국 식당 증후군'이라는 용어가 생길 정도로 유해론이 급격히 확산되었다. 더 황당한 것은 미국의 의사 러셀 L. 블레이록의 MSG가 흥분 독소라는 주장이다. 그는 『흥분 독소(Excitotoxins)』라는 책을 냈는데 이보다 MSG가 흥분 독소가 아니라는 것을 명쾌하게 증명하는 책도 없다. 그 책을 곰곰이 읽어 보면 내릴 수 있는 유일한 결론은 'MSG는 절대로 흥분 독소가 아니구나!'이다. 더 황당한 것은 국내의 한 의사가 그 책을 번역하여 출판했다는 것이다. 비판적 사고 능력이 있는지가 의심스러울 정도였다.

미국에서 의사나 영양학자가 설탕의 유해론을 주장한 것은 아주 오래된 일이다. 그래서 미국인들은 1970년부터 설탕 소비를 무려 절반이나 줄였다. 개인이 아니고 국가 차원에서 이만큼 줄인 것은 기적과 같은 일이다. 그런데 비만은 폭발했다. 특히 유아 비만율이 3배나 급증했다. 설탕의 열량을 줄이는 수단으로 등장한 것이 사카린인데, 사카린을 느닷없이 발암물질로 지목하여 소비자와 식품기업을 당황하게 만든 것은 1977년 캐나다 국립보건연구소였다. 식품회사는 그 발표에 속수무책으로 당할 수밖에 없었다. 후속 연구로 인간에 전혀 문제가 없고 오히려 항암 기능마저 있다는 사실이 밝혀졌지만, 그 오명의 굴레는 아직도 그대로 남아 있다.

그동안 식품에 대한 의혹을 제기할 때마다 식품회사가 대응하느라 낭비한 시간과 비용이 어마어마하다. 동물성 지방 유해론, 콜레스테롤 유해론, 달걀 유해론 등등이다. 식품회사는 건강 이론을 만들지 않는다. 의사나 영양학자가 이론을 만들면 그것에 따라 관련 제품을 만들 뿐이다. 그러면서 모든 욕은 식품회사가 듣는다. 실제 식품의 안전 규격과 규정을 설정하며 보건 행정을 좌우하는 사람은 의학, 약학을 공부한 사람이 많다. 의사가 식품 정책을 비난하는 것은 그런 정책을 좌우하는 의료인을 욕하는 것이기도 하다.

- 엄마의 정성? 그 정도로는 식품회사를 운영할 수 없다

누가 뭐라고 해도 위생과 안전으로 식품의 수준을 끌어올린 것은 가공식품회사다. 그 기술들이 널리 활용되어 이처럼 식품이 안전해진 것이다. 물론 식품이나 식품회사가 완벽하다는 뜻은 전혀 아니다. 워낙 많은 식품이 만들어지기에 식품사고는 지금도 끝없이 발생한다. 그래서 법이 있고 감시가 있다.

사실 법규보다 비교할 수 없이 구체적이고 까다로운 것이 식품기업의 '감사(Audit)'이다. 대기업은 하루에도 몇백만 개의 제품을 생산한다. 그

중에 하나라도 뭔가 결정적인 하자가 있으면 회사의 존속이 위태로울 정도로 타격을 받는다. 그래서 생존을 위해 엄청난 비용을 소비하면서 안전센터를 유지하며 자사의 제품을 감시하고 원료업체, 납품업체를 주기적으로 감사한다. 그 규정의 까다로움은 가혹할 수준이다.

그렇게 노력해도 불안한 이유는 정보의 유통이 좋아(?)져서이기도 하다. 예전에는 겨우 동네 주변에서 일어나는 사건 정도만 알았는데, 지금은 우리나라 또는 전 세계에서 단 한 번 발생한 사건도 바로 이웃집에서 일어난 사건처럼 알게 되고, 그런 사건이 당장 내게도 일어날 일처럼 느껴진다. 매주 로또 1등 당첨자가 8~13명씩 나온다고, 로또를 사면 금방 당첨될 것이라고 착각하는 것과 비슷하다. 로또 1등의 확률은 1/ 8,145,060이다. 매주 10장씩 100년간 사도 52,000장에 불과해서 당첨되지 않을 확률이 99.4%이다. 식품은 다른 산업보다 불량률이 많은 것이 아니라 노출(생산 품목과 개수)이 엄청나게 많은 것일 뿐이다.

- 식품회사는 다른 어떤 회사보다 오랜 검증을 받아 왔다

식품회사는 모두 나쁘다는 주장만큼 우리 사회 공동체를 부정적으로 보게 만드는 논리도 드물다. 흔히 햄버거(맥도날드)와 탄산음료(코카콜라)를 비난하지만, 객관적인 시각에서 보면 세상에 그보다 훌륭한 기업도 별로 없다. '맥도날드'에서 일하는 수많은 직원은 퇴사한 후에도 계속해서 맥도날드를 응원하고 위생적인 음식이라고 많은 사람에게 홍보한다. 1955년에 창업한 맥도날드가 그렇게 성공적이었던 것은 가맹비의 최소화에 있다. 당시에 다른 프랜차이즈는 처음부터 높은 가맹비를 책정하여 대부분 수익을 거기에서 올렸고, 이후 가맹점의 지속적인 생존에는 관심을 기울이지 않는 경향이 있었는데, 맥도날드는 가맹료를 당시 최저가인 950달러로 고정하는 대신 매출액의 1.9%를 내게 함으로써 가맹점이 이익을 내야 본사도 이익이 생기는 상호보완적인 관계를 최초로 시도했다. 그 결과 수많은 백만장자가 탄생했다.

'코카콜라'라는 회사는 지구 역사상 가장 위대한 기업의 하나다. 코카콜라사는 세계에서 설탕을 가장 많이 쓰고 색과 향료, 향신료도 많이 쓴다. 하지만 직접 설탕 농장을 가지거나 원료 회사를 만든 적이 없다. 가장 많은 포장 재료를 사용하지만 포장 회사를 차린 적도 없고, 가장 광고비를 많이 집행하는 회사지만 광고 회사를 만든 적도 없다. 코카콜라는 오랫동안 세계 1위 기업이었다. 20년 전에는 코카콜라의 주식을 팔면 우리나라 모든 기업을 사고 남을 정도였다. 그렇게 막강한 기업이 그 힘을 남용한 적이 없다.

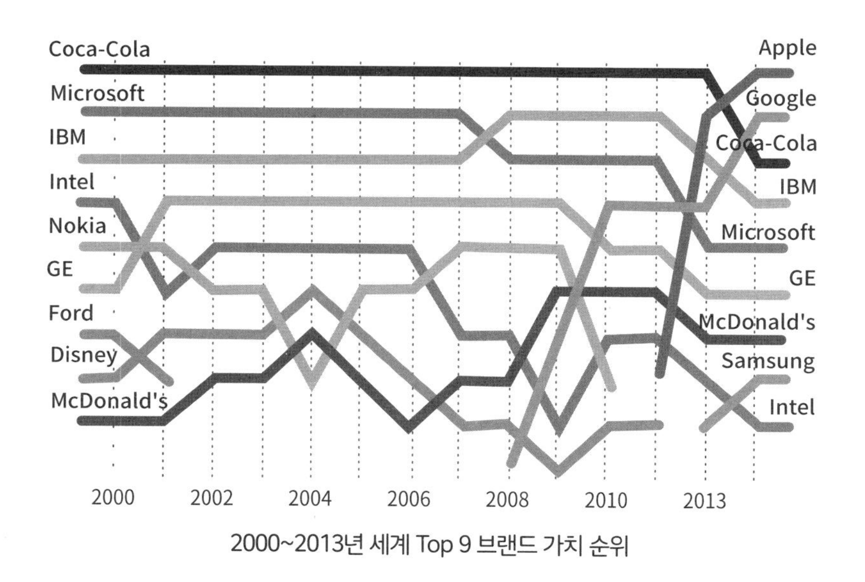

2000~2013년 세계 Top 9 브랜드 가치 순위

게다가 코카콜라는 한 병에 5센트였다. 1941년, 미국이 2차 세계대전에 참전하게 되자 경영자인 우드러프는 "회사에 얼마나 부담이 되든 어디서든 코카콜라 한 병을 계속 5센트에 마실 수 있게 하겠다"라고 하였고 전쟁이 끝날 때까지 그 약속을 지켰다. 그 후로도 오랫동안 가격을 올리지 않았으며, 무려 70년 동안 같은 가격을 유지한 유일한 제품이 되기도 했다. 객관적으로 들여다보면 코카콜라는 모든 기업 중에서 가장 모범 기업이었음에도 칭찬은 별로 없다. 코카콜라의 사례를 보면 악명은 노출 순서라는 생각이 절로 든다.

2) 소식이 건강에도 환경에도 좋다

- 산업혁명은 모든 욕망을 현실화하였다

19세기 산업혁명은 인간의 위대한 욕망의 혁명이기도 하다. 인간의 식문화와 생활방식은 이전과는 비교할 수 없이 빠르게 바뀌었고, 인간이 수만 년 동안 간직했던 욕망을 현실로 구현해 나갔다. 보고, 먹고, 듣고, 느끼고, 즐길 거리는 너무나 다양하고 풍부해졌다. 가격도 저렴하고 쓰기도 쉽게 포장되어 누구라도 쉽게 언제 어디서든 경험하고 즐길 수 있게 되었다.

청각에 대한 욕망은 음악이라는 거대한 산업을 만들고, 시각에 대한 욕망은 거대한 영상산업을 만들었다. 영상을 통해 직접 가 보기 힘든 곳도 얼마든지 구경할 수 있고, 영화를 통해 남들의 상상을 현실처럼 볼 수 있게 되었다. 축제도 산업이 되었다. 과거에 축제나 카니발은 특별한 날에 펼쳐졌지만, 요즘은 놀이공원과 테마파크를 통해 언제든지 즐길 수 있게 되었다.

인간의 가장 기본적인 욕구인 식욕은 세상에서 가장 규모가 큰 산업으로 식품산업을 만들었고, 성욕도 다양한 형태로 산업화되었고, 수면욕 또한 안락한 주거환경에 대한 욕구와 함께 아파트 등 다양한 주택과 침구류로 산업화되었다. 휴식과 편안함의 욕구가 세탁기, 냉장고, 오븐, 전자레인지 등 온갖 취사용품과 가정용품으로 상품화되었고 자동차나 비행기도 편리한 이동의 수단이 되었다. 인간의 모든 욕망이 여러 가지로 형태로 산업을 만든 것이다.

- 음식에 대한 욕망은 강렬하다

산업혁명 이후 음식은 혁명적으로 바뀌었다. 과거에 인간은 달콤함이라는 감각을 느끼기 위해 단맛이 나는 재료를 찾아 자연을 헤매는 노고와 위험을 감수했지만, 이제는 언제 어디서나 포장만 벗기면 기가 막힌 단맛을 즐길 수 있다. 자연에서 꽃과 과일은 나타났다 순식간에 사라지는 것인데, 산업혁명은 그것을 언제 어디서나 즐길 수 있게 만들었다.

설탕은 오늘날 너무나 흔하고 평범해졌지만 12세기 유럽인들은 거의 알지도 못했고, 17세기가 되기까지 약국에서 취급될 만큼 귀중한 '약품'이었다. 따라서 병에 걸리지 않았음에도 설탕을 먹을 수 있는 사람은 신사나 귀족, 그리고 자신의 부를 과시하고 싶은 무역상 정도였다. 소금 또한 그렇다. 과거 소금은 생존에 절대적이고 워낙 귀한 것이라 월급으로 사용되었고, 소금 1말의 가격이 노예 1명의 가격과 같았다. 그런데 지금은 1kg에 200원 정도로 공장에서 출하되기도 했다. 우리의 하루 소금 섭취량이 10g이니 1년 섭취량은 3.6kg이다. 720원이면 한 사람에게 1년 동안 필요한 소금을 살 수 있다. 소금의 가격이 혁명적으로 낮아진 것이다. 지금 먹거리는 과거에 비해 너무나 싸고 푸짐해졌다. 심지어 무한정 리필과 원하는 만큼 마음껏 먹는 뷔페식당도 많다.

욕망은 발전의 원동력이지만 모든 욕망에는 중독의 위험성이 있다는 것이 문제이다. 소금 중독, 설탕 중독, 탄수화물 중독, 커피 중독, 콜라 중독, 초콜릿 중독처럼 음식에도 여러 중독이 있고, 게임, 도박, 쇼핑, 운동 등 사람들이 좋아하는 것에는 모두 중독의 위험이 있다.

이 중에서 음식에 대한 욕망과 중독은 심각한 수준이다. 배가 고플 때 먹는 음식이 주는 쾌감보다 강력한 것도 없다. 배부를 때는 젊은 남자가 생각하는 것이 여자, 오락, 담배 등이지만, 3일을 굶기면 오로지 먹을 생각뿐이라고 한다. 마약보다 강한 것이 식욕이다. 우리는 배고프면 만사를 제치고 먹을거리를 찾도록 프로그램이 되어 있으며, 인류는 거의 모든 시기를 굶주려 왔다. 따라서 음식은 있을 때 필요한 양보다 30% 정도 더 먹어 비축하도록 프로그램이 되어 있다. 하지만 현대인은 여건이 완전히 바뀌어서 전화기 버튼만 누르면 세계에서 가장 맛있게 튀겨진 치킨이 입속으로 날아오는 세상에 살고 있다. 예전 같으면 명절 때나 먹을 음식을 매끼 평상식으로 먹고 있다. 사실 이런 환경에서 이 정도 비만율을 유지한다는 것은 인간의 절제력이 다른 동물에 비해서는 거의 부처님 급이기 때문에 가능한 것이기도 하다. 그래도 줄이는 것이 건강에 좋다.

- 욕망의 절제, 소식이 건강에 좋다

『1일 1식: 내 몸을 살리는 52일 공복 프로젝트』의 저자 나구모 요시노리 박사는 하루 한 끼 식사가 오히려 건강하게 사는 비결이라고 한다. 공복 상태에서 '꼬르륵' 하고 소리가 날 정도가 되면 몸이 젊어지는 효과가 있다는 것이다. 인간이 하루 세 끼를 먹은 것은 100년도 채 되지 않은 일이고 인류의 역사는 기아와의 투쟁이었으며 생존을 위해 적은 음식량에서 최대한 많은 영양소를 흡수할 수 있게 진화했다고 한다. 그래서 인체는 굶주림에는 강하지만 배부름엔 취약하다는 것이다.

실제로 식사량을 줄이면 수명이 늘어난다는 연구 결과는 많다. 효모 등 미생물은 3배 정도 수명이 늘어나고, 파리는 2배, 생쥐는 50% 정도 수명이 늘어난다. 하지만 영장류의 효과는 아직 불확실하다. 고등생물로 갈수록 소식의 효과가 떨어지는데, 실험실 환경에서는 그 효과가 뚜렷하게 나타나지만, 현실에서 소식은 스트레스가 심하여 효과가 떨어지게 된다. 식사량을 줄이면 활성산소의 생성을 줄일 수 있다. 열량을 제한하면 노화는 물론, 노화 관련 질환까지 예방되는 이유이다.

- 소식이 환경에도 좋다

식사량을 줄이면 비만, 대사질환 문제가 한꺼번에 해결된다. 당류, 나트륨 저감화 등 대부분 문제가 양을 줄이면 한꺼번에 해결된다. 친환경 문제도 해결되고 심지어 식량 고갈에 대비해 GMO를 개발해야 한다는 당위성도 없어진다.

최근에는 친환경에 대한 관심도 많아 공장식 축산에 대한 비난이 많고, 화학 농법에 대한 비난도 많다. 문제는 지난 10년 동안 전 세계 인구는 13%나 증가했고, 육류 소비는 21%, 옥수수 소비는 34%, 콩 소비는 52% 증가했으나 세계의 경작지는 6% 증가에 그쳤다는 것이다(FAO, 2009). 우리나라도 식량 소비가 빠르게 늘었다. 1961년에는 하루 955g이었던 식품 소비량이 2011년에는 2,167g으로 늘어났다. 쌀을 제외한 대부분의 식량 소비가 늘었지만, 육류·수산물의 소비는 특히 더 늘어났다. 49g에 불과했던 1인당 일일 육류·수산물의 소비가 339g으로 무려 6.9배나 늘어났다. 특히 소고기 소비량은 1961년에는 하루 2.1g에서 무려 33배나 늘었고, 돼지고기는 23배, 수산물은 7.3배 늘었다. 이런 소비의 증가율을 멈추지 않고 공장식 축산을 해결하는 것이 가능할까?

지금도 육류 소비량은 지구의 수용 규모를 훨씬 능가한 상태이다. 야생동물의 숫자를 모두 합쳐 봐야 지구상 동물의 10%밖에 되지 않는다. 숫자로 헤아리면 세상의 모든 동물을 합해도 닭의 숫자보다 적다. 닭은 2021년 한 해에만 한국에서 10억 4천만 마리가 소비되고, 전 세계적으로는 7백억 마리, 1억 톤이 소비되었다. 보통 동물은 사료 10kg 이상을 먹어야 고기 1kg이 되는데, 육종을 거듭한 끝에 불과 3kg의 사료로 1kg의 고기를 얻을 수 있다. 재래종으로 현재 닭의 소비를 감당하려면 얼마나 많은 옥수수를 키워야 할 것인가? 닭은 품종을 거듭 개량했다. 닭은 본래 10~15년을 산다. 30년 전 닭이 2kg까지 자라는 데 80일 이상 걸렸다면, 오늘날은 40일도 걸리지 않아 2kg에 도달한다. 요즘 대부분의 닭은 30~35일 정도 키운 것이다.

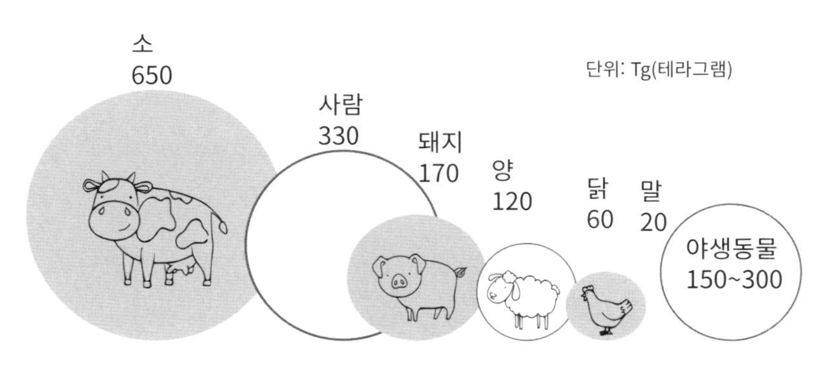

육지에 현존하는 동물의 양(출처: 지구표층환경의 진화)

인구나 육류 소비를 줄이지 않으면서 공장식 축산을 포기하고, 방목하면 자연이 견딜 수 있을까? 인구를 줄이고 식사량을 줄이지 않고는 요원한 일이다. 식사량을 줄이는 것이 가장 검증된 건강법이자 미래를 위한 투자이지만 날마다 평생을 지속해야 하는 것이라 가장 어려운 일이기도 하다.

요약: 식품을 바라보는 태도

▶ 세상의 평가는 뒤집어 보고 균형을 찾아야 진짜 가치를 알 수 있다.

- 효능론: 좋다는 것은 그것이 천하 통일을 하지 못한 이유를 찾아본다.

- 유해론: 나쁘다고 하면 그것이 아직 살아남은 이유를 추적해 본다.

▶ 종류가 많다는 것은 아직 정답이 없다는 뜻이다.

- 다이어트, 항암식품, 건강식품처럼 종류가 많은 것은 아직 정답을 찾지 못했다는 의미이다.

- 아무리 치명적인 질병도 해결책이 나오면 관심에서 사라진다.

▶ 세상은 정규 분포하여 보통이 많지, 유별난 것이 많지는 않다.

- 지금 살아남은 음식들은 모두 충분히 좋은 음식이다.

- 과식 문제를 나쁜 음식 탓으로 돌리면서 재앙이 시작됐다.

▶ 식품회사는 소비자의 선택대로 움직인다.

- 식품회사는 매출과 이익을 탐하지, 첨가물이나 가공식품을 탐하지 않는다. 소비자가 원하면 생산자는 저절로 바뀐다.

▶ 인간의 위대성은 강인함이 아니라 탁월한 적응력에 있다.

- 인간보다 다양한 지역, 기후에서 다양한 방식으로 사는 동물은 없다.

- 자연은 편식한다. 인간보다 다양한 음식을 먹는 동물은 없다.

▶ 답은 나를 이해하는 데 있다.

- 원시인 DNA를 가지고 현대를 살아가야 해서 어려움이 많다.

- 욕망은 타협의 대상이지 투쟁의 대상이 아니다.

- 인간의 본성을 제대로 이해하는 것에 많은 답이 있다.

▶ 현대인은 가진 조건에 비해 행복하지 못하다.

- 그 막강한 능력을 행복으로 전환하는 방법을 모른다.
- 행복은 존재하지 않고 발견하는 것이다.

5장.

독과 약은 하나다,
양이 결정한다

1 독과 약은 하나다, 양이 결정한다

"미디어의 식품 안전에 대한 인식도 '정성'(유해 물질이 있는지 없는지)에서 '정량'(얼마나 들어 있는지)으로 업그레이드를 할 때가 됐다. 어떤 식품이든 절대선과 절대악은 없다." - 「먹을거리를 사랑하는 기자들이 풀어쓴 식품안전 이야기」, 농림수산식품부

1) 가장 칭송받는 미네랄이 현대판 사약으로 쓰일 수 있다

음식에 대한 두려움의 근원을 추적하면 내 몸에 해로운 물질에 대한 두려움일 것이다. 그런데 독은 특별한 물질의 문제가 아니라 양의 문제다. 가장 많이 먹으라고 추천하는 미네랄도 과량이면 독이 된다.

많은 나라가 사형을 폐지했고 미국도 몇몇 주에만 사형제도가 남아 있다. 사형 집행의 순서는 먼저 마취제와 골격근 이완제를 주사한다. 의식이 흐릿해져 혼수상태에 빠지면 마지막으로 이 '물질'을 주사해서 심장 박동을 중단시킨다. 이탈리아의 한 간호사는 이 '물질'로 환자 38명을 살해한 적이 있다. 그녀가 밝힌 범행 동기는 '환자가 짜증이 나게 하고, 가족들의 요구 사항이 많아서'였다고 한다. 그녀가 돌보던 86명의 환자 중 38명이 이 '물질'로 의문의 죽음을 당한 것이다. 이런 극단적인 경우가 아니어도 이 '물질'을 과다 섭취하면 급성독성, 신장 손상, 부정맥, 궤양이나 천공과 같은 위장장애를 일으킬 수 있다. 이처럼 위험한 '물질'이 곡류, 채소,

과일, 특히 토마토, 오이, 호박, 가지와 뿌리채소류에 다량 함유되어 있고 콩류, 사과, 바나나, 우유, 육류에도 상당량이 함유되어 있다.

이 '물질'은 바로 칼륨(K, 포타슘)이다. 간호사가 살인의 도구로 쓴 염화칼륨이 병원에 있었던 이유는 금식하는 입원 환자에게 하루 1mEq/kg을 수액에 희석하여 공급해야 하기 때문이다. 이 사례는 '독과 약은 오로지 양의 문제'라는 사실을 간단하게 보여 준다. 신장에 문제가 생기면 가장 문제가 되는 미네랄이 식물에 흔한 칼륨이다.

- 독과 약은 같은 분자이다

독에 대한 이야기는 정말 많다. 하지만 독의 본질이 무엇인지, 공통점은 무엇이고, 그게 왜 독으로 작용하는지에 대해 설명하는 자료는 별로 없다. '독물학의 아버지'라 불리는 파라켈수스(1493~1541, 독일)는 다음처럼 독을 간명하게 정의했다.

> "모든 것은 독이며 독이 없는 것은 존재하지 않는다. 용량만이 독이 없는 것을 정한다."

파라켈수스의 말은 지금도 중요한 진리로 여겨지고 있다. 그런데 이 문장을 가지고 첨가물의 위험성을 주장하기 위해 사용한 방송도 있었다. 파라켈수스가 살았던 당시에는 합성의 기술도 첨가물도 없고, 오로지 천연물만 있었는데도 합성품의 위험을 과장하고 천연물을 찬양하기 위해 이 문장을 사용한 것이다.

사람들은 독이라 하면 불이나 칼처럼 위험한 것이 우리 몸에 들어가 뭔가를 부수고 상처를 입히는 것을 연상하는 경우가 많은 것 같다. 하지만 이런 물질은 오히려 발견이 쉬워서 대책도 간단하다. 맹독성 물질은 분자 자체의 성질이 매우 독하거나 특이한 분자가 아니다. 단지 우리 몸의 신호 물질이나 조절 물질과 유사한 분자이다. 우리 몸은 조절 기능을 위해 여러 가지 신경전달물질, 호르몬을 분비한다. 이들 물질은 매우 소량으로 여러 기관의 동작을 제어한다. 목표가 되는 세포는 해당 수용체를 지니고 있어서 이들 물질이 결합하면 세포 안에 해당 유전자가 활성화되어 단백질(효소) 등이 만들어져, 어떤 기능이 강화되거나 약해진다. 결코 신호 물질 자체가 특별한 기능을 하지 않는 것이 아니고 관련된 시스템이 기능을 하는 것이다.

신호 물질을 일반 대사 물질과 다르게 독특한 형태로 만드는 것이 중요하다. 세상에 유일한 형태의 물질로 만들려면 비용이 많이 들고 쉽지도 않다. 충분히 독특한 형태이면 충분한 것이다. 그러니 어쩌다 자연에 몸 안의 신호 물질과 유사한 형태의 물질이 있을 가능성이 있고, 그것이 소량 우리 몸에 들어오면 약, 과량일 때는 독이 된다. 독이나 약은 분자 자체의 성질이나 기능이 다른 것이 아니다. 우연히 우리 몸 안에 신호 물질이나 조절 물질로 쓰는 분자와 형태가 유사한 것일 뿐이다.

내 몸의 조절 원리나 약의 원리나 독의 원리는 모두 같다. 독성이나 약성은 내 몸의 작용으로 일어나는 것이지 물질 자체에 독성이나 약성이 있는 것이 아니다. 내 몸이 하는 켜고 끄는 스위치 역할을 흉내 낼 뿐이다. 식품은 누가 얼마만큼 먹을지를 모르기 때문에 기본적으로 약리작용이 강한 물질은 허용되지 않는다. 따라서 식품은 큰 약효를 보이거나 독성을 나타내지 않는다. 부족할 때 보충하면 좋은 정도이다.

2) 성분에 따라 독이 되는 양만 다르다
- 충분히 희석하면 독성은 사라진다

문제는 사람들이 독성 자체가 분자 자체의 성질인 줄 알고 과량일 때 위험한 것은 아무리 적은 양도 독이니 피해야 한다고 믿는 것이다. 모든 물질은 과량이면 독이 되기 때문에 독성이 나타나는 양을 파악하는 것이 핵심이다. 유해성이 나타나는 양을 파악하기 위해서는 독성 실험을 해야 하는데, 사람에게 할 수는 없으니 동물 실험을 한다. 그렇게 제시되는 수치가 ADI(Acceptable Daily Intake, 일일섭취허용량)이다. 어떤 사람이 매일 평생 먹어도 안전한 양으로 체중 1kg당 하루 섭취량이며 'mg'으로 표시한다. 즉 백만분의 일(ppm) 단위다.

그렇다면 일일섭취허용량(ADI)보다 많이 먹으면 곧바로 독성이 발생하는 걸까? 전혀 아니다. 이 양은 동물 실험을 했을 때 독성이 없어지는 양, 즉 '무작용량'보다도 100배 적은 양이다. 예를 들어 kg당 100mg 이하에서 독성이 없으면 이 양의 1/100인 1mg이 ADI로 허용된다. 동물의 실험 결과를 사람에 그대로 적용하면 위험하므로 1/10로 줄이고, 사람도 개인차가 있으므로 다시 1/10로 줄인 1/100값을 적용하는 것이다.

이것을 기본 원리로 식약처는 지난 수십 년간 적용하고 검증한 프로토콜을 마련하여 모든 식품, 식품첨가물, 의약품의 안전성이 평가하는데, 사람들은 자신의 기분에 따라 어떤 연구 결과는 믿고 어떤 결과는 전혀 믿지 않는다는 것이 문제다. 모든 식품과 의약품은 같은 기관(식약처)에서 같은 검증 프로토콜로 검증한 것인데, 제 필요에 따라 믿고 안 믿고를 결정하는 불안 장사꾼이 정말 문제인 것이다.

일반 식품이나 천연물은 98%가 물, 탄수화물, 단백질, 지방이고, 나머지 2%가 비타민, 미네랄, 색소 등의 수천 가지 분자의 혼합물이라 개별 성분의 양은 매우 적다. 반면 첨가물은 단일 성분을 고농도로 농축한 것이라 철저히 독성 실험을 한다. 그래도 대부분의 첨가물은 일반 식품과 안전에 차이가 없어서 ADI값, 즉 사용량에 제한이 없다. 용량과 용법이 제한된 첨가물은 생각보다 적다. 그리고 첨가물의 사용량은 허용량의 극히 일부이기 때문에 첨가물이 문제를 일으키는 경우는 없다. 식품사고의 대부분은 식중독 같은 천연물 사고이다.

그런데 섭취량을 고려하지 않은 어리석은 실험도 꽤 있다. 만약에 사람에게 첨가물인 CMC(Carboxymethyl cellulose, 증점제, 식이섬유) 1% 제품을 먹이는 실험을 했다면 통상 식품에 들어가는 사용량보다 많지만, 그 농도를 가지고 문제 삼기는 힘들다. 하지만 몸무게 20g짜리 쥐에게 1% 용액을 매일 5㎖씩 먹이면 전혀 다른 문제가 된다. 성인 기준으로 매일 150g

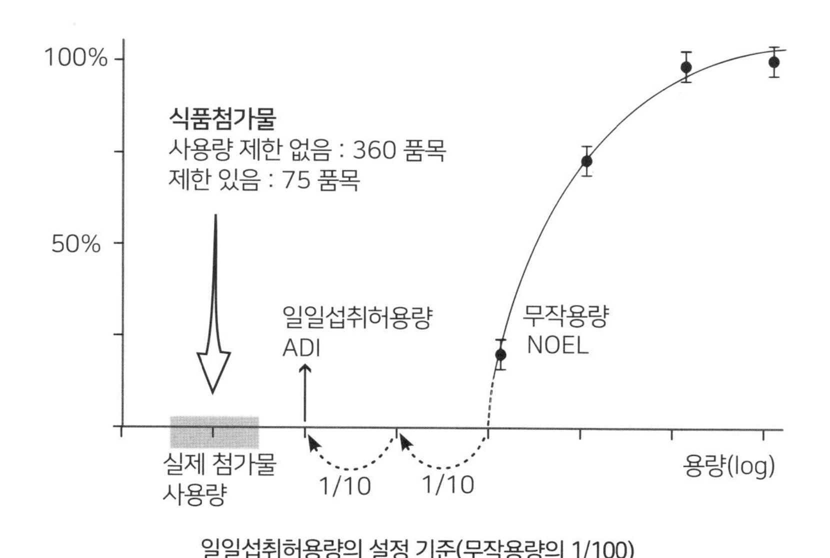

일일섭취허용량의 설정 기준(무작용량의 1/100)

의 식이섬유를 먹인 셈이 된다. 이런 실험은 독성을 논하기 전에 실험의 기본이 안 된 것이다. 어떠한 성분이라도 매일 150g을 먹는다면 탈이 나기 쉬운 양이기 때문이다. 그런데 이런 실험이 가장 권위 있다는 과학지인 「네이처」에 실리기도 하니 불량 지식과의 투쟁은 고단할 수밖에 없다. 양을 고려하지 않는 독성 실험은 무조건 틀릴 수밖에 없다.

- 중요한 것은 독성이 아니고 위해성이다

어떤 물질의 위험성을 말할 때 중요한 것은 독성이 아니라 위해성(Risk)이다. 독성은 반수치사량(LD50), 발암성, 생식독성과 같은 것이다. 독성이 강하다고 그만큼 우리에게 위해성이 큰 것은 아니다. 독성이 아무리 큰 물질이라 하더라도 접촉할 기회가 없으면 위해성은 없다. 발암성 물질이면 발암물질의 강도와 섭취량을 같이 고려해야 하고, 독성물질은 독성의 강도와 섭취량을 같이 고려해야 실제 우리에게 어떤 영향을 미치는지 알 수 있다. 세상에서 제일 독성이 강한 물질이 보툴리눔 독소(보톡스)인데 충분히 희석하여 치료나 미용 목적으로 쓰고 있고, 물은 매우 안전한 물질이지만 대량을 마시면 익사한다.

위해성(risk)=유해성(hazard)×노출량(exposure)

독성물질×양

발암성 물질×양

몇 가지 물질의 LD50 비교(ug/㎏)

물질	ug/㎏
Botulinum toxin	0.001
Tetanus toxin	0.002
Shiga toxin	0.002
Diphtheria toxin	0.01
Polonium 방사능	0.01
Batrachotoxin	4
VX 독가스	140
Plutonium 방사능	320
Aflatoxin B1	480
HCN 청산	3,700
비타민 D3	37,000
소금	3,000,000
에탄올	7,060,000
물	90,000,000

물질	ug/㎏
비타민 D3	37,000
캡사이신	47,200
카페인	192,000
벤조산(보존료)	2,000,000
소금	3,000,000
과당	4,000,000
에탄올	7,060,000
아스파탐	10,000,000
유당	10,000,000
비타민 C	11,900,000
MSG	16,600,000
포도당	25,800,000
설탕	29,700,000
물	90,000,000

뉴욕의 국회의원이었던 델라니는 1958년 식품 안전 관계 법령에 "발암물질로 의심되는 어떤 화학물질도 식품에 유입되지 않게 한다", 즉 동물에서 발암성이 인정되면 그 화학물질은 식품에서 영원히 퇴출한다는 규정을 마련했다. 그런데 분석 기술이 발전하고 천연물질에 대한 분석을 거듭하자 천연식품에 존재하는 위험물질과 발암물질이 끝없이 발견되었다. 발암물질을 양과 무관하게 존재 자체로 문제 삼으면 일반 식품의 절반은 발암성 식품으로 분류될 정도다. 식품에 어떠한 발암성 물질도 있어서는 안 된다는 것은 불가능하다는 사실을 알게 되어 델라니 경구는 폐기되었다. 그런데 아직도 1960년대식 사고로 양도 따지지 않고 무작정 발암물질

을 들먹이는 경우가 있다.

- 천연에는 독이 없다고요?

영국의 바질 브라운(Basil Brown)이라는 남성은 건강식품 애호가였다. 그는 10일 동안 당근 주스를 10갤런(약 38ℓ)이나 마시고 숨졌다. 사인은 비타민 A 과다 복용으로 일어난 심각한 간 손상이었다. 1596년 당시 북동항로를 탐험하다 조난한 네덜란드 탐험가 바렌츠와 그의 일행이 북극곰의 간을 너무 많이 먹어 거의 전원이 사망한 사건도 있다. 북극곰은 비타민 A가 극도로 풍부한 먹이사슬의 정점에서 살아가기 때문에 많은 양의 비타민 A를 견디는 것이 가능하다. 이렇게 많이 섭취한 비타민 A는 북극곰의 간에 쌓이게 되고, 결과적으로 북극곰의 간은 다른 동물에게 매우 위험한 물질이 된다. 이누이트들은 오래전부터 이 사실을 알고 있어서 개들이 먹지 못하도록 간을 땅속에 묻었다. 서양인들은 그런 사실을 몰라서 바렌츠와 그의 선원들은 북극곰의 간으로 만든 스튜를 먹고 거의 전멸한 것이다. 당시 비타민의 합성 기술은 없었다. 순수 천연 비타민의 과잉으로 사망한 것이다.

의사 중에도 같은 비타민이라도 천연과 합성은 전혀 다르다는 사람이 있는데, 정말 한숨 나는 일이다. 의사들이 처방하는 약들은 대부분 자연에 없는 화학 합성품 그 자체이다. 비타민의 기능은 용량, 순도, 제형, 용해도의 차이에 따라 달라지지, 출처가 천연이냐 합성이냐에 따라 달라지지 않는다. 비타민과 영양제의 효능을 과장하다가 비타민의 부작용이 밝혀지면 천연식품 속의 비타민은 전혀 문제가 없는데 보충식에 사용하는 비타민은 석유에서 합성한 것이기 때문에 문제가 생긴다고 주장하기도 한다. 정말 코미디 같은 주장이다. 사실 석유 자체는 완벽한 태곳적 무공해 천연물이다. 더구나 석유에서 합성하는 비타민도 없다. 대부분 천연물의 성분을 적절히 변형한 것이다.

- 안전은 가운데, 적절함에 있다

모든 미네랄은 부족하면 건강에 심각한 문제가 생기지만 필요량보다 3배 정도만 많아도 독성이 나타날 수 있다. 비타민도 그렇고 몸에 필요한 다른 모든 성분이 그렇다. 몸에 꼭 필요한 영양분도 과잉이면 독이 되고, 독이나 환경오염물질로만 알고 있는 일산화탄소(CO), 산화질소(NO), 일산화황(SO)도 내 몸에 최소량은 꼭 필요한 물질이다. 이들은 세포의 2차 신경전달물질이기 때문이다. 단지 몸 안에서 필요에 따라 순식간에 만들어지고 사라지는 것이라 잘 모를 뿐이다.

안전은 적당함에 있지 무작정 많거나 없는 것이 좋지는 않다. 요즘 식품의 최대 문제인 체중 문제도 마찬가지다. 체중도 적당히 많은 사람이 오래 살지, 저체중이 과체중보다 건강한 것이 아니다. 사실 아무 이유 없이 살이 빠지는 것보다 무서운 것도 없다. 걱정도 적당해야 지혜이다. 지나치게 건강을 염려하고, 질병을 두려워하고, 아프지 않도록 예방하는 노력은 오히려 건강에 해가 될 수 있다.

세상에 부작용이 없는 약은 없다. 아무리 좋은 약도 과량을 먹으면 독이 된다. 좋은 약은 약이 되는 범위가 독이 되는 범위보다 훨씬 적어서 명확히 구분되는 것이다. 하지만 실제 많은 경우는 약의 작용과 부작용이 겹친다. 그래도 독보다는 유용한 기능이 많고 다른 선택이 없을 때 부작용을 감수하면서 사용하는 약이 많다.

3) 독과 약은 그 물질이 아니라 활용하는 시스템이 결정한다

지상 최고의 맹독성 물질인 보톡스(보툴리눔 독소)를 요즘은 희석하여 만병통치약처럼 쓴다. 분자 자체는 어떠한 선의도 악의도 없고 독성이나 약성은 단지 받아들이는 시스템과 양이 결정하기 때문이다. 보톡스가 처음 유명해진 것은 통조림 식중독 사고 때문이다. 냉장고가 없던 시절 통조림은 음식을 장기 보관할 수 있어서 큰 인기였다. 그런데 간혹 치명적인 식중독 사고가 발생했는데 그 원인균(C. botulinum)이 특별한 내열성이 있는 것이 문제였다. 일반 병원성 균은 60℃만 넘어도 대부분 사멸하고 100℃까지 높이면 거의 100% 사멸되는데 이 균은 121℃ 이상 가열하여야 죽는다. 100℃까지 가열한 통조림에서 이 균만이 살아남아 청산가리보다 20만~3000만 배 강한 독소를 만든 것이다. 하지만 보톡스 자체가 특별한 물질은 아니다. 아미노산이 수천 개 결합한 단백질일 뿐인데, 묘하게 콜린성 시냅스에서 아세틸콜린의 분비 통로를 막을 뿐이다. 그래서 신경전달이 되지 않으면 근육의 작동이 멈추는데, 심장의 근육이 멈추면 사망한다.

신경전달물질인 아세틸콜린의 작동을 방해하는 것은 보톡스 말고도 코브라 독, 거미 독 등이 있고, 나트륨 펌프 통로를 닫히지 않게 하는 독은 시가톡신, 시가테라 독, 말미잘 독, 독화살개구리 독, 전갈 독 등이다. 나트륨 펌프를 열리지 않게 하는 독은 복어 독, 삭시톡신(조개류) 등이 있다. 칼륨이나 칼슘 작동을 방해하는 독도 있다.

신경 전달은 매우 소량의 신경전달물질로 이루어지므로 이것을 방해하는 것은 아주 적은 양이 치명적(맹독성)으로 작용한다.

독 자체는 축적이 되지 않는다. 그래서 거대한 단백질로 오래 지속되는 보톡스마저 6개월이면 다시 주입해야 한다. 대부분 약은 몸에서 금방 배출되기에 하루에 1~3번씩 먹어야 한다. 이처럼 독이나 약은 분자 자체의 성질이 다른 것이 아니고 그것을 신호로 작동하는 시스템의 문제인데, 자꾸 독이나 약이 되는 물질 자체를 신비화하여 불안을 가중시키고 있다. 이런 독은 소량으로 작용하는 만큼, 한계량 이하라면 전혀 부작용이 없고 축적성도 없다. 그래서 희석하여 독을 약으로 사용하는 것이 많다.

- 산소는 원래 독이었다

동물은 산소가 없으면 금방 죽는다. 그렇다고 바위에 산소를 불어 넣는다고 바위가 살아 움직이지 않고, 죽은 사람에게 산소를 불어 넣는다고 살아나지 않는다. 진핵 생명체에게 산소는 생존에 필수 물질이지만 산소는 원래 독이었다. 고생물학자인 피터 워드는 "세상에서 가장 필수적이면서 가장 유독한 기체, 생명을 주는 자이면서, 빼앗는 자, 산소"라고 말했다. 조산아의 망막병증은 1940년대에 여러 나라에서 한꺼번에 나타났는데 대부분 태어난 지 몇 개월 안에 발견되었고, 실명에 이르는 경우도 적지 않았다. 그러자 1945년부터 예방 차원에서 모든 조산아에게 산소를 주입하라는 일괄적 권고가 내려졌다. 이후 조산아의 망막병증은 급증하였다. 두 사건의 연관성이 뚜렷하였는데도 산소 주입이 원인이라는 사실을 깨닫고 조치하기까지 무려 12년이 소요되었다. 산소가 어떻게 독이 되겠느냐는 생각이 약 1만 명 아동의 시력을 잃게 한 것이다.

원래 지구에는 산소가 없고 혐기성세균만 살았는데, 시아노균이 등장하자 모든 것이 바뀌었다. 엄청난 산소를 생산하여 기존의 바다에 그렇게 풍부했던 철분을 죄다 산화시켜 바닷속 깊숙이 침전시켜 버렸다. 생명체들도 산소의 독성에 적응하는 것이 생존의 문제였다. 지금도 산소는 식물이 쓰고 버린 배설물이다. 이런 산소의 독에 적응한 것이 또한 생명의 역사이기도 하다. 지금도 우리 몸의 큰 피해는 활성산소에 의해 생긴다. 성인병 원인의 70%가 활성산소 때문이라고 추정한다. 이제는 제발 독과 약이 따로 있다는 생각만큼은 버렸으면 좋겠다.

지구의 대기 조성의 변화(출처: 지구표층환경의 진화)

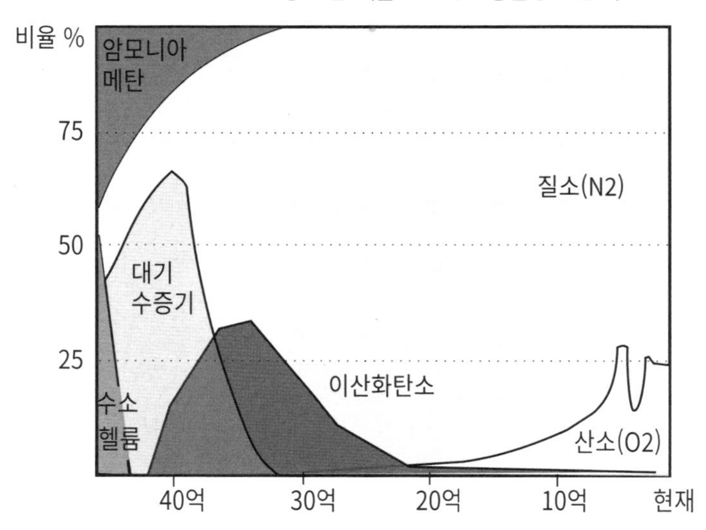

2 안전한 불과 위험한 불이 따로 있을까?

1) 전자레인지 괴담이 잘 통한 이유

지금 생각하면 정말 황당한 일이지만 가공식품과 첨가물에 대한 온갖 괴담을 양산한 안병수 씨가 전자레인지에 대한 괴담을 지어내자 신혼집에 사 온 전자레인지까지 내다 버리는 일도 있었다.

> '문명의 이기'라고 하면 뭐가 떠오르시는지? 어떤 이는 자동차를 생각할 것이고, 어떤 이는 TV나 휴대전화를 생각할 것이다. 하지만 식품 전문가에게 묻는다면 한 가지로 수렴할 가능성이 크다. '전자레인지'라는 문명의 이기다. 전자레인지의 고향은 당연히 패스트푸드의 나라 미국이다. (중략) 미국에서 전자레인지를 쓰지 않는 가정이 있다면 그것은 아마 빈곤 때문이 아닐 터이다. 그들은 오히려 고소득층일 가능성이 크다. 지식인들일 것이기 때문이다. (중략) 답은 미국의 과학자인 윌리엄 코프가 해 준다. "음식을 전자레인지에 넣고 가열하면 우선 발암물질이 만들어질 수 있습니다. 각종 성분이 비정상적으로 변하기 때문이죠. 또 여러 유용한 영양분들이 파괴되고 음식으로서 생명력을 잃게 됩니다. 이런 음식을 자주 먹게 되면 병약한 체질로 변하게 되죠. 굳이 음식 문제가 아니더라도 이와 같은 기계를 부엌에 놓고 돌리는 건 재고해야 합니다. 새어 나온 전자파에 의해 인체 세포가 직접 손상될 수도 있으니까요." 이처럼 전자레인지의 유

> 해성에 경종을 울리는 학자들은 그 밖에도 많다. 스위스의 한스 허텔 박사는 "전자레인지로 가열한 음식을 먹으면 혈액의 헤모글로빈이 감소하고 나쁜 콜레스테롤이 증가한다"라는 연구 결과를 발표했다. 또 미국 스탠퍼드대학 연구팀은 "전자레인지에 의해 인체 면역력이 약화되는 현상을 발견했다"라고 보고하기도 했다. (중략) 이유는 가열 방식을 알면 납득이 간다. 전자레인지는 열을 이용해 음식을 조리하는 일반 가열 방식과 전혀 다르다. 1초에 수십억 회 운동 방향을 바꾸는 강력한 전자파를 발생시켜 음식의 구성 분자들을 마구 뒤흔든다. 이때 순간적으로 열이 발생하고 온도가 빠르게 오르는 것이다. 음식이 만일 생명체라면 난데없이 몰매를 맞고 화병에 걸려 있는 꼴이라고 할까. -「지식인들이 폭로하는 전자레인지의 치부」, 안병수

이런 글은 건강 전도사들에 의해 여러 버전으로 변형되어 인터넷을 떠다녔다. 뇌 기능을 파괴한다. 미네랄, 비타민 등 영양소들이 변형되거나 몸에 해로운 성분으로 변질된다. 암을 유발하는 괴물질을 만든다. 전자레인지를 통과한 물은 화분의 식물을 열흘도 안 되어 죽게 만든다는 등의 주장이 난무했다.

그의 주장은 앞서 장수식품 이야기에서 소개한 로버트 맥캐리슨이 1921년에 쓴『훈자 계곡 여행기』에 등장하는 주장과 같다. '자연 천국, 인공 지옥'이라는 것이다. '문명의 이기'를 말하는 순간 '당신의 편리함을 위해 가족의 건강을 희생시키고 있다'라는 생각을 자동으로 연상하게 만든다. 근거로 낯선 외국 전문가를 동원하지만 실제로는 그런 논문도 없고 진짜 전문가도 아니다. 마이크로파라는 낯선 가열 방식이라는 점에 착안

하여 온갖 거짓말을 칵테일하여 멀쩡한 전자레인지를 내다 버리도록 선동한 것이다.

- 전자레인지의 장점 1: 기존의 가열 방식보다 안전하고 친환경적이다

음식을 뜨겁게 요리하기 위해서는 '열'을 가해야 한다. 우리가 열을 만들어 내는 방법은 다양하다. 전통적으로는 나무나 석탄을 이용했고 현대에는 석유, 가스, 전기를 사용한다. 우리나라가 전기를 사용한 것은 60년 정도밖에 안 되었다. 이런 전열 기구도 문명의 이기인데 전자레인지만 시비를 건 것이다.

전자레인지도 열을 만드는 장치다. 우리에게 낯선 '마이크로파'를 이용한다는 점이 다를 뿐이다. 마이크로파는 빛이 내는 파장 중에서 상당히 길고 진동수가 적은 편에 속한다. 그래도 초당 24억 5천만 번이나 진동한다. 사람들은 이 숫자에 놀라겠지만 가시광선은 이것의 10만 배, X선은 10억 배, 방사선은 1조 배 이상 많이 진동한다. 마이크로파 자체는 자외선이나 가시광선, 심지어 적외선보다 진동이 적은 안전한 파장이다.

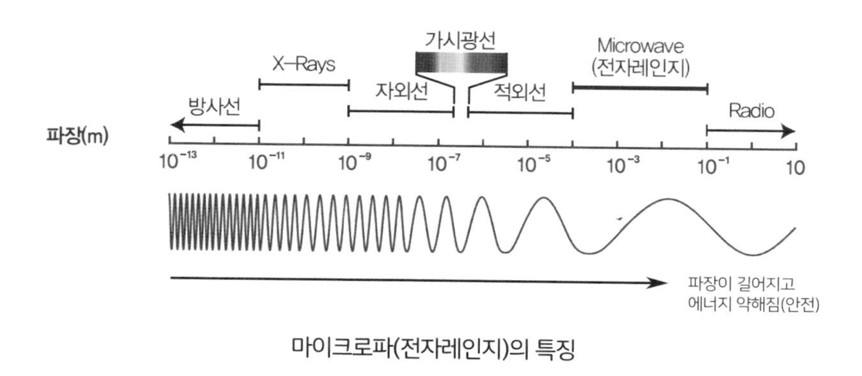

마이크로파(전자레인지)의 특징

그런데 마이크로파에는 묘한 특징이 있다. 물과 아주 잘 '공명(共鳴)'한다는 것이다. 물은 마이크로파의 진동에 맞추어 진동하면서 주변의 분자와 충돌한다. 더구나 침투성이 있어서 다량을 만들어 공급하면 그릇이나 주변의 온도를 덥히지 않고 빠른 속도로 가열할 수 있다. 오랜 시간 요리한다고 전자레인지 자체가 뜨거워지지 않는다. 그만큼 열 손실이 없는 친환경적인 조리 기구라는 뜻이다. 예열도 필요 없고 타이머 방식으로 작용하여 부주의로 음식을 태울 염려도 적고, 화재의 위험도 없고, 연료를 태울 때 발생하는 유독가스도 없다.

- 전자레인지의 장점 2: 기존의 가열 방식보다 식품 성분의 변화가 적다

가열은 분자의 운동을 활발하게 하는 것으로 온도가 올라갈수록 성분이 변화할 가능성이 커진다. 원래 있었던 성분이 분해되거나 없었던 성분이 만들어진다. 이런 변화는 고온일수록 심하다. 보건 당국이 고기를 굽는 것보다 삶는 조리법이 안전하다고 하는 것은 고기를 구우면 표면온도가 160℃ 이상 올라가고 이때 메일라드 반응, 캐러멜 반응, 지방의 분해 등에 엄청난 화학반응이 일어나기 때문이다. 이때 노릇노릇한 색소 물질과 고소한 맛의 향기 물질들이 만들어지는 장점이 있지만 동시에 벤조피렌이나 아크릴아미드 같은 원하지 않는 물질도 만들어진다. 전자레인지는 삶기보다 안전한 가열 방식이다.

헤테로사이클릭아민(Heterocyclic amines; HCAs)은 조리 온도가 높을수록, 조리 시간이 길수록 종류와 양이 많아진다. 따라서 돼지고기나 생선은 불에 직접 굽는 것보다, 삶거나 전자레인지를 이용해 조리하면 70~97%까지 감소시킬 수 있다. 다른 육류와 생선도 마찬가지다.

전자레인지는 기존의 가열 방식에 비해 훨씬 적은 열과 에너지로 음식을 덥히고, 품온을 100℃ 이상으로 올리지 않으므로 영양 손실이나 유해 성분의 생성이 가장 적은 안전한 가열법이다. '콜레스테롤을 더 많이 만든다', '발암물질을 만든다', '전자레인지로 데운 물을 사용하면 식물이 죽는다' 등은 검토의 가치조차 없는 유치한 주장이지만, 워낙 괴담이 심하여 실험을 통해서도 모두 거짓으로 확인된 것들이다.

- 전자레인지의 단점: 너무 빠른 가열과 온도 편차

전자레인지는 마이크로파가 제품 2~3㎝ 안으로 침투하여 안에 있는 수분을 가열시킨다. 일반적인 가열 방식은 바깥쪽부터 가열하기에 겉면의 수분이 증발한다. 수분이 증발하고 나면 온도가 100℃ 이상 올라가기 시작한다. '겉바속촉'이 되는 것이다. 그런데 전자레인지는 속부터 가열되므로 수분이 존재하는 한 품온이 100℃ 이상으로 올라가지 않는다. 그래서 전자레인지는 160℃ 이상에서 활발하게 일어나는 메일라드 반응이나 캐러멜 반응이 부족하여 우리가 좋아하는 고소한 로스팅 향이 생성되지 않는다. 결국 전자레인지는 식품을 덥히거나 삶는 목적에는 아주 유용한 가열 기구이지만 만능의 요리 기구는 아니다.

더구나 속에서부터 익기 때문에 상태의 변화를 맨눈으로 확인하기 힘들다. 그래서 달걀을 전자레인지로 가열할 경우 속에서부터 증기가 발생하므로 고압이 발생하여 터지는 수도 있다. 전기 전도성이 있는 알루미늄 포일이나 금속 성분이 포함된 그릇을 넣어도 문제가 된다.

전자레인지는 제품의 모든 성분을 가열하는 것이 아니고 마이크로파와 공명하는 분자만 온도를 높이므로 이런 분자의 분포가 균일하지 못하면 온도 편차가 날 수밖에 없다. 특히 고체나 유동성이 없는 식재료에서 이런 문제가 심각해진다. 건포도가 박힌 머핀을 가열하면 빵 부분은 아직 미지근한데 당분이 많은 건포도는 혀를 델 정도로 뜨거워질 수가 있다. 당분, 지방, 물은 잘 가열되지만, 얼음은 잘 가열되지 않는다.

- 전자레인지의 결정적 단점: 열기구인데 너무 만만하게 보고 쓴다

어떤 사람도 불 위에 플라스틱 용기를 놓고 가열하지 않는다. 금방 타거나 변형되기 때문이다. 전자레인지는 분명 열기구라 열에 약한 플라스틱은 쓰지 말아야 하는데, 마치 가열 기구가 아닌 양 기본적으로 지켜야 할 것도 지키지 않고 마구 사용하면서 마치 그것이 전자레인지가 만들어 낸 해로운 성분인 양 호도한다. 정말 고마움을 모르는 사람들이다.

건강의 측면이나 환경의 측면에서 전자레인지보다 안전한 열기구는 없는데, 단지 낯설다는 이유로 온갖 괴담을 만들어 낸 것이다.

2) 낯선 불에 대한 두려움의 역사

지난 수천 년간의 요리는 형태의 차이는 있을지언정 모두 불을 이용한 '로스팅'이 기본이다. 그런데 요즘은 불의 형태가 많이 바뀌었으며 불과 차츰 격리되고 있다. 편의성과 안전 때문이다. 과거에 부엌은 한 번도 지금처럼 쾌적한 적이 없었다. 지나치게 더웠고, 환기를 위한 굴뚝 등에서 외풍이 스며들고, 무엇보다 타고 있는 나무나 연탄 등에서 유독한 물질이 나와 공기가 항상 매캐하였다. 그리고 화상과 화재의 피해도 끊임이 없었다. 어린이가 화상을 입는 곳은 주로 부엌이었고, 요리를 하다가 화재가 발생하는 일도 비일비재하였다. 지금도 세계보건기구는 부엌에서 발생한 실내 매연으로 인해 기관지염, 심장질환, 암으로 사망하는 인구를 연간 150만 명으로 추산하고 있다.

1800년대 영국에서 이런 활활 타는 불 대신에 폐쇄형 화로를 개발한 사람이 있다. 바로 벤저민 톰프슨(럼퍼드 백작)이다. 그는 사람들이 50인분의 저녁을 준비할 만큼 많은 연료를 고작 찻주전자를 끓이면서 쓴다고 개탄하였다. 그래서 크고 높은 굴뚝 대신에 여러 개의 개별 폐쇄가 가능한 화덕을 통해 연료와 매연을 대폭 줄였다. 하지만 이것의 대중화는 쉽지 않았다. 그의 발명품은 친구 몇 명을 초청하여 직접 시연해 줄 때나 통했고 대중은 설득되지 않았다. 요리사들이 특히 불꽃이 활활 타는 불에 직접 로스팅할 수 있는 기존의 개방형 화덕만을 고집하였다.

1830년 스토브(stove)가 미국에 처음 등장했을 때 사람들은 그 물건을 미워했다. 불꽃이 보이는 화덕이 집의 구심점이고 가정의 상징이었는데 그것이 사라졌기 때문이다. 그래도 시간이 지나면서 반감은 줄었고 나중에는 산업 시대를 사는 소비자의 신분을 상징하는 물건이 되었다. 19세기 중반에는 미국과 영국에서 중산층 부엌의 필수품이 되었다. 중세의 기다란 치마, 나무로 지은 집, 개방형 화덕이 결합하여 만들어진 끝없는 화재와 화상의 피해가 획기적으로 줄어든 결정적 계기가 된 것이다.

이후 가스레인지가 등장하여 또 한 차례 여성의 고단함을 줄여 주었다. 석탄을 때면 재가 나오게 되고 청결을 위해 매번 그것을 치우는 등 큰 노력을 해야 했는데 가스레인지는 그럴 필요가 없었다. 더구나 비용도 저렴했다. 1880년대에 가스레인지를 써 본 사람은 그것으로 인해 생활이 얼마나 간편해졌는지 모른다고 입에 침이 마르게 칭찬했다. 가스는 석탄에 비해 확실히 깨끗하고 쾌적하고 경제적이었다. 그런데도 개발에서 일반화되기까지 100년이 넘게 걸렸다. 혁신이 으레 그렇듯이 강력한 의심과 저항을 받았기 때문이다. 가스로 요리를 하다가 중독되거나 폭발로 죽을 수 있다고 많은 사람이 두려워했고, 가스가 음식의 맛과 향을 망친다고 믿었다. 19세기 말 엘렌이라는 여성이 가스레인지를 사자 그녀의 남편은 이를 무척 겁을 냈다고 한다. 남편은 가스에 독이 들었다고 생각해서 가스로 요리한 음식은 절대로 먹지 않았다. 그러나 엘렌은 일손을 덜어 주는 새 기구를 없앨 마음이 없었다. 엘렌은 매일 가스레인지에서 저녁 요리를 한 뒤에 남편이 돌아오기 몇 분 전에 노출된 화덕으로 옮겼다. 이런 식으로 가스레인지의 사용이 점점 늘어 1901년에는 영국의 세 집 중 한 집이 쓰게 되었다.

하버드대학 리처드 랭엄 교수는 『요리 본능』이라는 책을 통해 "역사에서 가장 중요하고 위대한 발명은 바로 요리다"라는 말을 하였다. 인간이 불을 포획하여 다루기 시작하면서 문명이 시작되었다는 뜻이다. 그런 불에 대한 두려움은 원시인 시절부터 꾸준히 이어져 오고 있고 새로움에 대한 두려움도 그렇다. 이처럼 낯선 불이 도입될 때마다 홍역을 치렀다.

안병수 씨가 전자레인지로 가열하면 음식으로서 생명력을 잃게 된다고 하는 주장을 보는 순간, 그 생각이 얼마나 유치하고 비과학적인 사고방식인지 바로 알아야 하는데, 그의 주장에 동조한 사람이 많았던 것이 아쉽다. 가장 비과학적인 사람이 과학의 언어를 동원해 식품을 말한다는 것이 얼마나 위험한지 아는 날이 왔으면 정말 좋겠다.

불안 장사꾼은 가공식품의 알 수 없는 화학 변화와 첨가물의 잠재적 위험성을 말하지만, 식품 공정 중에 가장 격렬하고 알 수 없는 화학 변화는 단연 가열에 의한 변화이다. 그래서 보건 당국은 고기를 굽지 말고 삶아 먹으라고 하는데, 스테이크를 구울 때 중심 온도는 70℃를 넘지 않는다. 하지만 커피는 품온이 200℃를 넘을 정도로 격렬하게 가열하여 생두 성분의 무려 25%가 원래 생두에 존재하지 않았던 성분인 멜라노이딘으로 변형된다. 멜라노이딘은 커피의 다당류, 단백질, 클로로겐산 등이 원래의 형태와 완전히 다르게 변형, 분해, 재결합하여 만들어진 것이라 정확한 구조는커녕 얼마나 다양한 물질이 섞여 있는지도 모른다. 정말 알 수 없는 복합작용 그 자체인 것이다. 그렇게 만들어진 향기 물질만 800종이 넘어 커피 안에 얼마나 많은 종류의 화학물질이 만들어졌을지 파악할 수도 없다. 그런 변형된 성분 중에서 물에 녹는 성분을 추출해서 마시는 것이 커피인데, 그런 커피는 아무런 의심 없이 마시면서 가공식품이나 첨가물의 위험성을 말하는 것을 보면 나는 속으로 쓴웃음을 지을 수밖에 없다. 커피의 향기 물질을 분석해 보면 95%는 개별로는 위험물로 관리하는 물질이다.

식품의 성분 변화가 가장 적은 전자레인지 괴담 하나도 변변하게 대처하지 못했는데, 이보다 비교할 수 없이 강력한 방사능에 대한 합리적인 생각은 기대하기 힘들다.

3 방사능 이슈도 양으로 풀면 생각보다 단순하다

1) 미량의 방사능도 위험할까?

오펜하이머의 일대기를 다룬 영화에서 그로브스(Groves) 장군이 "우리가 버튼을 누를 때 세상을 파괴할 수도 있다면서요?"라고 묻자 오펜하이머는 "가능성은 거의 제로"라고 대답한다. 장군은 "제로이면 좋을 텐데"라고 아쉬워한다. 이것은 원자력의 파괴력이 너무나 엄청나서 폭탄 한 방에 지구가 파괴될까 봐 걱정한 것이 아니다. 핵폭발로 혹시 대기의 공기마저 연쇄 핵반응이 일어나 세상이 파멸할 가능성을 걱정한 것이다. 이처럼 핵폭탄은 개발자에게도 대단한 공포였다.

우리도 핵무기의 위험성을 알기에 방사능에 대한 공포도 크다. 하지만 핵이나 방사능 관련 내용 중에는 과장된 부분도 상당하다. 내가 어릴 때는 핵전쟁으로 전 세계의 원자폭탄이 동시에 터지면 지구가 폭발할 수 있다는 말을 들었는데, 나중에 매년 겪는 태풍 하나가 원자폭탄의 1만 배 이상의 힘을 가지고 있다는 말을 듣고 어안이 벙벙했다. 인류 역사상 가장 강력한 핵폭탄인 '차르 봄바'는 나가사키에 떨어진 핵폭탄의 3,000배가 넘는 위력을 가지고 있지만, 이것을 마리아나 해구 바닥에서 폭발시키면 심해의 강력한 압력에 의해 폭발력이 상쇄되어 해일은커녕 폭발이 있었는지 알기도 힘들다고 한다. 핵폭탄은 정말 강력하지만, 인간에게나 무서운 것이지 지구 자체에는 찻잔 속의 태풍처럼 미약한 것이다. 핵폭탄의 위력

뿐 아니라 방사능에 대해서도 과장이 많다.

2011년 3월 후쿠시마 원전 사고로 만들어진 오염수 배출에 대한 논란이 있었다. 사고 직후 하루에 500톤의 '오염수'가 태평양으로 누출되어 현재 후쿠시마에 저장된 오염수보다 1,000배 이상 많은 방사능 물질이 이미 누출되었다. 2013년에야 시설이 마련되어 오염수가 태평양으로 누출되는 것을 차단하고 저장하기 시작했고, 그 양이 100만 톤이 넘었는데 이것을 일본 정부가 방류하려 하자 큰 논란이 생긴 것이다. 일본은 오염수를 정수장치(ALPS)로 계속 처리해서 삼중수소를 제외한 62종의 방사능 핵종을 충분히 제거했고, 바닷물에 400배 이상 희석하면 안전하니 방류하겠다고 한다. 다른 많은 반대가 있었고 나도 반대하지만, 수산물이 위험해질 수 있다는 것에는 전혀 동의하지 않는다. 여기서는 다른 문제는 제외하고 안전의 이슈만 다루어 보려 한다.

- 방사능을 알면 독과 약의 의미를 새롭게 알 수 있다

사실 우리나라에 방사능 문제는 일본의 오염수가 처음이 아니다. 시판 생수에서 기준치를 넘는 우라늄이 검출되는 일, 우물물의 방사능이 기준치를 초과한 일이 있고, 2018년 5월에는 유명 브랜드 침대에서 실내 기준치를 훨씬 초과하는 620베크렐에 달하는 라돈이 검출되어 난리가 난 적도 있다. 방사능과 관련된 또 다른 이슈가 언제든지 발생할 수 있고, 방사능 이슈야말로 식품의 안전성 평가 결과를 어떻게 이해하고 받아들이면 좋은지 공부해 보기 가장 좋은 대상인 것 같다. 앞서 독과 약은 하나이고 양이 결정한다고 말했는데 그것을 구체적으로 확인해 볼 수 있는 사례이다. 방사능은 워낙 위험한 것이라 아무리 적은 양도 위험한 것인지, 아니면 적은 양이면 위험하지 않은지, 미량이면 오히려 긍정적인 작용을 할 수도 있는지 알아보면 독과 약에 대한 이해를 한 차원 끌어올릴 수 있을 것이다.

- 방사선의 허용 기준

사람들은 방사능 물질은 핵폭탄이나 원자력발전소에나 있을 것으로 생각하지만, 우리 주변에 항상 존재한다. 그래서 허용 기준이 필요한데, 구체적으로 피해가 발생하기 시작하는 것은 100mSv부터이다. 이때 발암의 확률이 약 0.5% 증가할 것으로 추정한다. 그래서 국제방사선방어위원회(ICRP)는 자연 방사선과 의료용 피폭 이외의 추가 피폭을 1/100 수준인 1mSv/년(0.001Sv/년) 이하로 권하고 있다. 세계 평균 자연 방사능은 2.4mSv이고, 우리나라의 자연 방사능이 3.1mSv이다. 그래서인지 사람들은 1mSv를 허용하는 것은 별로 걱정하지 않는 것 같다. 이 허용기준이 일본의 오염수의 안전을 판단하는 데 거의 활용이 되지 못한 점이 매우 아쉽다. 방사선 관련 업무에 종사하는 사람들의 권고치는 20mSv/년이다.

0.02	옆 사람과 8시간 동안 붙어서 잘 때
0.1	흉부 엑스레이(X-Ray) 촬영
0.15	서울~뉴욕 항공기 왕복
1.0	**권고치**
1.5	일본, 호주 자연 방사선량
2.4	전 세계 평균 자연 방사선량
3.1	한국, 미국 자연 방사선량

6.0	스웨덴 자연 방사선량
7.0	핀란드 자연 방사선량
6~18	가슴 부위 CT 1회
10	브라질의 가비바리 지역 자연 방사선량
20	**원전 근무자 제한치**
50	이란, 인도, 유럽의 몇몇 지역 자연 방사선량
100	**실제 의미 있는 증상이 나타나기 시작**
5,000	방사능 치료
10,000	의식 장애

- 안전 기준 1mSv는 삼중수소 몇 개에 해당할까?

가슴 X-선 사진을 1번 찍을 때, 0.1밀리시버트(mSv)의 실효선량을 받게 된다. 이것은 베크렐로 얼마일까? 500만 베크렐 정도인데 아무도 X-선의 방사선량을 베크렐로 환산하지 않는다. 허용치인 1mSv은 삼중수소로는 몇 개(베크렐)에 해당할까? 일본 오염수가 얼마나 위험한지를 판단하려면 먼저 이 계산을 해 봐야 하는데 모두 시버트 단위 대신 베크렐이라는 생소한 단위를 사용한 것은 정말 유감이다. 어찌 보면 갑자기 등장한 이 베크렐이란 단위가 불안의 시작이라고 할 수 있다.

베크렐(Bq, Becquerel)은 1초에 1번 붕괴하는 방사능이다. 문제는 베크렐은 원자의 개수라 상상을 초월하게 많은 숫자라는 것이다. 우리의 감각을 완전히 바꾸어야 이해가 가능한 숫자다. 원자나 분자의 크기를 알고 개수를 따지는 것은 단순한 산수의 영역인데 뭐가 어렵냐고 하겠지만, 원자의 크기는 우리가 경험해 보지 않은 작은 크기라 숫자로 환산하면 직관적으로 받아들이기 힘들다. 내가 맛이나 향을 설명할 때 가장 이해시키기 힘든 것이 분자의 크기와 숫자였다.

1㎤의 각설탕 한 개에 들어 있는 설탕 분자를 한 줄로 쭉 이으면 그 길이가 어느 정도 되겠느냐고 계산해 보라고 한다. 설탕의 분자 길이는 1nm(나노미터, 10^{-9}m) 정도다. 설탕 분자 10^7개를 이어야 1㎝이다. 그것이 10^7번 줄이 모여야 1㎠의 밑면이 되고, 10^7번 층이 쌓여야 1㎤의 부피가 된다. 결론적으로 각설탕 하나에 들어 있는 설탕 분자를 한 줄로 이으면 길이가 $10^7 \times 10^7 \times 10^7 = 10^{21}$nm($=10^{14}$㎝)이다. 10^{14}㎝는 미터로는 10^{12}m, 킬로미터로는 10^9㎞, 즉 10억㎞이다. 각설탕 1개에 들어 있는 설탕 분자를 한 줄로 이으면 둘레가 4만㎞인 지구를 25,000바퀴 감을 수 있는 길이가 된다. 아무리 작은 양도 분자나 원자의 개수로는 상상을 초월한 숫자이다.

- 베크렐은 방사능의 안전성을 평가할 단위가 되지 못한다

우리나라의 수입 수산물의 세슘-137 허용 기준은 100Bq/kg 이하다. 반감기가 30.17년이니 100Bq/kg을 역으로 계산하면 100베크렐×60초×60분×24시×365일×30.17년×2(반감기)의 세슘-137이 필요하다. 생선 1kg에 1,900억 개의 방사능 물질 세슘-137이 들어 있어도 식용에 적합한 것이다. 이것은 다른 나라 허용 기준의 1/10에 불과하다. 그래도 1,900억 개의 방사능 세슘이 들어 있는 생선이라고 말해 주면서 먹을지 물어보면 먹겠다고 하는 사람이 별로 없을 것이다.

방사능의 안전성을 평가하려면 베크렐을 시버트로 환산하여야 한다. 베크렐은 원자가 1초에 1번 붕괴한 선량이고, 원자마다 방출되는 방사선의 종류(알파, 베타, 감마 등)와 에너지가 다르므로 실효선량(dose equivalent)

을 계산해야 안전에 관한 판단이 가능하다. 이를 시버트(Sv, Sievert)라고 하는데, 각종 방사능 동위원소에 대한 환산계수(dose coefficient)가 제시되어 있으므로 방사선원과 선량을 알면 계산할 수 있다.

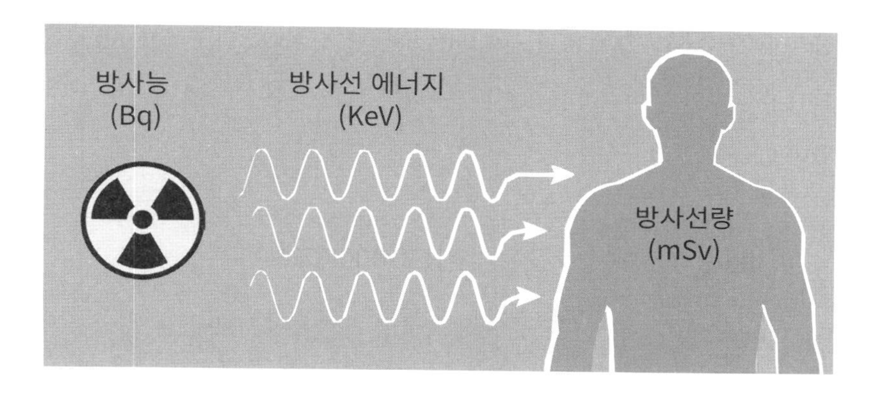

주요 방사능 물질의 특성 비교

	µSv/Bq	칼륨 대비	Bq/1mSv	방사선 종류
삼중수소(물)	0.000018	0.0029	55,555,556	베타선
삼중수소(유기물)	0.000042	0.0068	23,809,524	베타선
칼륨 K-40	0.0062	1	161,290	베타선 89%
스트론튬 Sr-90	0.028	4.5	35,714	베타선
요오드 I-131	0.022	3.5	45,455	감마선
세슘 Cs-137	0.013	2.1	76,923	감마선
우라늄 U-238	0.045	7.3	22,222	알파선
폴로늄 Po-210	1.2	194	833	알파선

방사능 세슘이 1,900억 개나 들어간 생선을 먹어도 안전하다고 하는 것은 이 시버트의 계산에 따른 것이다. 국민 1인당 연간 평균 생선 섭취량은 23.3kg인데, 이 생선이 전부 세슘-137에 100Bq/kg 정도 오염되었다고 하면 실효선량은 100(Bq/kg)×23.3(kg/년)×(1.3×10^{-8})(Sv/Bq, 세슘-137의 환산계수)=3.03×10^{-5}(Sv/년)=약 0.03mSv/년이 된다. 권장치인 1mSv의 1/33이라서 안전하다고 한 것이다. 우리가 먹는 생선 모두에 세슘이 기준치만큼 들어 있을 확률은 없어서 그 정도로 관리해도 안전한 것이다.

- 마시는 물의 삼중수소 기준은 리터당 10,000베크렐이다

일본이 현재의 오염수를 400배 희석하여 방출하면 안전하다는 주장을 이해하려면 먼저 생수의 삼중수소 기준을 이해할 필요가 있다. 마시는 물의 삼중수소 기준은 국가마다 다르지만, WHO는 리터당 10,000베크렐 이하로 규정한다. 물을 매일 2리터 정도를 마시면, 1년에 7,300,000베크렐에 노출되는데 어떻게 그것이 안전하다고 기준으로 잡은 것일까? 10,000(Bq/L)×2L/일×365일×(1.8×10^{-11})(삼중수소의 Sv/Bq 환산계수)=1.3×10^{-4}(Sv/년)=0.13mSv/년 정도이기 때문이다.

일본 정부는 ALPS라는 여과장치로 62종의 핵종들을 제거하고, 제거하지 못한 삼중수소가 섞인 물을 희석하여 바다에 방류하겠다고 한다. 삼중수소는 다른 방사능 물질과 달리 워낙 가볍고 물에서 분리가 힘들다. 후쿠시마 오염수는 126만 톤이고, 삼중수소는 860조 베크렐이라고 한다. 1리터에 68만 베크렐의 방사선이 나오는 것이다. 물에서 매초 68만 개의 방사선이 배출되는 것은 매우 심각하게 느껴진다. 그런데 이는 WHO의 음용수의 삼중수소 허용 기준인 10,000Bq/L의 68배일 뿐이기도 하다. 그러니 오염수를 100배만 희석해도 음용수 기준을 충족한다. 일본은 1,500 베크렐 이하로 희석해서 방출하겠다고 한다. 방출되는 조건 자체가 음용수의 기준보다 안전한 수치이다.

현재 바다는 아무런 방사능이 없는 청정한 바닷물이 아니다. 지금도 12Bq/L의 방사능이 있는데 삼중수소가 0.0000026Bq/L 추가되는 것이다. 이것이 이미 오염된 바다이니 오염수를 마구 버려도 된다는 의미나, 그

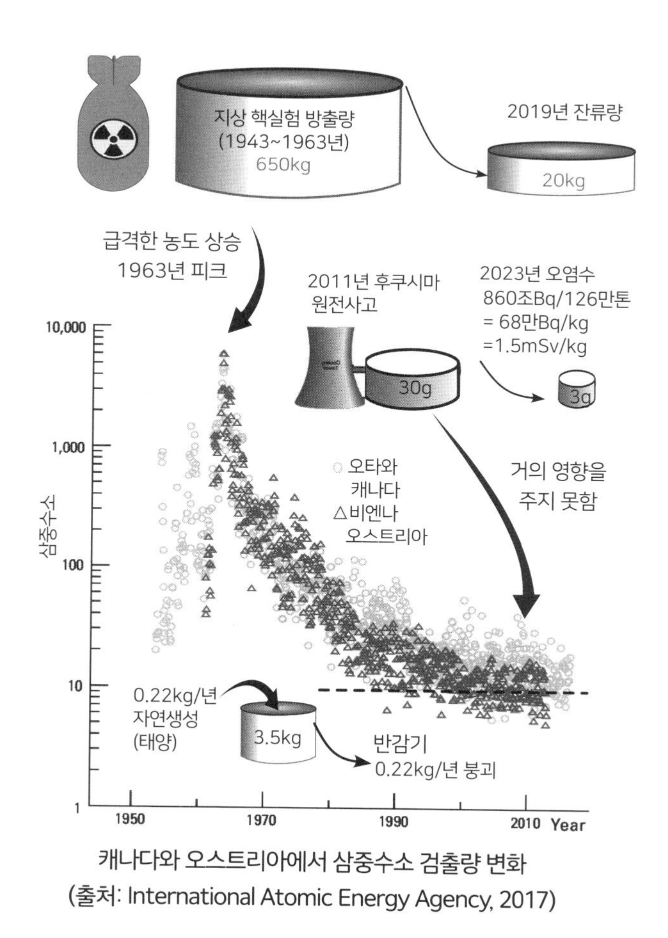

캐나다와 오스트리아에서 삼중수소 검출량 변화
(출처: International Atomic Energy Agency, 2017)

정도의 양은 안전하니 마구 버려도 된다는 의미는 전혀 아니다. 단지 안전은 감성의 영역이 아니고 구체적 계산과 수치가 핵심인 영역이라는 것만 강조하고 싶다.

- 지금의 방사능이 위험하면 1960년대에 태어난 아이들은?

앞선 설명 정도로 오염수에 대한 걱정은 안 했으면 좋겠지만 그럴 가능성은 별로 없어서 미량의 방사능도 위험한지에 대한 설명을 계속해 보려고 한다. 그러기 위해서는 우리가 과거에 겪었던 방사능 노출부터 알아보려 한다.

후쿠시마 원자력 사고가 난 후에 동해의 삼중수소는 3.4베크렐까지 올

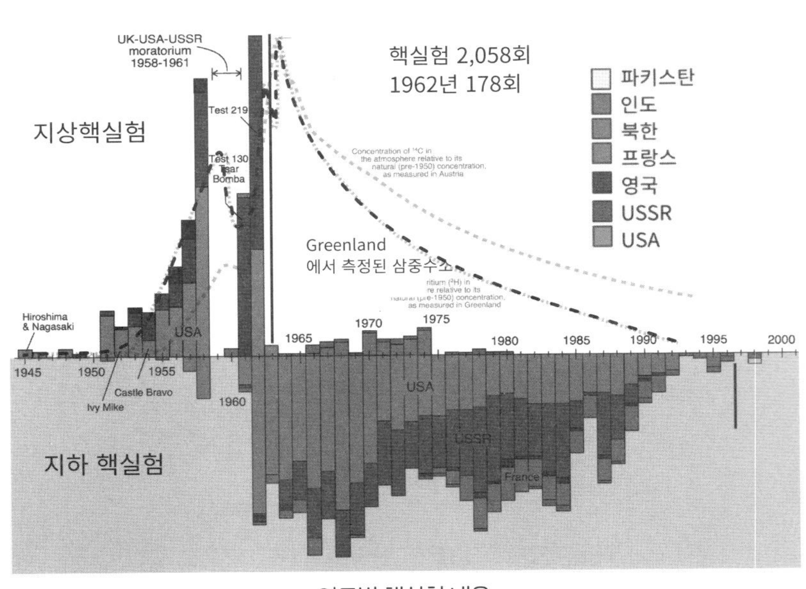

연도별 핵실험 내용

(출처: Railsback's fundamentals of Quaternary Science)

라갔다. 평소의 1.5베크렐에 비해 2배 이상 증가한 것이다. 그래서 위험해졌을까? 알 수 없다고 하겠지만, 전혀 아니다. 우리는 이미 전 지구적으로 광범위한 삼중수소에 노출된 경험이 있다. 1963년 전후에는 빗물에서 검출된 삼중수소가 1,000베크렐이 넘었다. 당시 지상에서 핵실험이 무수히 반복되었기 때문이다. 이후 지상의 핵실험을 금지하고 지하에서만 한 결과 삼중수소는 조금씩 줄어 50년 만에 평상의 농도가 되었다. 후쿠시마의 원전 사고로 늘어난 것은 60년 전 최고 농도의 1/300도 안 되는 양이었다.

내가 10여 년 전 식품을 다시 공부하면서 차라리 "아는 것이 병이고 모르는 것이 약"이 아닌가 하는 생각이 들었다. 과거에는 무식하면 용감하다는 식으로 농약 등 온갖 물질의 오남용이 많았다. 지금은 물질 자체의 안전성도 높아지고, 관리도 잘되어 사용량은 오히려 줄었는데 걱정은 훨씬 많아졌다. 의대생 증후군과 비슷한 현상이다.

의대 초년생은 의대생 증후군(Medical Student Syndrome)을 겪을 수 있는데, 자신이 공부하고 있는 질병의 증상들이 자신이나 지인들에게 해당하지는 않는지 두려워하는 것이다. 병을 공부하니 건강과 질병이 큰 차이가 없다는 것을 깨닫고, 평소에 무시하며 지나가던 증상들을 되새기고 진지하게 고민하면서 두려움이 생기는 것이다. 그러다 학년이 오르고 경험이 더욱 쌓이면서 이런 두려움이 없어진다. 어설프게 알면 지혜가 느는 것이 아니라 불안만 느는 것이다.

- 바다의 가장 흔한 방사능 물질은 칼륨 K-40

현재 모든 바닷물에는 12베크렐 정도의 방사능 물질이 있다. 이것은 1950~1960년대에 바다에서 일어난 무차별적인 핵실험이나 체르노빌이나 후쿠시마 등의 핵발전소 사고의 잔재물일까? 전혀 아니다. 인류가 오염시키는 양은 바닷물에 원래 있던 방사능 물질의 1/10,000도 안 되는 작은 양이다. 바닷물의 양은 과소평가하고 인간의 능력은 과대평가한 것이다.

바다에 가장 많은 방사능 물질은 천연적으로 존재하는 칼륨-40과 우라늄-238이다. 칼륨에 의한 방사능의 양은 후쿠시마에서 방출된 모든 방사능 물질을 합한 것보다 150만 배나 많다. 바다에 존재하는 미네랄 중에 염소, 나트륨, 황산염, 마그네슘, 칼슘 다음으로 적고, 칼륨 중에 0.012%만 방사능을 띠는 동위원소인데도 그렇다. 그만큼 바닷물의 양이 상상을 초월하게 많은 것이다.

칼륨-40은 반감기가 삼중수소보다 1억 배 이상 길고, 하나하나가 내뿜

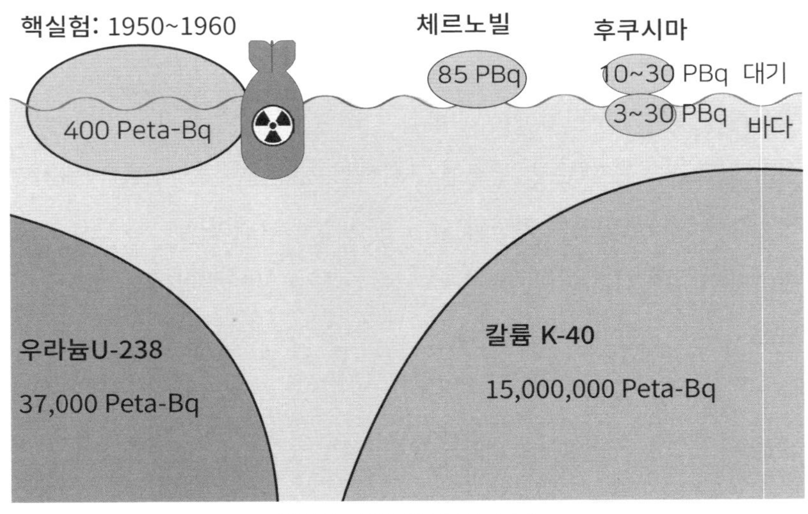

바닷물에 포함된 방사능 물질
(출처: courtesy of the Coastal Ocean Institute)

는 방사선도 345배 강력하다. 더구나 우리가 먹는 칼륨은 혈액이 아니라 세포 안에 머무는 미네랄이라 세포 안에서 유전자를 직접 피폭한다. 삼중수소와 비교할 수 없이 강력하고 위험한 것이 칼륨인데, 칼륨은 채소 등의 식물성 재료에 가장 흔한 미네랄이고 칼륨의 양에 비례하여 방사성 칼륨-40도 많아진다.

바다에 칼륨 다음으로 많은 방사능 물질이 우라늄이다. 우라늄은 땅에도 있고, 공기에도 있고, 심지어 내 몸에도 있다. 우라늄-238의 반감기는 45억 년, 지구의 나이와 비슷하다. 지구가 만들어졌을 때는 지금보다 2배가 많았고, 앞으로 45억 년이 흘러야 지금의 반으로 줄어든다. 토양 중 우라늄 농도는 다양하지만, 보통 3ppm 정도다. 어느 땅이든 100m×100m×100m(1백만㎥)를 파서 우라늄을 전부 모으면 7.8톤의 우라늄을 얻을 수 있고, 1kg에 74Bq의 방사능을 방출하니 58만 베크렐의 방사능이 나온다. 이것이 땅에서 방출되는 자연방사능 0.4mSv의 원천이다. 우리가 일상에서 접하는 자연 방사능의 절반 이상이 라돈인데, 이것은 땅속의 우라늄이 붕괴하면서 만들어진 것이다. 라돈은 불활성 기체라 땅속에 가만히 있지 않고 바위 틈새를 타고 올라와 우리가 노출되는 자연 방사능의 절반 이상(1.3mSv)을 차지한다.

우라늄은 우리 몸에 0.0000001%가 들어 있다. 체중이 60kg이면 0.00006g이다. 정말 작은 양이지만 개수로는 1.5×10^{17}개 원자이다. 우리 몸에는 항상 150,000,000,000,000,000개의 우라늄이 있는 것이다. 그중에 초당 1개 정도가 우리 몸속에서 방사선을 낸다. 그 양은 우리 몸 안에서 일어나는 방사선의 1/7,000에 불과하다.

- 자연 방사능과 우리 몸 안의 방사능

우리는 평소에도 다양한 자연 방사능 물질에 노출되는데 1인당 실효선량의 세계 평균값은 2.4mSv/년이며, 우리나라 평균값은 3.1mSv/년이다. 이 중에서 가장 큰 비율을 차지하는 것이 라돈이다. 우라늄의 붕괴로 만들어지는 라돈은 공기보다 8배 무거워 쉽게 날아가지 않고, 자연 방사능의 절반을 차지한다. 그다음 많은 것이 땅에서 올라오는 방사능인데, 이것도 주로 우라늄에 의한 것이다. 그리고 우주에서 오는 방사능도 있다.

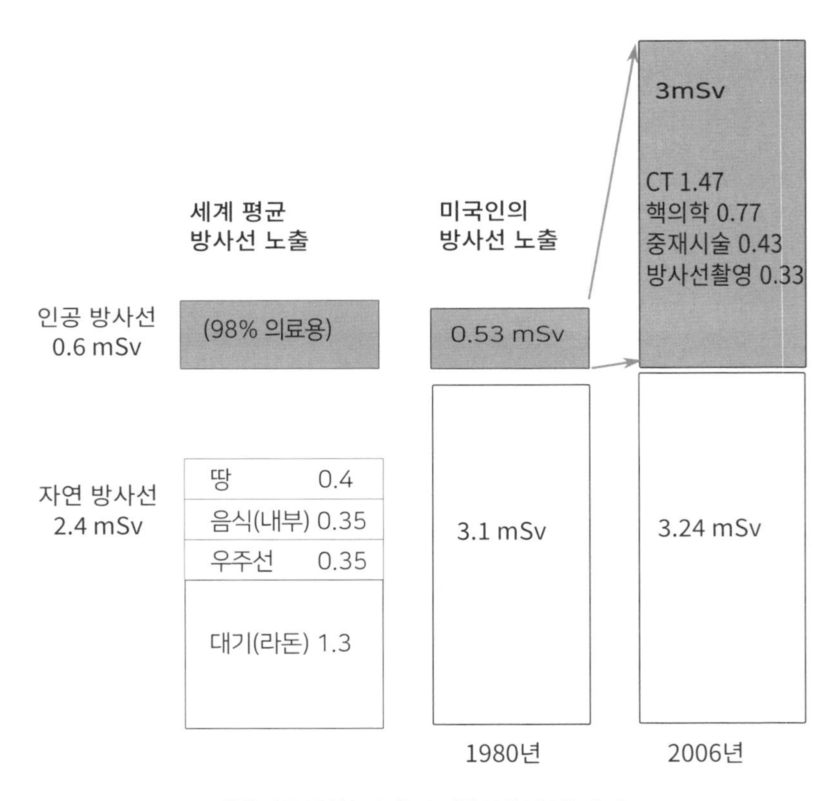

세계 평균 방사능 노출과 미국인의 방사능 노출

항공기 승무원은 우주에서 유입되는 방사선에 좀 더 가까워 약 5.0mSv/년에 노출된다. 우주 정거장에 머물거나 화성을 탐사하려면 태양이 만드는 방사선에 대한 대책도 필요하다.

이런 외부 피폭 말고도 음식물 섭취로 인한 내부 피폭도 있는데 내부 피폭은 칼륨-40에 의한 것이 가장 많다. 우리 몸 안에서 초당 4,400번의 방사능 붕괴를 한다. 우리 몸에는 칼륨보다 탄소가 훨씬 많지만, 방사능을 배출하는 탄소 동위원소의 비율이 낮아 2,000베크렐을 방출한다. 우리가 먹는 식재료 중에는 다시마가 kg당 2,000베크렐을 내기도 한다. 어지간한 식재료도 100베크렐을 낸다. 방사능 없는 세상은 불가능한 것이다.

최근에는 의료용 피폭이 점점 늘고 있다. X-선 촬영은 너무나 흔한 것이고, 치과에 가면 휴대용 X-선 카메라를 기념사진 찍듯이 사용한다. CT는 엄청난 양의 X-선 사진을 조합하여 영상을 만든다. X-선 1회 촬영이 500만 베크렐이라 전신 CT는 10~30mSv/1회의 실효선량을 받는다. 이런 검사뿐 아니라 암세포만을 선택적으로 치료하는 등 방사선은 의료 분야에서 다양하게 사용되고 있다.

몸 안의 방사능(체중 60㎏ 한국인)	
칼륨 K-40	4,000 Bq
탄소 C-14	2,500 Bq
루비듐 87	500 Bq
납 210, 폴로늄	20 Bq
우라늄 238	1.1 Bq

식품 ㎏당 K-40 방사능	
마른 다시마	~2000 Bq
표고버섯	~700 Bq
시금치	70~370 Bq
미역	~200 Bq
생선	40~190 Bq
소고기	~100 Bq
우유, 쌀밥	20~70 Bq
달걀, 식빵	~30 Bq

2) 안전을 감각적으로 판단하면 안 되는 이유

내가 방사능을 말하면서 자꾸 수치를 거론하는 이유는 안전은 감성의 영역이 아니고 정밀한 측정과 계산의 영역임을 말하기 위해서다. 방사능은 원자 단위까지 측정할 수 있고, 오염 지역은 측정기를 가지고 지나가기만 해도 알 수 있다. 세상에 방사능보다 정교하게 측정하는 방식은 없고, 전수검사가 가능한 것도 없는데, 이런 측정으로도 전혀 안심을 주지 못하는 것이 진짜 문제다.

세상에서 가장 치명적인 독은 미생물이 만든 독소인 보툴리눔톡신(보톡스)인데 60kg인 사람에게 0.6~0.02㎍(마이크로그램)이 치사량이다. 독 중에서는 특이하게 분자량이 큰 단백질(149,320)이다. 그런데도 0.6㎍(0.0000006g)은 단백질 6,700억 개에 해당한다. 지상 최강의 독 보툴리눔 독소도 6,700억 개 이상이 있어야 독으로 작용하고, 충분히 희석하면 약으로 사용할 수 있다.

방사능도 보톡스처럼 소량은 유용할까? 볼티모어의 핵잠수함과 핵항공모함을 건조하는 조선소에서 일하는 사람을 대상으로 조사가 이루어졌다. 비슷한 일을 하지만, 미량의 방사능에 노출되는 집단과 전혀 노출되지 않은 다른 집단을 1980~1988년까지 정밀 추적 조사를 하였다. 결과는 놀랍게도 방사능에 노출된 집단이 더 건강했다. 방사능에 노출된 2만 8천 명의 근로자가 방사능에 노출되지 않은 3만 2천 명보다 사망률이 24%나 낮았다. 그래서 저선량의 방사선은 해가 없거나 오히려 건강에 도움이 된다는 주장도 있다. 다른 지역보다 자연 방사능이 10배 이상 높은 이란의 람사르 지역이나 자연 방사능이 높은 브라질의 몇몇 지역에서도 암 발생률은 다른 지역과 다르지 않았다.

- 방사선 피해의 80%는 물이 활성산소 형태로 분해된 것 때문

방사능은 가장 오래된 위험의 하나이고, 가장 잘 연구된 분야의 하나다. 방사선은 우주가 만들어질 때부터 있었고, 인류가 인위적으로 다루면서 그 위험이 알려진 것도 100년이 넘었다. 그런데 사람들은 방사능이 위험하다고만 하지 피해의 구체적 기작은 잘 모른다. 방사선이 위험한 핵심 기작도 활성산소 때문이다. 방사선이 우리 몸을 통과하다가 물 분자와 부딪혀 일부가 깨어질 수 있는데, 그중에 일부가 활성산소의 형태로 깨어진다. 이후에 벌어지는 일은 다른 원인으로 만들어진 활성산소와 같다.

방사능을 활성산소의 관점에서 바라보면 전혀 다른 이해가 가능하다. 활성산소가 질병과 노화의 주범이지만 활성산소가 전혀 없어도 우리 몸에 문제가 생긴다. 활성산소가 몸에 좋은 스트레스(eustress)의 역할 등 여러 기능을 하기 때문이다. 운동도 호르메시스의 좋은 예다. 운동을 아주 많이 하는 사람은 몸에 무리가 가고 활성산소를 지나치게 많이 만들어 해롭지만, 적절한 운동은 우리 몸의 근력을 강화하고 항산화 시스템을 활성화하여 몸을 건강하게 한다. 다른 모든 독은 충분히 희석하면 독성이 전혀 없거나 오히려 약으로 작용하는데 방사능만 예외일 수는 없는 것이다. 심지어 자연에는 방사능에 의존해 살아가는 세균(Desulforudis audaxviator)도 있다. 남아프리카 음포넹(Mponeng) 금광의 지하 2.8㎞ 지점에서 발견된 유일한 세균인데, 빛도 없고 마땅한 유기물 자원이 없어도 살아간다. 암석에서 방출하는 방사능이 물을 산소와 수소로 쪼갤 수 있는 에너지를 공급하고, 이 에너지를 바탕으로 이산화탄소와 수소로 유기물을 합성하여 살아가는 것이다.

- 126만 톤의 오염수에 포함된 삼중수소의 양은 3g

방사능의 위험 가능성은 상상의 대상이 아니고 측정과 계산의 대상이다. 일본의 오염수 126만 톤에 포함된 860조 베크렐의 삼중수소는 아주 많아 보인다. 그런데 무게로는 3g에 불과하다. 삼중수소가 860조 베크렐이나 되는 엄청난 양이라서 위험하다고 말하는 것은 그 양이 3g에 불과하니 안전하다고 말하는 것만큼이나 틀린 말이다.

일본 오염수의 삼중수소는 1리터에 68만 베크렐이다. 음용수의 삼중수소 기준은 WHO가 1만 베크렐, 호주가 7만6천 베크렐, 일본이 6만 베크렐이다. 도쿄전력에서는 그보다 낮은 1,500베크렐 이하로 희석하여 배출하겠다고 한다. 삼중수소는 몸 밖에서는 침투하지 못해 그 바닷물에서 수영을 해도 전혀 피해가 없고 몸 안에 흡수되어야 피해를 줄 수 있다. 우리가 일본 오염수(바닷물)를 직접 마실 가능성은 없고, 생선을 통해 먹을 텐데, 1년간 먹는 생선 23kg에 들어 있는 수분(63~82%)이 전부 오염수로 되어 있으면 16kg 정도다. 삼중수소는 방사능 물질 중에 가장 안전한 편이라 5천 6백만 베크렐은 1mSv에 해당한다. **우리가 1년간 먹는 생선의 수분이 전부 희석되지 않은 일본 오염수로 되어 있어도 68만 Bq×16kg=0.19mSv이라 흉부 엑스레이 1번 촬영할 때 노출되는 양(0.1mSv)의 2배 수준이고, 희석된 1,500Bq로 되어 있다면 흉부 엑스레이 1번 촬영할 때 노출되는 양의 1/200 이하이다.** 오염수 1톤(1m×1m×1m)은 10m만 퍼져도 1/천(10m×10m×10m)으로 희석되고, 100m 퍼지면 1/백만(100m×100m×100m)으로 희석되며, 바닷물 1㎞에 퍼지면 1/10억으로 희석된다. 일본의 오염수가 우리의 건강을 해칠 가능성은 전혀 없는 것이다.

일본 오염수의 논란도 분석 기술은 원자 1개 단위의 변화를 측정 가능할 정도로 발전한 것에 비해 리스크(Risk) 소통 능력은 지난 100년간 아무런 발전이 없어서 벌어진 불상사라고 생각한다. 이번 논란에서 가장 유감스러운 것은 왜 다른 모든 방사능 위험은 시버트로 평가하는데, 오염수 이슈는 생소한 베크렐을 사용해도 식약처는 이를 바로잡으려 노력하지 않았느냐는 것이다. 정말 많은 사람이 수산물의 안전을 걱정할 때 식품의 안전을 총책임 지는 식약처는 검사를 강화하겠다는 판에 박힌 대응뿐이었고, 심지어 책임의 주체로 언론에 등장하지도 않았다. 그것을 부끄럽게 생각할지 소나기를 피했으니 잘했다고 생각할지 알 수 없다.

방사능 논란을 통해 절대 안전의 추구가 얼마나 허망한지도 알았으면 좋겠다. 아무리 깨끗한 해양 심층수라고 해도 그 안에는 인공 방사능의 150만 배에 달하는 천연 방사능(K-40) 물질이 있고, 그런 바닷물에서 순수한 물만 증발해 내리는 빗물에도 태양에서 날아온 방사선에 의해 만들어지는 삼중수소가 있다. 그것을 피해 암반수를 선택하면 그 안에는 우라늄이 있다. 몇 년 전 우리나라 샘물에서 국제 기준의 5.4배에 이르는 162.11㎍/L의 우라늄이 검출되어 파문이 일기도 했다. 결국 절대 안전은 없고 충분히 안전한 상태만 있는 것이다.

오펜하이머는 원자탄이 폭발할 때 대기의 공기까지 연쇄 핵반응이 일어나 세상이 파멸할 가능성을 걱정했다. 지금까지 2,000번의 핵실험에서는 그런 일이 없었지만 2,001번째 혹은 10,000번째는 그런 일이 벌어질 수 있지 않을까? 아인슈타인도 그런 일이 벌어지지 않는다고 확신하지 못했는데, 지금 그것을 걱정하는 사람은 없는 것 같다. 어떤 것을 믿고 안 믿고는 사실보다 믿음 엔진의 작동 방식에 따라 달라진다.

- 일산화이수소(DHMO): 아무도 눈치채지 못한 공포의 물질

일산화이수소는 무색, 무미, 무취의 액체로 해마다 셀 수 없이 많은 사람의 목숨을 앗아간다. 대부분 포유동물은 대량의 일산화이수소에 호흡기가 노출되면 폐가 치명적으로 손상되어 응급처치가 없다면 10분도 버티지 못하고 질식사한다. 이 물질의 위험은 다양하다. 고체 형태로 변한 이 물질에 오래 노출되면 심각한 조직 손상(동상)을 입게 된다. 평상시에도 많은 무게로 우리의 무릎 관절 등에 큰 무리를 준다. 중독성도 매우 강하여 중독 후에는 단 하루도 이 물질을 섭취하지 않고 버티기 힘들다. 5%만 부족해도 고열과 신체의 경련, 심한 경우 환각을 동반한 정신 장애와 혼수상태를 유발한다.

※ 일산화이수소는?

- 말기 암 환자에게서 절제한 암 조직에서도 발견된다.
- 산성비(Acid Rain)의 가장 중요한 구성 성분이다.
- 대부분 금속을 부식시킬 수 있다. 핵발전소에서 사용된다.
- 공업용 용매로 사용될 만큼 강한 용해 능력이 있다.
- 살충제를 살포하는 데도 사용된다.
- 유해 미생물의 생존을 돕는다.
- 가공식품의 제조 공정 중 흔히 사용된다.
- 뜨거운 이것에 의해 심한 화상을 입을 수 있다.
- 전기 감전 사고를 유발한다.

이 물질은 오늘날 거의 모든 하천과 호수 그리고 저수지 등지에서 발견

될 정도로 전 지구적이다. 기업은 사용 후 폐기되는 이 물질을 강이나 바다에 버리고, 정부는 이 물질의 생산과 유통 혹은 사용을 금지하는 어떤 조치도 취하기를 거부하고 있다. 이 화학물질에 대한 대비는 아무리 빨라도 지나치지 않다. 당장 시작해야 한다!

이처럼 치명적인 화학물질인 일산화이수소(Dihydrogen monoxide, DHMO)는 화학식으로는 H_2O, 우리말로는 '물'이라고 한다. 불안 장사꾼은 이처럼 현란한 거짓말로 언제든지 우리를 속일 수 있다.

최근 러시아에서는 건물 높은 곳의 고드름이 떨어져 지나가던 행인이 사망하는 사고가 속출한다고 한다. 전쟁으로 그것을 관리할 여력이 없어졌기 때문이다. 방사선으로 입는 피해의 80%는 우리 몸 안의 물이 활성산소 형태로 분해되면서 일어난다. 물은 몸무게의 60% 이상을 차지하며 무릎과 허리 등에 큰 부담을 준다. 물이 없어지면 이런 위험들이 줄어든다. 안전을 위해 몸에서 물을 없애자는 것만큼이나 허망한 위험 주장들이 많다.

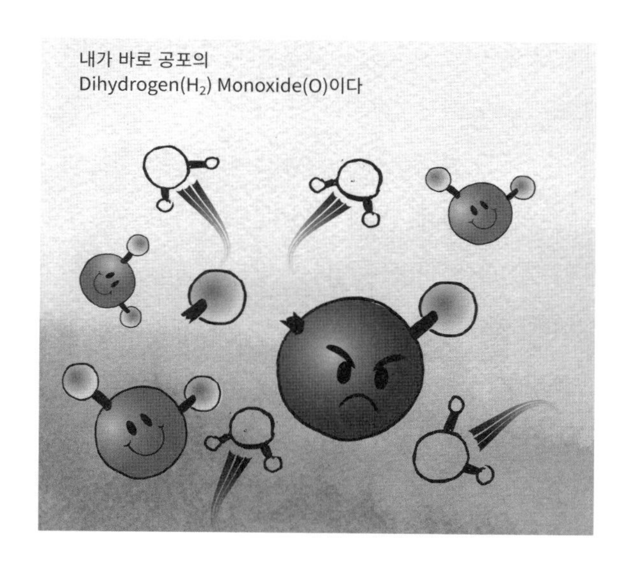

4 한국인이 GMO 때문에 온갖 질병에 걸렸다고요?

1) GMO는 성과는 초라하고 불안감만 대단했다

몇 년 전 GMO 반대 운동이 대단했다. 2017년 농촌진흥청이 GMO 단체와 'GM작물개발사업단 해체' 협약, 즉 개발연구의 포기를 선언할 정도였다. 그리고 일부 지자체나 교육청 등에서 학교 급식에서 GMO를 퇴출하고, GMO 청정 지역을 만들겠다는 선언들이 이어졌다. 과거 MSG 사용 여부로 착한 식당을 결정하는 프로그램이 인기를 끌자, 지자체와 교육청에서 MSG 퇴출 운동을 벌였던 것과 유사한 일이 또 벌어진 것이다. 이런 논란과 반대 운동이 벌어질 가능성이 언제든지 있다.

나는 개인적으로는 새로운 GM 작물 개발은 찬성하지 않는다. 얻게 될 편익보다 안전성의 이슈 등으로 유발될 사회적 비용이 더 많이 들고, 진정한 해결책도 아니라고 생각하기 때문이다. 맬서스가 인구론을 통해 인구의 급증이 결국에는 파국으로 치달을 것이라 경고했는데, 지금까지는 과학과 기술의 발달 덕분에 잘 넘겨 왔다. 그렇다고 앞으로도 계속 그런 식으로 해결될 것이라는 기대는 지나친 낙관이라 생각한다. 식량뿐 아니라 모든 자원이 지구의 수용 한계를 초과하고 있기 때문이다.

GMO는 육종의 역사상 가장 많은 검증이 이루어진 작물이다. 그런데도 소비자에게 안심을 주지 못해 그렇게 심한 반대에 부딪힌 것이다. GMO에 대한 불안감도 안전을 위한 노력만으로는 안심이 증가하지 않는다는 것을 보여주는 대표적 사례다.

- 세라리니 박사의 장기 독성 실험이 말해 주는 것

2012년 세라리니(Séralini) 박사 등이 발표한 논문이 세상에 큰 충격을 주었다. 실험 쥐(자연 암 발생종) 암컷 100마리, 수컷 100마리를 이용해 대조군과 제초제 저항 옥수수를 사료에 11%, 22%, 33% 첨가한 실험군, 식수에 제초제를 0.0001ppm(미국 음용수 오염 기준), 0.09%(GM 사료의 최대 오염 수준), 0.5%(5000ppm, 제초제용으로 사용할 때 희석 농도)를 첨가한 실험군, 그리고 옥수수와 제초제를 동시에 공급하는 실험군을 대상으로 2년(720일)간 실험한 것이다.

실험군 중에서 암세포가 6㎝ 이상 흉측하게 자란 쥐를 내세워 GMO를 장기간 섭취하면 암과 질병이 2~3배 증가한다고 주장했다. 그 사진을 본 언론은 "GMO is poison"이라 하면서 마치 GMO의 위험성이 확정된 것인 양 대대적으로 보도했다. 지금도 세라리니를 검색하면 그 암이 발생한 쥐 사진이 가장 먼저 등장한다. 그런데 세라리니 실험은 발암성을 말할 자격을 갖추지 못한 실험이다. 실험에 사용된 쥐는 그렇게 오래 키우면 자연 암이 많이 발생하는 종이다. 발암성 실험을 하려면 군당 최소 50마리를 이용하고, 실험 결과에 대해 통계적 유의성을 검증하여야 하는데, 그의 연구는 군당 10마리를 이용하였고, 통계분석도 하지 않았기 때문이다.

더구나 그의 실험은 생존율, 발암률 어디에도 경향성이 없다. 만약에 그의 연구 결과가 그렇게 믿을 만한 것이라면 최소한 글리포세이트의 발암성 논란은 끝내야 한다. 식물에게는 치사량에 해당하는 농도의 글리포세이트를 매일 먹은 수컷 쥐가 가장 오래 살았기 때문이다. 제초제로 사용하는 라운드업의 농도가 0.5%인데, 수컷 쥐는 실험 기간 내내 그냥 물 대신에 0.5%의 제초제가 혼합된 물을 마셨고, 다른 어떤 실험군보다 오래 살아남았다. 쥐의 2년은 인간에게 60~80년에 해당하는데 그 기간 내내 라운드업 0.5%가 포함된 물을 마시고도 가장 오래 살아남은 것이다. 그런 결과는 외면하고, 입맛에 맞는 부분만 이용하여 GMO의 위험성이 증명되었다고 우기는 것이다.

그들도 문제지만 그런 주장에 대해 제대로 대처하지 못하는 식약처도 문제다. 그렇게 많은 시간과 비용을 들여 GMO의 안전성을 검증하고도 국민을 전혀 안심시키지 못했기 때문이다. 결국 실험으로 안전성을 입증할 방법이 없다. 100만 번 안전성 실험의 결과를 제시해 봐야 그것은 매수된 청부의 과학이라고 하거나, 100만 1번째에는 반드시 위험의 증거가 발견될 것이라 믿기 때문이다.

- 우리나라의 GMO 소비는 정말 단순하다

내가 그동안 식품의 안전성에 관한 수많은 이슈를 다루면서 반드시 풀어 보고 싶었던 주제가 MSG와 GMO였다. 그래서 MSG에 관한 책으로 『감칠맛과 MSG 이야기』, 『글루탐산 이야기』를 썼다. MSG는 당시에 관심도 많았고, 고작 한 가지 분자인데 이것도 못 풀면 다른 어떤 이슈도 풀지 못할 것이라는 생각에서 집요하게 파고든 것이다. 또 다른 주제로 GMO를 선택한 것은 여러 이슈 중에 가장 복잡한 문제라는 생각에서다. MSG처럼 1가지 물질로 벌어진 일도 해결이 힘든데 GMO는 생명체에 관한 문제라 해결이 거의 불가능할 것으로 생각했다. 어떻게든 GMO 문제만 풀면, 나머지 문제는 MSG와 GMO 중간의 어떤 문제라도 해결이 가능할 것으로 생각했다. 그래서 『모든 생명은 GMO다』와 『GMO 논란의 암호를 풀다』를 쓰게 되었다. 처음에는 정말 막막했는데, 공부해 보니 GMO도 MSG만큼 단순 명확한 이슈였다는 것을 알게 되었다. 양을 확인해 보았더니 정말 아무것도 아니었다. 그동안 한국인은 GMO를 먹은 적이 없었는데 먹지도 않은 GMO를 가지고 'GMO 때문에 병에 걸렸다'라고 떠든 것이다.

전 세계적으로 GMO의 생산과 재배는 계속 늘어나는 추세지만, 아직 우리나라는 재배가 허용된 GM 작물이 없다. GM 작물을 재배하려면 먼저 허가를 받아야 하는데, 그 절차가 매우 까다롭다. 골프장에 사용할 목적으로 개발한 GM 잔디마저 허가 절차가 복잡하고, 비용이 많이 들어서 포기하는 실정이다. 앞으로도 상당 기간 국내에서 재배되는 GM 작물은 없을 것이다. GMO를 재배조차 하지 않는 나라에서 GMO를 그렇게 불안해하고 그렇게 격렬한 반대 운동이 벌어진 것은 유감스러운 일이다.

우리가 접하는 GMO는 수입품뿐인데, 수입이 허용된 것은 6종에 불과

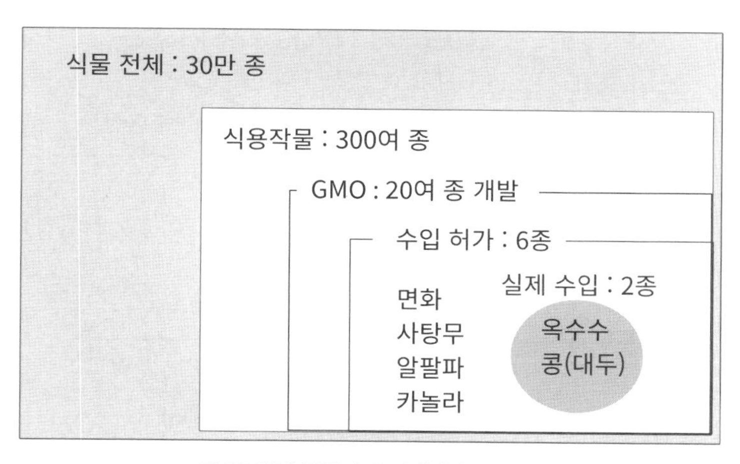

GMO 개발 품목과 우리나라 수입 품목

하고, 수입품은 오히려 누가 언제 어디서 얼마만큼 수입했는지 정확히 파악할 수 있다. 통관 과정에서 철저히 검수되고, 모든 자료가 공개되어 있다. 사람들은 정말 많은 GMO가 개발되고, 온갖 해괴한 유전자를 사용한 제품이 있는 것처럼 생각하지만 실제로 재배되는 것은 대두, 옥수수, 면화, 카놀라 이렇게 4종이 대부분이다. 우리나라에서 수입하는 것은 그중에서 대두와 옥수수뿐이니, 우리가 알아야 할 GMO는 정말 단순하다.

- 우리나라에서 수입하는 GM 작물은 콩과 옥수수뿐이다

그동안 식품용으로 수입한 GM 작물은 대두(48.4%), 옥수수(51.4%)가 대부분이고, 카놀라는 극히 적은(0.2%) 수준이었는데, 최근에는 수입하지 않는다. 이들은 거의 식용유와 전분당을 만드는 대기업 5곳에서 원료로 구매한 것이고, 식품 제조사가 사용한 것은 없었다.

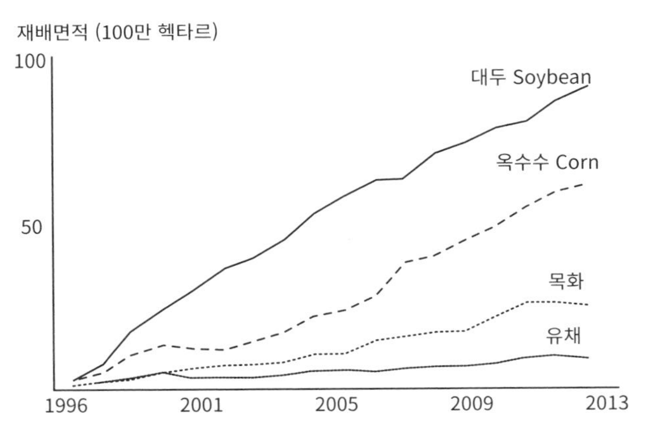

세계 GMO 생산 면적(출처: 바이오안전성센터)

우리나라가 GMO 수입 1위라면서 마치 세상에서 GMO를 가장 많이 먹는 것처럼 호도하는데, 세계에서 GM 작물을 가장 많이 생산하고 소비하는 나라는 미국이다. 미국에서 생산한 콩의 60%는 미국 내에서 소비되는데 지금까지 미국은 GMO를 전혀 표시도 구분도 하지 않고 소비하였다. 우리나라는 미국에서 생산한 GM 콩의 10대 수입국에도 끼지 못한다. 중국이 압도적 1위이고, 멕시코, 인도네시아, 일본 순이다. 더구나 식용으로 수입한 것의 20%만 실제 식용으로 쓴다. 미국에서 생산한 옥수수의 수입은 그나마 멕시코, 일본에 이어 3위를 차지하고 있다.

우리나라의 식용 GMO 수입이 많은 것은 우리의 식량 자급률이 너무 낮은 것과 관련 있다. 우리나라의 콩 자급률은 10.1%에 불과하다. 나머지 90%는 수입에 의존한다. 수입산은 24%가 일반 콩(non GMO)이고 나

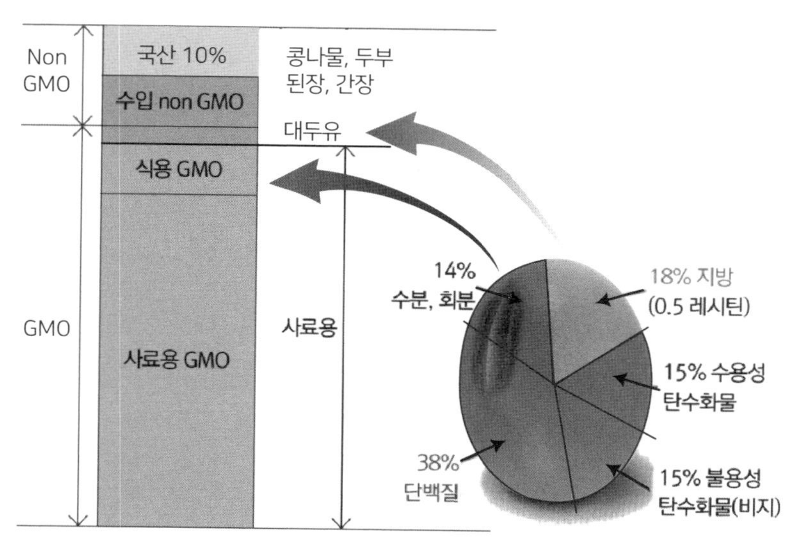

콩의 수입 및 소비 실태

머지 76%는 GMO이다(2014년 기준). 그렇게 식용 GMO로 들어온 것도 20%만 식용으로 쓰는데, 원물 그대로 쓰는 것도 아니다. 콩은 20% 정도가 지방인데 그 부분만 식용으로 쓰고, 단백질 등 나머지 80%는 사료용으로 쓴다. 콩 단백질은 지방보다 가격도 비싸고, 좋은 소재이지만 GMO 표시 때문에 포기한 것이다.

옥수수의 경우 자급률은 훨씬 떨어져 0.9%에 불과하다. 99%가 수입품인데 2014년을 기준으로 일반 옥수수의 비중은 48%이고, GMO가 52%이다. 식용으로 수입한 GMO도 전부 식품용으로 쓰이는 것은 아니다. 전분은 물엿과 과당 같은 전분당을 만드는 데 쓰이고, 지방은 옥수수기름을 만드는 데 쓰지만, 그 양이 많지 않다. 단백질 등 나머지 성분은 식용으로 쓰지 않는다.

2) 왜 GM 작물이 내뿜는 GM 산소는 걱정을 안 할까?
- 전분당과 지방은 GMO와 아무런 상관이 없다

세상에는 30만 종이 넘는 식물이 있지만, 식용으로 쓰는 것은 300종에 불과하다. 그중에서 쌀, 밀, 옥수수, 설탕, 콩, 감자, 팜유, 보리, 카사바, 땅콩, 유채, 해바라기씨, 수수, 기장, 바나나, 고구마가 인간이 식물을 통해 섭취하는 열량의 90%를 차지한다. 이들의 주성분은 탄수화물이고 탄수화물이 분해되면 포도당이 된다. 우리가 먹는 것의 50% 이상이 포도당이라는 단 하나의 분자인 것이다.

대장균에서 코끼리까지 모두 똑같은 포도당을 쓴다. 포도당은 생명의 공통분자라 출처가 쌀인지 옥수수인지 또는 GMO인지 아닌지는 전혀 중요하지 않다. GMO는 단백질과 관련된 것이지, 세상에 포도당을 변화시킨 GMO는 없고, 다른 구조의 포도당을 사용하는 생명체를 만들려고 해도 워낙 관련된 대사가 많아 인간의 기술로 불가능하다. 아무리 포도당 구조가 똑같다고 해도 그래도 혹시 포도당에 변화가 있을지도 모른다는 의심이 들면 그냥 분석해 보면 그만이다. 단백질을 분석하려면 그 종류가 너무 많아서 분석할 수 없지만, 전분당은 포도당 한 가지 분자이므로 쉽게 분석하여 확인할 수 있다.

혹시라도 GMO 작물의 포도당이 일반 작물의 포도당과 다를 것이라는 생각은 GMO 작물이 내뿜는 산소는 일반 작물이 내뿜는 산소와 다를 것이라는 생각과 같다.

지방도 마찬가지로 GMO 여부와 아무런 상관이 없다. 지방은 전분당처럼 한 가지의 분자로 되어 있지는 않지만 로르(Lauric)산, 스테아르산, 올레산, 리놀레(Linoleic)산, 리놀렌(Linolenic)산 이렇게 5가지 분자가 대부분을 차지한다. 지방산도 모든 생명체에 공통인 분자다. 생물마다 구성하는 지방산의 비율, 포화/불포화/다가불포화의 적절한 비율이 달라지는 것이지, 세상에 없는 지방산이 만들어지거나 지방의 구조가 바뀌는 것이 아니다. 지방 성분이 GMO 여부와 아무런 관계가 없다는 것은 분석기관에 의뢰해서 분석하면 쉽게 확인할 수 있다.

전분당이나 지방은 제조 과정에서 분리 정제 공정을 거치므로 오히려 통상 정제 과정이 없는 non GM 작물보다 GMO에서 유래한 단백질이나 유전자 그리고 제초제(글리포세이트) 성분이 남아 있을 가능성이 낮다.

- 한국 소비자가 GMO를 걱정해야 할 이유는 전혀 없다

인간의 유전자 22,000개에 비해 식물은 유전자가 3~10만 개 정도로 훨씬 많다. GM 작물은 여기에 1~2개의 유전자를 추가한 것이라 만분의 1 이하의 유전자가 변화한 것이다. 실제 GMO 중에 가장 흔한 형태인 글리포세이트 저항성 옥수수의 경우 아그로박테리움에서 추출한 EPSP효소 유전자를 첨가한 것이고, 그것으로 변화된 성분은 EPSP효소가 10ppm 정도 만들어지는 것 말고는 없다. 이처럼 여러 육종의 기술 중에서 GMO는 가장 유전자의 변화량과 단백질의 변화량이 적다. 그래서 그만큼 성과도 작았다. 작물에 변화나 성과는 정말 초라했는데 악평과 상상력으로 만들어진 불안만 대단했던 것이다.

수많은 GM 작물의 개발이 있었지만, 실제 상업화되어 널리 재배되는 것은 글리포세이트(제초제) 저항성 유전자(EPSP 합성효소), 해충저항성 유전자(BT 단백질) 이렇게 두 가지다. 이 두 가지 유전자와 단백질에 대한 안전성 검증은 이미 완벽히 끝났다.

문제는 GMO 개발 과정에서 그 유전자 말고 다른 유전자에 변화가 생겼을 수도 있지 않겠느냐는 의심인데 나머지 부분에서 변화가 전혀 없다는 것을 입증하기 힘들다는 것이다. 단백질은 종류가 너무 많고 분석이 까다롭다. 하나의 세포에 존재하는 단백질의 종류는 기본적으로 유전자의 종류만큼 많고, 면역 단백질까지 고려하면 이론적으로는 최대 1조 종류의 단백질이 만들어질 수 있다. 목적하는 유전자와 단백질 말고는 변화가 없을 가능성이 높고, 혹시 변화가 있더라도 그것이 반드시 해로운 변화가 아니라 의미가 없거나 유익한 변화일 수도 있는데, 반대론자는 반드시 해로운 변화가 일어났을 것이라고 상상한다. 그것 때문에 GMO를 개발한 후에는 품목마다 100억 원이 넘는 돈을 들여 안전성을 검증한다. 그렇게 많은 시간과 비용을 들여서 안전성을 검증해도 국민의 불안감을 줄이는 데는 전혀 소용이 없는 것이 문제다.

한국 소비자가 GMO를 걱정할 필요가 없는 이유는 간단하다. 우리나라는 GMO 성분을 전혀 먹지 않기 때문이다. GMO 작물에서 추출되는 것은 대두유, 옥수수유, 물엿, 과당이 거의 전부인데 이것들에는 GMO 유전자도 단백질도 없고, 성분상 어떤 변화도 없다. GMO에 의해 포도당이나 지방산이 바뀌었을지도 모른다는 걱정은 정말 의미가 없다. 이들에 대한 걱정은 GM 옥수수에 존재하는 물 분자나 GM 옥수수가 내뿜는 산소가 일반 작물의 물이나 산소와 다를지 모른다는 걱정과 같다.

- GM 기술의 첫 번째 희생양은 대장균이다

GM 기술의 종주국은 미국이다. 종주국답게 GM 작물은 기존의 작물과 동등한 안전성을 가졌다고 판단하고 일반 작물과 구분하지 않는다. 미국은 처음부터 GM을 두려워하지 않았을까? 처음에는 과학자부터 대장균을 통한 유전자 조작의 연구에 반대가 대단했다고 한다.

> "공중보건 관점에서 보면 이 박테리아는 최악의 선택이다. 대장균은 인간의 소화관 속에 살 수 있으며 입이나 코를 통해 인체로 쉽게 들어갈 수 있다. 인간 몸 안에 들어온 대장균은 증식하고 영구적으로 몸 안에 머물 수도 있다. 따라서 대장균의 재조합을 연구하는 모든 실험실에서 일하는 연구원들은 위험한 재조합 대장균을 전 세계로 퍼뜨릴 수 있는 잠재적 보균자들이다." -『마이크로코즘: 생명과학의 핵 대장균의 모든 것』, 칼 짐머

1970~1980년대는 유전자 기술에 대한 광풍이 불었던 시기이다. 인슐

린, 인터페론, 성장호르몬 같은 고가의 단백질 제제를 GM 미생물로 쉽게 생산할 수 있는 길이 열렸고, 수많은 과학자가 유전자 기술에 뛰어들었다. 유전자 조작의 시작은 대장균을 항생제 내성균으로 만드는 것이었다. 대장균에 특정 유전자를 넣으려고 할 때 그 유전자가 성공적으로 삽입되었는지 알기가 어려웠다. 그래서 목적하는 유전자와 항생제 내성 유전자를 동시에 집어넣는다. 항생제가 깔린 배지에 키웠을 때 항생제 내성 유전자가 들어간 대장균만 살아남게 되는데 그중에 목적하는 유전자까지 같이 들어갔을 확률이 높은 것이다. 이처럼 항생제 내성을 만드는 것이 GMO의 기본 기술이라 슈퍼균이 생길 수 있다는 우려가 생겼고, 1976년에 안전 지침이 수립되었다.

대장균은 인간의 대장에서 살아가는 세균이다. 그 세균을 조작하다가 무서운 변종이 만들어지고, 그 균이 유출되어 인간에게 감염되면 어찌 될까? 이런 걸 걱정하다가 안전대책과 안전의 증거가 많아졌지만 오히려 걱정이 많아졌다. 윤리적인 측면의 반대도 심했다. 30년 전에 대장균의 유전자를 조작하는 행위, 인슐린 유전자와 같은 인간의 유전자를 대장균에 넣는 행위는 자연과 신에 대한 모욕으로 간주된 것이다. 인간의 두려움은 정말 변덕스러운 것이다.

- GM 기술의 첫 번째 성과물이 1976년에 나온 인슐린이다

GM 기술의 첫 번째 대상으로 인슐린이 선정된 것은 그만큼 필수적이면서 고가였기 때문이다. 인슐린은 당뇨 환자에게 꼭 필요한 호르몬으로 51개 아미노산으로 만들어진 비교적 간단한 단백질인데, 단백질을 화학적으로 만드는 기술은 없었다. 따라서 동물 사체의 췌장에서 인슐린을 추출

했는데, 워낙 소량만 존재하여 값이 매우 비쌀 뿐 아니라, 그 과정에서 병균의 오염이나 면역 반응 등의 문제가 있었다. 그러다 대장균을 이용해 대량 생산하는 길이 열린 것이 1976년이다. 최초의 GMO 상용화 제품이다. 이후 성장호르몬이나 간염 백신이나 인터페론 같은 항암치료제를 만들어 내면서 유전공학은 IT기술과 함께 인간의 미래를 획기적으로 바꿀 신기술로 찬사를 받았다.

그러다 1990년대부터 육종에도 적용되었지만, GMO는 육종 중에서는 유전자의 변화가 가장 작아서인지 성과도 초라하다. 다른 육종 기술은 1940년대 이후 불과 40년 만에 생산성을 600% 이상 향상한 품종도 많다. 하지만 GM 작물은 20년 동안 고작 20% 전후의 생산성 향상만 이루어졌다. 당장에 세상에 없던 괴물이라도 만들어 낼 것 같은 악명에 비해서는 정말 초라한 성과다. 기존의 육종은 수십~수천 개의 유전자의 변화를 통해 이룬 성과인데 고작 유전자 1~2개 추가하는 GMO를 가지고 뭔가 커다란 변화나 성과가 있을 것이라는 기대 자체가 착각이다.

인슐린은 사람의 인슐린 유전자를 대장균에 이식하여 만든 GMO 그 자체이며, 고순도로 농축하여 몸에 직접 주사한다. GM 작물에 비해 GM 성분이 1만~10만 배 고농도이며, 일반 식품처럼 소화 과정을 거쳐 분해되는 것도 없다. 그런데도 인슐린은 GMO라서 해롭다는 말은 없다. 이번 코로나 사태의 해결에 큰 도움이 된 백신의 개발에 쓰인 것도 GMO 기술이다. 만약에 GMO 기술이 없었다면 백신 생산은 불가능했다.

- 유전자 변화가 적은 만큼 성과도 적었다

GMO의 성과는 다른 육종의 성과에 비하면 매우 초라하다. 옥수수는 B.C 7000년경 마야에서 자랐던 야생 옥수수(Teosinte)와 완전히 달라졌는데, 원래는 한 줄에 고작 몇 개의 열매가 맺혔다가 익으면 톡톡 사방에 튀어 번식하는 종이었다. 그러다 익어도 씨앗이 튀어 나가지 않는 돌연변이종을 발견하고 개량을 거듭하여 이제는 인간의 손을 거치지 않으면 번식조차 하지 못하는 식물이 되었다. 마야의 옥수수가 1494년 유럽에 도입되었고 1940년대까지 큰 변화는 없었다. 그러다 녹색혁명, 진보적 육종의 기술이 도입되면서 1980년대까지 생산성이 600% 향상되었다. 외형부터가 완전히 달라진 것이다. 이에 비해 GM 옥수수는 겉모습은 전혀 차이가 없고, 그나마 제초제를 효과적으로 사용할 수 있어서 생산성이 20% 향상

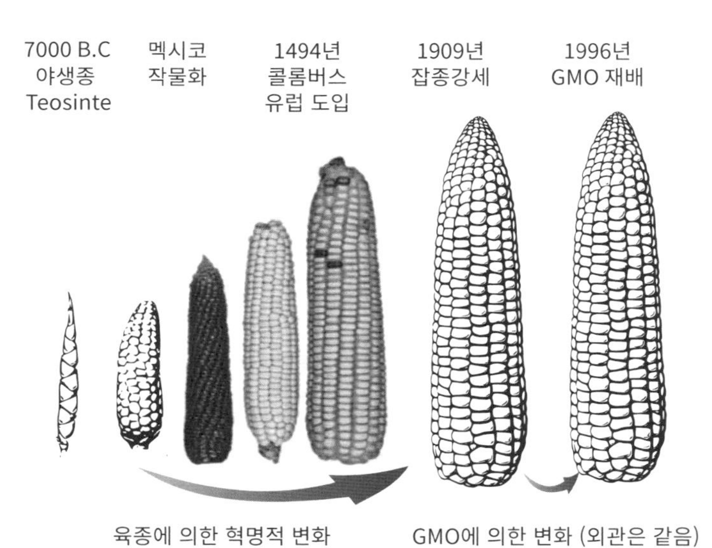

옥수수의 육종과 변천 과정

되는 데 그쳤다. 기존의 육종에 비해서는 너무나 초라한 성과인데, 악명과 두려움만 높았다.

- GM은 원래 자연의 기술, 고구마는 천연 GMO 작물이다

불안 장사꾼은 GMO는 자연의 방식이 아니라 인간이 만든 것이라 무조건 위험하다고 한다. 그런데 정말 GMO가 인간이 만든 고유의 기술일까?

우리는 주로 부모로부터 유전자를 물려받는 수직적 유전자 이동만을 알고 있다. 실제로도 생물은 주로 그런 식으로 유전자를 물려받아 정체성을 유지한다. 하지만 항상 그런 것은 아니다. '수평적 유전자 이동(Horizontal Gene Transfer)'도 많다. 전혀 교잡할 수 없는 생물의 유전자가 세균이나 바이러스를 통해 전혀 다른 생물로 옮겨지는 것이다. 이런 아그로박테리움(Agrobacterium)이나 레트로바이러스(retrovirus)의 기술을 흉내 낸 것이 바로 인간의 GM 기술이다.

바이러스 중에는 숙주의 유전자 속에 잠입하는 종류도 많다. 담배 식물에서 박테리아 염기서열이 발견되었는데, 그 뒤로도 무수히 많은 생물에서 이런 수평적 유전자 이동이 확인되었다. 심지어 우리 인간 유전자의 상당량(무려 8%)도 이런 바이러스에 의해 전달받은 것이다. 인간 자체가 이미 다른 생명의 유전자를 이식받은 일종의 GMO인 셈이다. 그래서 내가 『모든 생명은 GMO다』라는 책을 쓰기도 했다.

인간의 GMO도 기본 기술은 자연의 GMO와 완전히 같다. 자연의 GMO는 무작위로 유전자가 삽입되는 데 비해, 인간의 GMO는 의도한 유전자만을 넣는다는 차이 정도가 있을 뿐이다. 자연의 GMO는 무차별적이라 성공 확률이 정말 낮은데 무수히 많은 생명에서 수많은 외래 유전자가 발견된다는 것에서 자연의 GMO가 얼마나 흔한 것인지 짐작할 수 있다. 한 연구에 따르면 바닷속에 있는 바이러스들이 자기 유전자를 새로운 숙주로 전이시키는 횟수가 1초에 1,000조 회에 달한다고 추정한다. 지금 인간이 아무리 열심히 GM 작물을 만들어 본다고 한들 오랜 세월 동안 자연이 해 오던 GMO 조작의 0.1초 분량에도 미치지 못할 것이다.

자연이 만든 GMO의 대표적 사례가 고구마이다. 겐트대학 연구팀의 유전자 분석과 근연종 연구에 따르면 고구마는 별로 쓸모없는 작물이었는데 박테리아(아그로박테리움으로 추정)가 외래 유전자를 삽입한 덕분에 재배하기 쉽고, 먹기 좋은 작물이 되었다고 한다.

- 유전자 수평적 이동이 진화의 결정적 장면을 만들었다

사람들은 무생물에서 최초의 생명이 만들어지는 것은 어렵지만 일단 세균 정도의 생명체가 생기면 진핵세포의 탄생은 당연한 수순으로 여기는 경우가 많다. 하지만 어쩌면 최초 생명의 탄생보다 훨씬 힘든 기적이 바로 '진핵세포의 탄생'이다. 원핵세포와 진핵세포는 단순히 핵이 핵막에 감싸여 있는 정도의 차이가 아니다. 진핵과 원핵세포의 지름 차이는 20배 이상이므로, 부피로는 20×20×20배(통상 1만 배)이다. 세균이 길이 5m의 승용차라면 진핵세포는 길이 100m의 자동차인 셈으로 모든 것이 완전히 다를 수밖에 없다. 이런 대도약의 배경에도 유전자의 대규모 이동이 있었다.

원핵세포 내로 산소를 이용하는 세균이 침입하여 대규모 유전자의 수평적 이동 후 미토콘드리아로 변형되면서 비로소 진핵세포의 조건이 갖추어진 것이다. 이것이야말로 전대미문의 대사건이고, 눈에 보이는 크기의 모든 고등 생명체의 진화가 가능하게 된 대도약이었다. 그런데 식물은 여기에서 또 한 번의 대도약을 한다. 바로 지구의 모든 것을 바꾼 광합성 세균인 '시아노박테리아'가 진핵세포로 침입하여 한 차례 대규모 유전자가 수평적으로 이동한 것이다. 그렇게 '엽록소'가 만들어져 식물은 동물보다 유전자도 많고, 자신이 필요한 모든 유기물을 스스로 합성할 수 있게 된 것이다.

진화의 결정적인 장면은 이처럼 부모로부터 물려받은 유전자가 우연한 돌연변이에 의해 변화된 것보다, 다른 생명에서 만들어진 유전자 세트가 바이러스 등을 통해 옮겨지고 이리저리 변형하고 활용한 것이 주도했을 가능성이 오히려 높다. 바이러스에 의한 유전자의 수평 이동이 진화의 원동력이라는 '바이러스 진화설'이 등장한 것은 1970년대의 일이다.

이처럼 자연의 GMO는 해로운 유전자와 유익한 유전자의 구분 없이 무차별적으로 일어나지만, 인간의 GMO는 조금이라도 위험한 유전자 이동

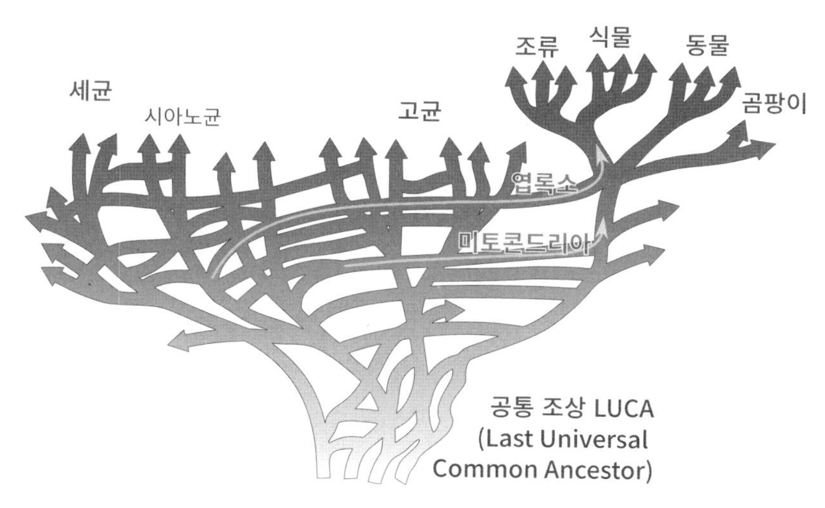

공통조상(LUCA)과 진화에 따른 유전자의 수직·수평적 이동

은 검토조차 하지 않는다. 그래서 인간의 GMO는 이론적으로는 굳이 안전성 실험이 필요가 없을 정도로 안전하다. 그런데도 신기술이고 예상치 못한 부작용이 있을지 모른다는 가정으로 수많은 시간과 비용을 들여 안전성을 평가한다. 더구나 이미 미국 같은 나라에서 충분한 GM 작물 섭취 경험마저 있다. 그런데 훨씬 위험한 자연의 GMO는 관심조차 없고, 인간의 GMO만 두려워한다. 진정으로 자연이나 GMO에 관심이 있다면 "천연의 GMO는 온갖 생물에서 정말 다양한 유전자가 온갖 위치에 무차별 삽입되는데 왜 아직껏 에일리언 같은 괴물이 탄생하지 않았을까?"와 같은 질문부터 풀어봐야 할 것이다. 크기가 기능을 제한하고, 기능이 크기를 제한한다는 생물학적 기본 법칙을 벗어난 망상은 누구에게도 도움이 되지 않는다.

5 거짓말의 끝이 알 권리인가?

1) 표시사항이 늘수록 안심도 늘어날까?
- 실효성은 없고 소비자의 불안만 키우는 표시사항

GMO 표시는 열처리, 발효, 추출, 여과 등 고도의 정제 과정으로 GM 유전자 또는 단백질이 남아 있지 않으면 표시가 면제된다. 이 규정을 근거로 식용유, 당류, 간장, 변성전분, 주류(맥주, 위스키, 증류주 등)는 GMO 표시를 하지 않아도 되는 것이다. 알 권리를 위해서 이것들에도 표시해 달라고 하는데 그러면 소비자의 선택 권리가 늘어날까?

식품회사가 GMO 원료를 이용한 제품과 아닌 제품 2가지를 만들어 소비자가 선택할 수 있게 할 가능성은 없다. 두부, 콩나물처럼 콩이 원료비 대부분을 차지하는 제품도 2가지를 만드는 것이 아니라 non GMO 원료만을 쓴다. 그런데 전분당과 식용유처럼 원료비 비중이 낮은 제품을 생산하면서 2가지 버전을 만들 리가 없는 것이다. 식품회사는 이슈가 되는 원료는 그냥 빼고 만다. 설득할 의지도 실력도 없기 때문이다. 나는 전분당과 식용유는 GMO와 무관한 것을 확실히 알고 있으니 그것을 선택하겠다고 해도 그런 제품이 사라져 선택 기회가 없어지는 것이다.

식용유, 전분당은 무미, 무취이며 특성이 같아서 사용 업체는 가격만 따지는 제품이다. 이익이 낮아서 신규 진입자도 없는 오래된 장치산업이고, 가장 싸게 공급하면 승자가 되는 시장이다. 다 같이 non GMO를 쓴다면 소비자가 더 비싼 가격을 지불할 뿐이고 원료기업은 오히려 이익이 늘어날 가능성도 있다. 원유 가격이 오르면 석유 판매 가격은 더 올라 주유소의 수익성이 좋아지는 것처럼 말이다. 소비자는 더 큰 비용을 지불하고 얻게 될 혜택은 없다.

- 가짜 소동만 일어날 가능성이 있다

non GMO의 전분당이나 식용유가 가격이 좀 비싸더라도 훨씬 맛있거나 품질이 뛰어나다면 좋겠지만, 단지 non GMO라고 표시할 수 있는 것 말고는 내세울 장점이 없다. 영양이 좋은 것도 아니고, 건강에 좋은 성분이 있는 것도 아니다. 차이가 전혀 없어서 오히려 가짜가 끼어들 가능성이 있다. 'GMO'를 'non GMO'라고 속이는 것이다. 식용유와 전분당은 GMO 성분이 전혀 없어서 검사를 통해 확인하는 것이 불가능하고 출처를 따지는 방법밖에 없다. 그러니 출처가 불명한 가짜를 수입할 가능성이 생기는 것이다.

국내에서 식용유, 전분당 같은 식품 기초소재는 생산 효율성이 극대화된 장치산업이고 대기업이 생산한다. 식용유, 전분당 외에도 수많은 상품을 생산하는 대기업은 GMO 원료를 쓰고도 non GMO라고 속여서 표시할 정도로 무모하지 않다. 내부자 고발이 무서워서라도 불법은 꿈꾸지 못한다. 우려되는 것은 수입 제품이다. 누군가 속임수를 써도 검사를 통해 확인할 방법이 없다.

- 전분당과 식용유에 표시한다고 완전히 끝나는 것도 아니다

전분당이나 식용유에 GMO 표시를 하면 문제가 완전히 끝날까? 전혀 그럴 것 같지 않다. GM 사료로 키운 육류, 우유, 달걀은 어떻게 하고, GM 미생물이나 효소로 만든 것은 어떻게 할 것이며, GM 콩에서 추출한 레시틴, 토코페롤 등은 어떻게 할 것인가. GM 기술은 GM 작물을 만드는 데만 쓰이지 않고 비타민, 효소, 아미노산 등을 생산하는 데도 활용된다. 예를 들어 치즈 제조에 필요한 응고제인 '응유효소'는 예전에는 송아지 위장에서만 얻을 수 있었지만, 지금은 대부분 GM 미생물에서 만들어진 응유효소를 쓴다. 영국, 미국 등에서 생산되는 치즈의 90% 정도가 그렇게 만들어진다.

식물 섬유소인 셀룰로스를 분해하는 셀룰라아제라는 효소는 포도주, 주스는 물론이고 섬유 가공, 제지 등 다양한 분야에 사용되고 있는데, 유럽에서만 5종 이상의 셀룰라아제가 GM 미생물로 만들어지고 있다. 그러면 GM 미생물이 만든 효소로 만든 포도당은 또 어떻게 할 것이고, 그런 포도당을 먹여 키운 미생물로 만든 제품은 또 어떻게 할 것인가? 이런 식으로 따지기 시작하면 끝이 없다. 전분당이나 식용유의 안전성은 과학적 상식만 있어도 너무나 명확하다. 포도당이나 지방산은 모든 생명의 공통 분자이고 GMO로 바뀌는 것도 아니기 때문이다. 따라서 이들에 대한 표시 주장은 아래와 같은 엉터리 주장과 일맥상통하는 것이다.

> "전기는 자연적인 것이 있고 인공적인 것이 있다. 물의 힘으로 만든 수력 전기는 자연적이고, 핵분열을 통해 만든 원자력은 인공적이다. 수력에서 나온 전기를 쓰면 가전제품의 수명이 오래가고 인간도 건강해진다. 그런데 핵분열로 만든 값이 싼 원자력을 쓰면 가전제품의 수명이 급격히 줄어들고 그 전자제품을 사용하는 인간의 건강도 나빠진다. 일부 과학자들이

전기회사에 매수되어 자꾸 위험한 원자력 전기를 수력의 전기와 같다고 주장한다. 가전제품을 빨리 망가뜨려 매출을 늘리려는 가전회사의 음모인지 모르고 말이다. 그러니 집에 들어오는 전기가 자연인 수력 출신인지 인공인 원자력 출신인지 꼭 구분해 달라고 해야 한다."

원자력발전소의 당위성이나 안전성을 따지는 문제와 거기에서 나오는 전기의 안전성을 따지는 문제는 전혀 다르다. GMO는 그렇게 구분하라고 하면서 GM 작물의 최대 산물인 산소에 대해서는 왜 자연의 산소와 GM 작물이 만든 산소를 구분해 달라고 하지 않는지 모르겠다.

2) 틀린 것을 바로잡을 의무는 누구에게 있을까?

불안 장사꾼은 식품회사가 정직하지 않고 거짓말을 한다고 주장하는데, 내가 보기에 그들은 더 정직하지 않다. 식품의 여러 측면 중에서 자신에게 유리한 것은 과장하고, 불리한 면은 철저히 숨기기 때문이다. 우리나라를 마치 GMO 표시 후진국처럼 말하는데, 우리나라는 유럽(EU)에 이어 세계에서 2번째로 GMO 표시를 시작했고, 이후로 계속 표시 규정을 강화해 왔다. 유럽의 비의도적 혼입치가 0.9%인데 우리나라는 3%라고 말하지만, 실제 혼입량은 0.9% 이하가 대부분이고 가까운 일본이 5%라는 사실은 말하지 않는다. 우리나라가 GMO를 가장 많이 먹는 것처럼 말하지만 실제 GMO를 가장 많이 생산하고, 가장 많이 소비하는 나라는 미국이다. 미국은 지금까지 어떠한 표시도 구분도 하지 않고 소비해 왔는데, GMO를 말할 때 항상 미국은 쏙 빼고 말한다. 세라리니의 GMO 실험에서도 입맛에 맞는 부분만 골라서 쓰고, 불리한 결과는 철저히 외면한다.

소비자를 위해 진실을 말한다고 하면서, 자신들이 기존에 의혹을 제기한 것 중에 틀렸다고 밝혀진 것에 대해선 일언반구도 없고, 새로운 의혹 찾기만 한다. 진실을 주장하는 사람들의 태도가 매우 위선적인 것이다. 틀린 것을 바로잡을 의무는 외면하면서 알 권리 타령만 한다. 그 알 권리 때문에 사라진 멀쩡한 기술도 있다.

식품에서 실질적으로 가장 큰 피해를 주는 것이 식중독이다. 원인이 되는 세균이나 바이러스는 열에 약해 음식물을 가열하면 쉽게 사멸된다. 하지만 고기나 채소는 삶으면 상품성이 없어져서 곤란하다. 이런 고기나 채소에 직접 열을 가하지 않고 속까지 살균하는 가장 효과적인 방법이 방사선 조사이다. 방사선은 방사능 물질이 내는 파장이 매우 짧은 빛이다.

방사선은 불을 끄면 빛이 사라지듯이 바로 사라진다. 에너지는 크고 침투성이 좋아 포장을 한 상태에서 제품 전체를 투과하여 매우 효과적으로 살균을 한다. 기존의 가열 살균이 식품 전체를 매우 둔한 둔기로 세균뿐 아니라 물성과 향까지 변할 정도로 오랫동안 마구 때리는 방식이라면, 방사선 살균은 매우 예리한 바늘을 이용하여 아주 짧게 급소를 찌르는 방식이다. 그래서 살짝 조사하면 겉보기에는 마치 아무런 가열을 하지 않은 것처럼 맛, 향, 색의 변화가 없다. 그만큼 일반적 가열에 비해 성분의 변화가 적다. 그래서 고기, 채소, 향신료 등 고체이면서 열에 민감한 식품을 살균하기에 가장 이상적인 방법으로 꼽는다. 우주식이나 군용 식량 등 절대적인 안전성이 필요한 제품은 이런 살균법을 사용한다.

그런데 우리나라에서 조금씩 사용되던 방사선 살균은 단 한 방의 조치로 완전히 사라졌다. 바로 표시사항이다. 소비자가 방사선이라 하면 무조건 무서워하는 상황에서 '알 권리' 차원에서 방사선 살균을 한 제품은 표시하라고 하자 식품회사가 모두 그 살균법을 포기한 것이다.

- 제 마음에 안 들면 알 권리 타령

불안 장사꾼은 자신의 입맛에 맞지 않는 것에 온갖 음해를 펼치고, 그래도 뜻대로 안 되면 무작정 알 권리를 내세우는 경향이 있다. 예를 들어 산분해 간장 사용 비율을 주표시면에 표시하라는 식이다. 식품은 성분 함량을 기준으로 분류하지, 제조 방법에 따라 분류하는 경우는 없다. 그런데 간장만큼은 아미노태질소(TN) 같은 유효성분을 기준으로 하지 않고 단백질 분해 방법으로 분류하여 일반 표시면이 아닌 주표시면에 표시하라는 것이다. 다른 제품과의 형평성 따위는 전혀 상관없이 제 입맛대로 법을 바꾸라는 것이다.

소비자의 산분해에 대한 오해도 많다. 간장은 콩의 단백질을 아미노산 단계로 분해하여 만든 것이다. 단백질은 분자의 크기가 너무 커서, 미각 수용체로 맛을 느낄 수 없기 때문에 맛을 느낄 수 있는 아미노산 단위로 분해한 것이다. 그런데 아미노산은 1나노미터의 크기라 기계적인 방법으로는 분해할 수 없고, 효소나 산/알칼리 같은 분자적인 칼을 이용해야 한다. 과거에는 미생물이 만든 효소를 이용하는 방법밖에 없었고, 지금은 효소나 고농도의 산을 이용하여 산분해를 할 수 있다.

사람들은 염산이라 하면 분자 자체가 매우 강하고 독한 것으로 생각한다. 미풍과 태풍은 바람의 성분이 바뀐 것이 아니라 양(강도)만 바뀐 것이고, 부드러운 물도 초고압의 워터젯이면 쇠도 자를 수 있는 것처럼 염산도 초고농도일 경우 위험하지, 저농도는 전혀 문제가 없는 가장 깨끗한 산인데 무작정 두려워한다.

염산은 소금에서 만들어지고 알칼리로 중화되면 다시 소금이 되므로 환경에도 영향이 적고 우리 몸에도 영향이 없다. 사실 우리는 매일 1리터 이상의 희석된 염산액을 마시고 있다. 위산이 염산이기 때문이다. 위는 위산(염산) 분비를 통해 미생물을 살균하고 단백질의 소화를 돕는다. 우리의 건강이 염산 덕분에 지켜지는 것이다. 염산과 짝을 이루는 수산화나트륨은 전체 식품첨가물 사용량의 40% 정도를 차지한다. 그만큼 강산과 강알칼리가 여러 식품에 여러 목적으로 사용된다. 그런데 그중에 산분해 간장만 쏙 꼬집어 주표시면에 표기하라고 한다. 그들은 공정성 따위는 전혀 관심이 없이 불안감의 조성을 통해 존재감만 과시하면 그만이기 때문이다.

염산 같은 강산을 이용하여 단백질을 분해하는 것은 말로는 쉬워 보이지만 제대로 하는 것은 쉽지 않다. 높은 품질을 유지하고 3-MCPD를 규격 이하로 만들려면 최적의 설비와 공정 개발에 많은 기술 축적과 투자가 필요하다. 그동안 국내 기업이 수많은 연구와 투자를 통해 세계에서 가장 안전하고 경쟁력 있는 제조 기술을 확보했는데 그런 노력은 너무 무시된다. 라면, 초코파이, 소주, 간장, 커피믹스 등은 국내에 특출한 자원이 없는 와중에 국내 식품회사의 노력과 기술만으로 만들어진 제품이다. 우리나라에서 수출을 할 정도로 품질과 가격 경쟁력을 갖춘 제품들은 너무나 평범한 재료를 비범한 손맛으로 극복한 것들이다. 국내에 수출 경쟁력이 있는 농산물 자체가 없는데 불안 장사꾼은 항상 사용한 재료를 가지고 싸구려 또는 가짜라고 폄하한다. 이젠 비하 발언은 그만 멈추었으면 좋겠다.

국민에게 필요한 것은 불안 장사꾼의 입맛에 맞는 알 권리가 아니라 제대로 된 알 권리이고, 식품회사에 필요한 것은 공정하게 경쟁할 수 있는 환경이다.

불안 장사꾼들은 자신들이 잘못 쓴 주홍 글씨를 지우려는 노력을 한 번도 한 적이 없다. 그러면서 식품에 새로운 주홍 글씨를 쓰는 것을 알 권리로 둔갑시키려 한다. 소비자를 위해 진실을 알린다고 말하는 사람들이 참으로 불공평하고 기만적이다.

6장.

양만 확인해도
거짓말이 금방 드러난다

1 뻔한 패턴의 식품 거짓말에 속지 않는 방법

1) 체험담만 가득하고 통계적 수치는 없다

약에는 용량과 용법이 있다. 어떤 효능이나 위험을 주장하려면 이처럼 구체적 수치가 있어야 하는데, 건강 전도사의 주장에는 검증된 수치나 확률은 없고 자신의 입맛에 맞는 체험담만 가득하다. 세상에는 수만 가지 건강법이 있는데 거기에는 모두 생생한 체험담이 있다. 체험담이 사실이라면 그런 건강법은 왜 금방 사라지는 것일까? 플라세보, 즉 가짜 약조차 효과가 있는데 어떤 건강법인들 그걸로 효과를 본 체험자가 없을 리 있겠는가?

건강식품과 건강법으로 기가 막힌 효과를 봤다는 체험담은 무수히 많아도 항상 소리 없이 사라진다. 점점 플라세보 효과보다 뛰어나지 않다는 것이 확인되기 때문이다. 세상에서 가장 성공적인 체험기가 많고, 그래서 피해가 가장 많은 것이 바로 다이어트이다. 미국에서 개발된 다이어트 방법은 지금까지 26,000종이 넘고, 역사도 100년이 넘는다. 당연히 그동안 엄청난 성공적 체험기가 있다. 체험담이 진실이라면 그렇게 많은 다이어트 성공 사례 중에 정답이 있을 만도 하다. 하지만 실제로 성공적이라고 공인된 다이어트 방법은 없다. 몇 kg 감량은 너무나 흔하고 20~30kg, 심지어 50kg 넘게 감량에 성공한 사람들의 사례도 아주 많다. 이런 체험담이 많을수록 반대로 다이어트 때문에 체중이 늘어나는 사람이 훨씬 빠르게 증가한다. 관심은 넘쳐나지만 확실한 해결책이 없을 때 등장하는 것이 체험담이다. 확실한 해결책이 나오면 관심도 체험기도 조용히 사라진다.

- 과학의 반대말이 체험담이다

사람들은 논리적인 설명보다 상대방의 체험담을 훨씬 너그럽게 받아들일 준비가 되어 있다. 그래서 사람들은 "내가 해 봐서 아는데"를 입에 달고 산다. 체험담은 통계보다 설득력과 뉴스성이 훨씬 좋다. 소련의 독재자 스탈린도 "한 명의 죽음은 비극이지만 100만 명의 죽음은 통계일 뿐이다"라고 말했다. 한 명의 죽음은 체험담이고 그 슬픔을 처절하게 묘사할 수 있지만, 100만 명의 죽음은 단지 숫자로 표시하고 끝난다는 것이다.

체험담은 결론이 항상 단순명료하고 확신이 가득하다. 하지만 가장 권위 있는 연구 결과에는 절제된 표현만 있을 뿐이다. 수십 년간 수십만 명의 연구 결과를 종합한 보고서는 따분하기 그지없다. "그동안 연구에서 MSG 섭취와 유해성 사이의 명확하고 일관성 있는 관계를 입증하는 데 실패했다" 같은 식이다. 이런 보고서는 "내가 MSG를 먹고 나면 항상 머리가 아프다"보다 설득력과 영향력이 떨어질 수밖에 없다. 낚시꾼이 놓친 물고기가 가장 크다고 하는 것처럼 체험담은 부정확하고 부풀려지기 쉽다.

간단한 동물 실험도 여러 마리로 하는 이유는 동물 한 마리의 체험담은 의미가 없고, 통계적으로 유의성이 있어야 하기 때문이다. 동물의 변화를 객관적으로 관찰하는 실험에도 오류가 있는데, 개인의 주관적 해석이 포함된 체험담이 정확할 리가 없다. 통계는 잘해도 '몇 %의 사람에게 효능이 있다' 정도인데 체험담은 항상 100%의 놀라운 경험이 있다. 체험담은 여과되지 않아 신뢰도가 가장 낮은 정보임에도 불구하고 가장 생생하고 재미있다는 이유로 믿는 경우가 많다. 그래서 부작용도 많다.

예를 들어 감기약을 먹고 심한 감기가 나으면 그 감기약은 좋은 약이 된다. 감기약을 먹고 2번 연속 나으면 그것은 이웃에게 널리 알려야 할 복음이 된다. 그렇게 알리다 보면 주변에 감기약을 먹고 나은 사람의 체험담이 마구 등장한다. 진리가 되는 것이다. 그러다 감기약의 효능이 없는 사람이 나오면, 그때는 그 사람이 문제라고 생각한다. 그러다가 본인도 감기약을 먹었는데 낫지 않으면 그것은 약이 아니라 감기의 문제가 된다. 그렇게 훌륭한 감기약으로도 치료가 안 되는 고약한 감기가 되는 것이다.

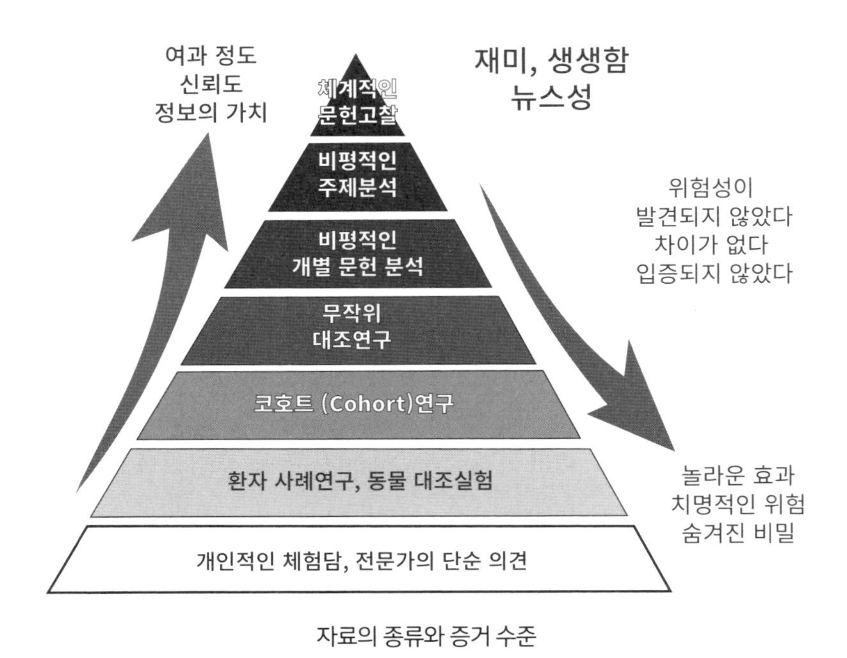

자료의 종류와 증거 수준

"와! 이 감기약을 먹어도 이렇게 아프다니, 만약에 감기약을 먹지 않았으면 죽었을지도 몰라!"라는 식이다. 내가 과장해서 말했지만 일단 믿음이 생기면 그 믿음을 지키기 위해 본능적으로 노력하는 것은 사실이다. 그러니 100만 건의 감기약 체험담보다 믿을 만한 것은 1줄의 과학적 결론이다. 감기의 원인은 바이러스이고, 감기를 포함해서 아직 바이러스를 죽이는 약은 없으니 근본적인 감기약은 없다는 것이다. 증세를 완화하는 약만 있다.

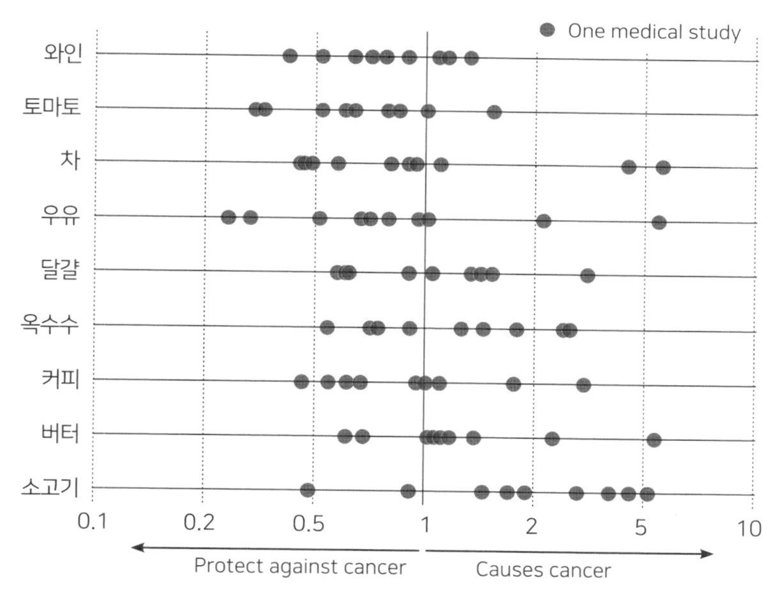

암에 대한 상반된 연구 결과(출처: Schoenfeld and Ioannidis)

- 체험담이 엉터리인 이유: 관찰과 기억이 부정확하다

체험담은 기억에 의존하는데, 기억이란 있었던 사실을 꺼내는 게 아니라 매번 새로 만들어지는 것이다. 컴퓨터의 저장 방식과는 완전히 다르다. 우리 뇌에 매일 쏟아지는 정보를 컴퓨터가 저장하는 방식으로 저장하면 금방 용량이 꽉 차서 아무것도 하지 못한다. 그래서 뇌는 기억할 가치가 있는 것과 없는 것을 구별하고, 중요한 정보도 대부분을 지우고 키워드와 맥락만 기억하는 방식으로 작동한다. 그리고 나중에 우리가 기억을 불러올 때는 키워드와 맥락으로 새로 재구성한다. 결국 기억은 매번 새로 만드는 것이다. 그래서 100% 확신을 가져도 자주 틀리기 쉽다.

- 정확히 관찰하지 못한다.
- 기억은 항상 바뀌고, 해석이 기억을 왜곡한다.

한약을 먹고 효과를 본 사람은 한의원에 계속 가고 탈이 난 사람은 한의원보다 의사를 찾아간다. 의사는 한약으로 효과를 본 사람보다 탈이 난 사람을 보게 된다. 반대로 병원에 다녔지만 잘 낫지 않으면 한의원에 찾아간다. 그래서 의사는 한약의 부작용을, 한의사는 의사가 못 고친 것을 자주 보게 된다. 이렇게도 못 고친 환자는 민간요법을 찾는다. 그중에는 우연이라도 치료 효과를 본 사람이 생긴다. 효과를 본 사람은 계속 찾고, 효과가 없는 사람은 조용히 떠난다. 효과가 있는 사람만 계속 따르게 되는 민간요법의 개발자는 현대의학과 한의학도 포기한 환자를 치유한 기적의 치유법을 개발했다고 생각한다.

과학적 실험에도 그 등급이 있다. 단순한 사례연구나 대조 실험은 오차도 많아 신뢰도가 낮다. 충분한 인원에 대한 정교한 실험 설계가 필요하다. 그런 과정을 거친 실험을 정직하고 유능한 실험자가 수행하더라도 자신의 선입견 등에 의해 잘못된 방향으로 이끌릴 여지는 남아 있다. 그래서 이중맹검(Double-blind) 실험이 쓰인다. 참여자는 진짜로 치료받는지, 가짜로 치료받는지 모르고, 약물을 투여하는 사람마저 어떤 것이 진짜 약인지 모르게 설계된 실험을 한다. 이런 이중맹검 실험마저 서로 반대되는 결과를 내는 경우가 있다. 그런데 불안 장사꾼들은 입맛에 맞는 체험담이나 단편적인 연구로 체계적인 연구 결과를 무시하려 한다.

- 체험담이 엉터리인 이유: 원인과 결과를 뒤집어 해석하기 쉽다

밥을 빨리 먹는 사람이 건강할까, 아니면 밥을 천천히 먹는 사람이 건강할까? 의외로 밥을 빨리 먹는 사람이 건강한 사람일 가능성이 높다. 소화력이 받쳐 주는 사람은 빨리 먹을 수도 있고 천천히 먹을 수도 있다. 하지만 소화력이 떨어지는 사람은 밥을 빨리 먹기 힘들다. 그런데 빨리 먹는 사람 중에 건강한 사람이 많다고 밥을 빨리 먹는 것이 건강에 좋다고 우기면 어떻겠는가? 건널목은 도로의 1%도 안 된다. 그런데 보행자 사고의 50%가 건널목에서 일어난다. 누군가 도로에서 가장 위험한 곳이니 건널목을 없애자는 주장을 한다면 어떻겠는가? 식품과 건강 지식에는 건널목을 없애자는 주장이 설득력을 얻어 실행되어 건널목 지역의 사고가 줄어든 것을 보고 효과적인 대책이었다고 평가하는 식의 일이 너무 많다.

미국에서 심장마비는 정말 심각한 문제였는데, 심장병 수술 후 부정맥 현상이 일어나면 이후에 사망하는 경우가 많이 발생하자, 부정맥 현상을 없애는 약을 개발하였다. 약을 먹은 환자의 부정맥 발생은 줄었지만, 사망자는 오히려 4만 명이 늘었다고 한다. 건강한 심장은 평소에 오히려 불규칙하게 박동하면서 여러 변화에 대응한다. 그런데 약으로 부정맥을 통해 살기 위한 마지막 필사의 노력을 봉쇄해 버린 것이다.

생명은 복잡계이고 원인과 결과는 사슬처럼 일렬로 정렬된 것이 아니라 네트워크이고 되먹임 구조이다. 원인과 결과 분석은 전문가도 틀리기 쉬운데 체험담을 너무 쉽게 믿는 경우가 많다. 건강, 암, 다이어트와 같은 복잡계 현상은 몇 가지 요인으로 설명할 수 없는데 개인적인 체험담이 무슨 소용이 있겠는가? 더구나 남에게 좋다고 나에게 좋다는 보장은 없다. 식품에 대한 반응이 개인별로 다양하다는 것은 너무나 자명한 사실임에도 불구하고 우리는 그 사실을 너무나 쉽게 잊는다. "이걸 먹었더니 암이 나았다." "이것을 먹었더니 당뇨가 치료되었다." 그런 체험담은 설사 사실이라고 해도 그것이 나에게도 맞는다는 보장은 결코 없다. 그런데 통계는 남의 일이고 체험담은 나의 일이다 보니 체험담의 함정에 빠지기 쉽다. 아무리 적은 확률이라도 그 하나가 나에게는 전부일 수 있기 때문이다.

초기에 아직 충분한 과학적인 결론이 없는 분야는 당연히 체험담이 소중하고, 개별적인 결과도 소중하다. 하지만 수십 년간 사용된 식품 소재처럼 일반화된 분야에서는 체험담이 아닌 과학적인 결론을 믿어야 한다. 입맛에 맞는 결과를 숭배하면서 나머지는 모두 로비의 결과, 청부의 과학으로 매도하는 불안 장사꾼의 말은 멀리해야 한다.

2) 거의 유일한 판단 기준이 천연인가 합성인가 뿐이다

사람들은 천연의 무엇을 먹고 좋아지면 그 즉시 열광한다. '역시 놀라워! 남들에게 자랑해야지.' 반면, 효능이 없으면 '남들은 다 좋다는데 왜 나는 별로 효능이 없지? 체질에 무슨 문제가 있나? 뭐 그래도 천연인데 손해는 아니겠지. 내가 느끼지 못하는 뭔가 좋은 작용이 있을 거야!' 이런 식으로 생각한다. 같은 것이라도 합성 약은 '어쩔 수 없이 먹기는 하지만 부작용이 있으면 어쩌지?' 하는 걱정부터 한다. 먹어서 좋아진 것은 '약이니까 당연히 효과가 있어야지!'라면서 효과에 대해서 당연시한다. 만약 부작용이라도 생기면 '어? 뭐가 안 좋네! 이건 지난번에 먹었던 그 약 때문일 거야! 역시 합성이 좋을 리가 없지!'라고 생각한다.

소비자를 오도하는 천연 마케팅 용어

용어	암시하는 뜻	실제
자연/천연	안전하고 건강에 좋음, 평화, 부드러움	천연에 독이 더 많고 강하다.
전통적인	신뢰할 수 있음	전통 식품만 먹었던 과거에는 오래 살지 못했다. 현대의 위생 기준에 부적합한 경우도 많다.
순수	건강에 좋은/안전한	순도가 높아 조심해야 한다. 자연이 가장 잡다하다.
무첨가	화학물질 없음	만물은 화학물질이다. 근시안적이고 기만적인 마케팅이다.

우리가 '자연' 하면 무조건 뭔가 특별함이나 신비함이 있고, '합성' 하면 뭔가 문제가 있을 것처럼 느끼는 것은 우리 유전자 속에 익숙함에 안도하고, 만물에 의미를 부여하는 본능과 관계가 있다. 요즘은 뇌 과학이 발전하여 고차원적인 정신 활동마저 신경의 네트워크로 해석되는 시대이지만 세계 인구의 93%가 '영혼'의 존재를 믿는다고 한다. 대부분 사람이 인간의 고귀한 정신 작용은 물리나 생물학 법칙으로 설명되지 않는 특별함이 있다고 믿는 것이다. 이처럼 인류 역사에는 항상 신앙이 있었다. 뭔가 영적이고 고귀하고 자신을 지켜보고 돌봐 주는 것이 있다는 믿음이 사회를 유지하는 데 많은 역할을 했기 때문이다. 예전에는 힘센 동물이나 거대한 바위도 신앙의 대상이었고, 근세에는 영웅과 왕, 종교가 그런 대상이었다.

우리의 이런 본성에 의존해 자연 타령을 하는 불안 장사꾼은 실제 자연에는 가장 무관심한 사람들이다. 그들 중에 제대로 자연과학을 공부하려는 사람도 없고, 자연을 있는 그대로 바라보는 사람도 없다. 단지 자신의 희망을 자연에 투사할 뿐이다.

식품회사도 이런 분위기에 편승을 한다. 식품회사는 표시나 광고에 심한 규제를 받기 때문에 은밀한 암시를 좋아한다. 사람들이 자연을 좋아하는 것에 편승하여 자연을 암시하며 매출을 탐한다.

- 천연은 독이 있어도 조금 먹으면 된다고 한다

식품 업계에 발암물질 논란은 누가 언제 무엇을 문제 삼을지 모르는 재앙 같은 이슈였다. 처음에는 대부분의 발암물질은 자연계의 물질이 아니라 합성화합물이라고 생각했다. 그래서 적은 수의 발암물질(화학물질)만 제거하면 암의 발생을 낮출 수 있다는 헛된 희망을 품게 되었다. 분석 능력이 더욱 발전하자 발암물질은 가공식품이 아니라 천연물 어디에든 있을 수 있으며 오히려 더 많을 수도 있다는 사실이 확인되었고, 양에 무관하게 존재 자체만으로 금지했다가는 모든 식품이 문제가 될 수 있음을 알게 되었다.

> "식물은 살아남기 위해 스스로 천연 살충제를 만든다. 64가지 식물에서 자연적으로 발생하는 살충 성분을 실험한 결과 35가지가 발암물질로 밝혀졌다. 우리가 먹는 음식 중 43가지는 발암물질로 판명된 화학물질을 최소한 10ppm 이상 함유하는 것으로 나타났다. 이 중에는 파슬리, 오레가노, 세이지, 로즈메리, 타임 같은 향신료가 있다." - 『내추럴리 데인저러스』, 제임스 콜만, p.158~159

천연 독은 정말 다양하다. 지상 최강의 독 보톡스도 미생물이 만든 천연 독이고, 복어의 테트로도톡신, 독버섯도 천연이다. 일상으로 먹는 감자의 솔라닌, 육두구 같은 향신료에는 사프롤과 미리스티신 같은 환각물질이 들어 있고, 담배의 니코틴은 가짓과의 식물인 토마토, 감자, 가지와 피망에도 미량은 들어 있다. 대부분 채소에는 펙틴이라는 식이섬유가 있는데, 식물은 이것을 통해 메탄올을 신호 물질로 사용하므로 거의 모든 채소에는 발암물질인 메탄올과 포름알데히드가 소량은 들어 있다. 도토리에서 쓴맛을 내는 타닌은 포식자의 소화 기능을 마비시키기 위한 독인데 식물에는 타닌과 같은 폴리페놀이 정말 다양하게 있고 이들은 독으로도 작용하고 약으로도 작용한다. 이처럼 천연물에는 여러 독성물질이 있지만 대부분 소량이라서 문제가 없을 뿐이다. 그런데 건강 전도사는 천연에는 독이 없다고 우기거나, 명백한 증거가 드러나면 천연은 조금만 먹으면 된다고 한다. 반대로 합성은 아무리 안전하다고 증명된 것도 잠재적 독성이 있다고 우긴다.

최근 일본에서 콜레스테롤을 낮추는 기능이 있다는 홍국(붉은 누룩)을 원료로 만든 건강식품을 먹은 사람들이 사망하거나 병원에 실려 가는 사고가 발생했다. 천연이면 무조건 안전할 것이라는 기대는 위험한 착각이다.

천연과 합성에 대한 일반적인 태도

	천연	합성(의약품 포함)
효능이 있다면	열광: 신비이고 기적이다	무시: 그 정도로 뭘
효능이 없다면	변명: 그것은 내(체질) 탓이다	분노: 사기극이다
부작용이 있다면	위안: 천연마저 이런데?	분노: 역시 나빠
부작용이 없다면	열광: 천연은 역시	무시: 당연히 그래야지

- 합성이면 무조건 독이 된다고 한다

그들은 항상 일반인에게 잘 통하게 단순하게 말하고, 감정에 호소한다. '천연 천국, 합성 지옥.' 이 얼마나 단순명료한가? 아니면 '내 아이가 먹게 될 ○○' 하는 식으로 부모의 감정을 자극한다. 세상에 하나밖에 없는 아이, 연약하고 귀중한 아이를 무기로 삼아 만약 자신의 경고를 듣지 않으면 무책임하고 게으른 부모라고 경고하는 것이다. 하지만 어린이의 회복력은 어른보다도 좋고, 청소년기는 인생에서 가장 강인하고 회복력이 좋은 시기이기도 하다. 육체적으로는 더 연약한 부모의 정신적인 약점을 파고드는 것이다.

첨가물에 대해 온갖 유해성을 주장하다가 더 이상 내세울 근거가 없으면

'축적성'을 내세운다. '지금은 소량이라 괜찮을지 몰라도 조금씩 쌓여서 언젠가 큰 독이 된다'라고 겁을 준다. 아니면 '단독일 때는 해가 없어도, 여러 가지 첨가물에 동시에 노출되면 복합작용으로 유해할 수 있다'라는 말로 겁을 준다. 하지만 이것들은 전혀 사실이 아니다(축적성과 복합작용은 나중에 자세히 다룸). 한편 '타르(석유)에서 합성한', '○○을 만들 때 쓰이는' 같은 말로도 불안을 자극하는데 석유는 공해나 화학은커녕 인간 자체가 없던 태곳적에 만들어진 가장 천연적인 유기물이다. 이런 천연물에 뭔가 특별한 것이 있을 것이라는 기대는 사실 범국가적이다. 정부에서 천연물 신약 개발 사업에 1조 4,000억 원이 넘는 돈을 투입했지만 결국 완전히 실패로 끝났다. 천연에 대한 환각이 빚어낸 시간과 예산의 낭비였을 뿐이다.

불안 장사꾼은 천연의 흠결은 말하지 않는다. 보톡스와 같은 천연의 독이 합성의 독보다 1만 배는 더 강하지만 그런 말을 하지 않는다. 자연의 색과 향은 인공의 색과 향보다 훨씬 강력해서 정말 극소량으로 우리의 눈과 코를 속이지만 그런 속임수는 말하지 않는다. 토마토의 새빨간 색은 불과 0.0004%에 불과한 라이코펜에 의한 것이고, 붉은 보랏빛인 티리언 퍼플(Tyrian purple) 염료를 1.2g 얻기 위해서는 지중해 조개를 1만 2천 마리나 잡아야 하며, 코치닐 염료 1kg을 얻기 위해 연지벌레 암컷을 10만 마리나 잡아야 한다. 이렇게 말하면 "와! 그 색소 참 비싸고 귀한 것이구나!"라고 말은 해도 그 색소가 얼마나 강하기에 그 사소한 양으로도 전체를 물들일 수 있었는지에 대해서는 생각하지 않는다. 향도 마찬가지다. 장미 오일 25㎖를 얻기 위해서는 1만 송이 장미가 필요하다. 그러면 '와! 그 장미 향 진짜 귀한 거구나!'라고 생각하지, '천연의 향이 얼마나 독하면 고작 25㎖로 장미 1만 송이를 오염(?)시킬까?'라고는 전혀 생각하지 않는다.

예쁘고 향기로운 꽃이 만드는 산소가 독초가 만든 산소와 성분이 다를까? 성분은 같지만, 기분은 다를 것이다. 불안 장사꾼은 이런 심리를 이용하여 '석유에서 만들어진 ○○'과 같은 식으로 항상 진실을 호도한다.

쌀은 썩지 않지만, 쌀로 밥을 하고 나면 썩기 쉽다. 수분이 많아서다. 그런데 수분이 적은 밀가루가 썩지 않는 것이 농약이나 방부제 때문이라고 한다. 쌀보다 수분이 적은 과자에 보존료가 첨가되어 있지 않느냐고 의심하는 것을 보면 참 억지가 심하다는 생각이 든다. 사실 라면이나 아이스크림에 방부제가 쓰인다고 말하는 것은 식품에 전혀 문외한이라는 자기 고백이다. 수분이 없거나 동결되어 보존료를 사용할 필요가 없을 뿐 아니라 사용하면 불법이다. 밥은 잘 썩지만, 가끔 밥이 썩지 않고 마르기만 하는 경우도 많다. 이런 현상을 보고 혹시 보존료를 넣고 밥을 한 것인지 의심하지 않는다. 그런데 썩지 않고 마르기만 한 햄버거가 등장하면 난리가 난다. 의심하려면 공평하게 하면 좋은데 절대 그렇지 않다.

3) 생소하면 무작정 위험하다고 한다

처음 공기 중에 있는 산소의 존재를 알고, 유리병에 불을 피우면 산소가 소비되고, 산소가 없으면 죽는다는 것을 알고 두려움에 빠졌다고 한다. 세상 사람들이 마구 불을 쓰고 있는데 그러다 지구의 산소가 고갈되면 어쩌나 걱정한 것이다. 그러다 식물에 의해 산소가 재생됨을 알고 안심했다고 한다.

식품에 대한 공포의 시작은 1870년대로 거슬러 올라간다. 과학자 루이 파스퇴르가 인간을 위협하는 수많은 질병의 원인이 미생물이라 불리는 미세한 유기체라는 사실을 밝혀낸 시기다. 과학자들은 새롭게 등장한 현미경이라는 강력한 도구를 이용해 과거에는 볼 수 없었던 '세균'을 알게 되자 두려움이 생겼다. 1895년 「뉴욕타임스」는 세균에 대해 다음과 같이 보도하였다. "현미경으로 촬영된 사진 속의 병원성 박테리아는 80억 마리를 모아 놓아야 액체 한 방울 정도의 분량이 된다. 박테리아는 크기가 작은 것도 문제지만 이보다 더 심각한 문제는 믿기 어려울 정도로 번식 속도가 빠르다는 데 있다. 바실루스균의 경우 단 5일이면 지구상의 모든 바다를 덮어 버릴 정도로 빠르게 번식한다." 이러한 「뉴욕타임스」의 보도 이후 수많은 언론 매체들이 앞다투어 세균에 감염될 경우의 위험성에 대해 보도하기 시작했다.

1900년경, 파스퇴르 연구팀은 세균이 공수병, 디프테리아, 결핵과 같은 치명적인 질병의 원인이라는 사실을 밝혀냈다. 그러자 일부 과학자들은 암, 천연두 등 세균과는 전혀 무관한 질병들까지 세균 때문에 발생한다고 주장하기 시작했다. 1902년 미국 정부 기관 소속 과학자 중에 일부는 나태함이 세균 때문이라고 주장하기까지 했다. 한 언론 매체의 머리기사는 이랬다. "죽음이 곳곳에 있다. 질병을 옮기는 세균은 암살범의 단검보다 더 치명적이다. 그 누구도 안전하지 않으며, 그 어떤 곳도 신성하지 않다."

산소, 세균, 발암물질 등 과학이 발전하면서 새로운 질병이나 위험이 발견되면 처음에는 전체적인 모습을 보지 못한 지식의 불균형 상태가 만들어진다. '세균 병원설' 이후 식품 선택권에 소비자는 자신을 잃어버렸다. 과학을 빙자한 불안 장사꾼의 말장난에 마구 휘둘린 것이다.

- 익숙한 것은 안전? 실제 피해는 익숙한 것에서 온다

사람들은 익숙한 천연물은 안전하고, 완전한 영양이 있을 것으로 기대하지만 전혀 사실이 아니다. 가공식품과 첨가물이 새로 나온 것이라 천연보다 완전한 영양을 갖추지 못하고 불안한 것이라 여기지만 그 또한 사실이 아니다. 예전에 식물이 자라는 데는 온전한 땅의 전부와 지력, 토지의 신이 필요하다고 믿었지만, 현대 과학이 등장하면서 질소(N), 인(P), 칼륨(K)만 있으면 된다는 것을 알게 되었다. 물론 이 주장은 성급한 것으로 드러났고, 추가로 미세한 미네랄이 보완되었다. 땅이 없이 식물이 자라는 수경재배는 정말 낯설지만, 아무 문제가 없다. 영양적 차이보다 심리적 차이가 큰 것이다.

동물도 마찬가지이다. 사료는 싱싱한 재료라고는 전혀 없는 가장 낯선 가공식품이지만 개에게 필요한 영양 성분이 모두 들어 있어 병도 잘 안 걸리고 천연 재료를 정성껏 요리해서 먹이는 것보다 2배는 오래 산다. 천연의 식품보다 초가공식품인 사료가 훨씬 건강식이고 장수식품인 셈인데, 가공식품에 대한 지나친 폄하가 많다.

전통이 있으면 무조건 안전할까? 3대 발암물질인 담배, 술, 햇빛(자외선)은 모두 오래된 것이다. 니코틴은 담배라는 천연 식물이 벌레의 공격을 방어하기 위해 만든 살충 성분이다. 알코올이 일으킨 죽음과 사고의 숫자를 합하면 이보다 더 인간의 삶을 뒤흔든 화학물질도 없을 것이다. 소금도 마찬가지다. 소금은 식용보다는 농사용, 축산용, 공업용으로 더 많이 쓰인다. 따지고 보면 소금처럼 살벌한 물질도 없다. 나트륨만 따로 있으면 폭발성 금속이고 염소(Cl_2)만 따로 있으면 독가스다. 따로 물과 만나면 염산과 수산화나트륨(양잿물)이 될 수 있다. 지나치게 먹으면 혈압과 위암의 위험을 높인다. 그런데도 이런 소금보다 MSG를 무서워한다. MSG의 독성은 소금의 1/7, 사용량은 1/5인데도 그렇다. 오래된 소금보다 새롭게 만들어진 MSG가 훨씬 안전한데 소금은 오래되고 친숙하다는 이유로 전혀 두려워하지 않는다.

우리의 안전에 대한 이미지는 실제 안전과는 별로 상관이 없다. 익숙한 것은 아무리 위험하다고 해도 믿지 않고, 생소한 것은 아무리 안전하다고 해도 절대 그럴 리가 없다면서 위험의 증거를 찾기 위해 노력한다. 우리의 낡은 믿음의 엔진은 업그레이드가 필요한 것이다.

식품 유형별 주요 위해 요인

분류			식중독	중금속	독성	항생제	농약	GMO
식품 (천연)	식물	야생	○	△	○	-	-	-
		농산물	△	△	△	-	○	○
	육류	야생	○	△	△	-	-	-
		축산물	△	△	-	○	-	-
	수산물	야생	○	○	△	-	-	-
		양식	△	△	-	○	-	-
식품첨가물			-	-	△	-	-	-

우리나라에서 보고된 식중독 사고의 건수와 환자 수

구분	2004	2006	2008	2010	2012	2014
건수	165	259	354	271	266	349
환자 수	10,388	10,833	7,487	7,218	6,058	7,466

해마다 산나물을 캐 먹다가 사고가 나거나 복어나 해산물을 먹다가 식중독 사고가 나는 뉴스를 많이 보게 된다. 만약에 가공식품에서 그런 사건이 났다면 큰 논쟁거리가 되었겠지만, 천연물로 인한 사고는 그러려니 하고 넘어간다. 미 질병통제예방센터(CDC) 등의 자료를 토대로 1990년 이후 미국에서 가장 빈번하게 질병을 불러일으킨 위험한 식품 10가지를 보면 1위가 녹색 채소이며 질병 발생은 363건, 환자는 1만 3,568명에 달했다.

우리는 대체로 자연적인 것에 호의적이다. 자연이라면 독버섯, 독뱀, 자연 방사능, 지진, 화산, 에볼라 바이러스 등의 위험에 대해 예외적이라고 눈을 감고, 인공적이라고 하면 현대적인 집, 옷, 의료 등의 장점을 무시한다. 그리고 예전부터 있었던 것이면 무작정 좋다고 한다. 그런 생각은 대체의학, 건강식품 판매자의 돈벌이에 큰 도움이 된다. 옛것에 대한 향수가 약간만 깃들어도 플라세보 효과가 강화되기 때문이다. 그런데 모든 전통은 만들어질 당시에는 최신의 낯선 것이었다. 체험담은 과학이 아니고, 생소함은 위험이 아니라는 것만 알아도 이 책의 역할은 충분할지 모른다. 그만큼 생소함과 위험함의 구분이 생각보다 쉽지 않다.

- 첨가물은 위험? 오히려 관리가 가장 쉽다

첨가물 중에 보존료, 사카린, 합성색소는 몸에 필요가 없는 성분이다. 그래서 통제가 훨씬 쉽다. 식약처에서는 독성을 기준으로 충분히 안전한 양의 1/100 이하만 쓰도록 정하면 그만이다. 식품회사들은 그 기준치보다 훨씬 적은 양만 사용하고 있으니 부작용을 걱정할 필요가 없다. 그런데 우리는 이런 물질에 너무 신경을 많이 쓴다. 정작 쓸모 있는 것이 오히려 과잉의 위험이 있다는 것을 생각조차 안 한다.

실제 식품에서 문제를 일으키는 것은 과식으로 인한 영양 과잉이다. 3대 영양소인 탄수화물, 단백질, 지방 중에서 예전에는 지방이 심장병, 비만의 원인으로 독극물 취급을 받다가 지금은 탄수화물이 당뇨와 비만의 주범으로 손가락질을 받는다. 3대 영양소에서 남은 것이 단백질인데, 사실 독성은 단백질이 훨씬 강하다. 알레르기 유발 물질의 대부분이 단백질이다.

첨가물 중에 가장 부작용을 일으킬 가능성이 높은 것도 비타민과 미네랄처럼 몸에 필요한 성분이다. 비타민과 미네랄은 섭취 권장량이 있고, 필요량의 몇 배를 먹으면 부작용이 나타나기에 섭취 상한량이 있다. 하지만 이것은 통제하기 힘들다. 모든 식품에 똑같은 비율로 비타민과 미네랄을 첨가한다면 통제가 쉽지만 누가 어떤 식품을 얼마만큼 먹을지 모르기에 어떤 식품에 얼마만큼의 비타민이나 미네랄을 넣으라고 정하기 힘들다. 사료처럼 매일 똑같은 것을 먹으면 정량 복용이 될 텐데 그렇게 할 수 없다.

무엇이든 근거를 가지고, 조심할지 안심할지 판단해야 한다. 담배, 알코올, 소금 등은 아주 오래된 것이다. 조심해야 할 것은 아무리 익숙하고 오래되어도 조심해야 한다. 피해는 오히려 익숙하다고 방심한 것들에서 온다.

- 자연의 공장=화학공장: 다른 것은 효과가 아니라 가격일 뿐이다.
  천연과 합성이 다르게 보일 때는 광학이성체나 용해도를 고려치 않은 것이다.
- 천연이 나쁠 때는 절대 천연임을 말하지 않는다.
  석유: 100% 천연이다. 3백(설탕, 소금, MSG)도 천연이고,
  열량으로 비난받는 지방도 천연이다.
  천연이 나쁘면 정제 공정 등을 핑계 삼는다.(ex. 백설탕)
- 가공으로 좋아지는 경우는 전혀 이야기하지 않는다.
  식용유는 가공(정제)하지 않으면 산가가 높아서 그대로 먹을 수 없다는 것을 말하지 않는다.
  모든 천연 콩은 가공하지 않은 상태로 먹으면 독이 된다.
- 천연은 독이나 부작용이 없다고 한다.
  천연은 정직하고 신비한 이로운 힘이 있고 합성은 숨겨진 악의가 있다고 한다.
- 천연은 순하고 여리고 부드러운데, 합성은 강하고 독하다고 생각한다.
  천연색소가 합성색소보다 진하다. 자연의 더 기가 막힌 사기술은 무시한다.
- 천연에는 뭔가 알 수 없는 특별한 기운이 있고, 합성에는 알 수 없는 독성이 있다고 한다.
- 천연은 알 수 없는 좋은 작용만 하고, 합성은 나쁜 복합작용만 한다고 한다.
- 합성은 당장에는 문제가 없어도 축적이 되어 언젠가 문제를 일으킬 것이라고 한다.
- 같은 분자라도 출처가 다르면 전혀 다른 작용을 한다고 한다.

2 불안 장사꾼에게는 몹시 나쁜 태도가 있다

1) 논리에서 밀리면 알 수 없다고 한다

나는 그동안 불안 장사꾼이 정말 수도 없이 하는 "알 수 없다"라는 말을 들어왔다. 그런데 사람은 나이는 130살을 넘기기 힘들고 키는 3미터를 넘기기 힘들다고 하는 말에 어떻게 다 살아 보지도 않고 그렇게 예측할 수 있느냐고 반문하면서 키가 4m 이상인 사람도 있을 수 있으니 그런 사람도 안심하고 통행할 수 있도록 문 높이를 5m로 통일해 달라고 하면 그게 합리적일까? 모든 것에는 비용이 들고, 문이 커지면 무게도 커져 고장과 사고의 위험은 커진다.

식품의 안전 기준은 위험 가능성에서 2~3배의 여유를 두는 것이 아니고 100배의 여유를 둔다. 그럼에도 무작정 위험하다고 우기는 경우가 많다. 아침에 일어나서 침대에서 내려와 방바닥에 내려섰는데 갑자기 내 몸이 말짱한 방바닥을 그대로 통과하여 아래층으로 뚝 떨어질 가능성이 있을까? 절대 그럴 리가 없다고 하겠지만, 양자역학에서는 그럴 가능성이 있다고 한다. 단지 그 확률이 이 우주가 수명을 다할 때까지 계속 시도해도 일어나지 않을 정도로 충분히 낮을 뿐이다. 그러면 소위 식품의 잠재적 대재앙이라는 첨가물의 복합작용, GMO의 잠재적 독성은 어느 정도의 확률로 발생할까? 우연히 멀쩡한 바닥을 통과할 확률보다는 높겠지만, 마른 하늘에 벼락을 맞을 확률보다는 낮을 것이다. 우리는 좀 합리적으로 걱정할 필요가 있다.

안전을 의심하는 것은 좋은데 조금은 공평했으면 좋겠다. 세상에는 온갖 식재료가 있지만 장점이나 단점만 있는 것은 없다. 장단점이 같이 있는데 우리는 최대한 장점이 많은 것들을 취하여 식재료로 사용한다. 문제는 장단점이 보는 사람에 따라 달라진다는 점이다. 불안 장사꾼은 천연물이면 검증되지 않은 영역에 아직 드러나지 않은 장점이 있다고 한다. 합성은 성분이 단순하여 과학적으로 천연보다 훨씬 검증되었지만, 아직 밝혀지지 않은 잠재적 대재앙이 숨겨져 있다고 말한다. 완벽한 이중 잣대이다.

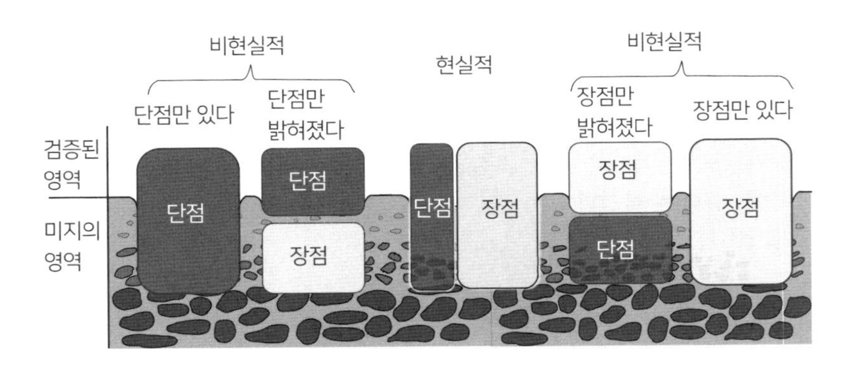

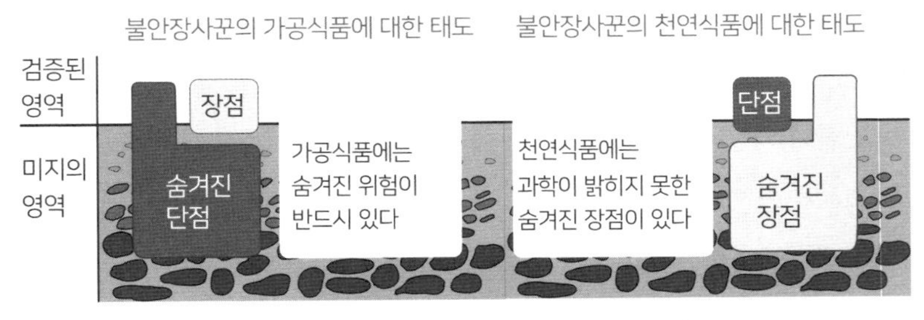

불안 장사꾼의 천연식품과 가공식품에 대한 상반된 태도

- 원하지 않는 결과는 '100%가 아니니 믿을 수 없다'라고 말한다

과학의 한계를 강조하는 것도 불안 장사꾼 특유의 수법이다. 과학으로는 모든 것을 알 수 없다고 하는 것은 그냥 자기 입맛대로 말하겠다는 핑계일 뿐이다. 과학의 한계는 과학자들이 잘 알고, 과학이 발전하여 과학 스스로가 그동안 설명하지 못하던 것을 밝히지, 과학 밖에 있는 사람이 알아낸 자연 현상은 거의 없다.

알레르기, 아토피, 과잉행동장애처럼 세상에는 아직 정확한 원인을 모르는 질병이 많다. 그런데 건강 전도사는 뭔가 하나 나쁘다고 말하고 싶으면 무작정 그 식품이 질병을 유발한다고 주장한다. 증거는 필요 없다. 그저 그렇다고 우기고 여기에 사람들의 체험담만 덧붙이면 된다. 설탕이 흥분 독소라는 주장도 그렇게 만들어진 것이다. 실제로 아이들에게 설탕을 넣지 않은 음식을 주고 어른들에게는 아이들이 설탕을 많이 먹었다고 이야기하면 어른들은 아이들이 설탕 때문에 흥분 상태에 있는 것처럼 보인다고 주장한다. 설탕이 아이의 행동을 바꾼 것이 아니라 설탕을 먹었다는 생각이 어른의 판단력을 흥분시킨 것이다.

이런 주장은 당장 거짓말이 들통날 확률이 적다는 것이 장점이다. 공포 마케팅도 마찬가지다. 주장들은 대부분 증명하기 힘든 것이고, 명확히 틀릴 때도 조심해서 나쁜 것은 없지 않으냐고 은근슬쩍 넘어가면 그만이다. 사실을 증명하는 데 필요한 비용을 다른 사람에게 전가해 버리는 것이다.

- 맘에 들지 않은 결과는 청부 과학이라고 한다

2010년 식품의약품안전처는 "MSG는 평생 섭취해도 안전하다"라는 공식 입장을 발표했다. 그러자 일부 환경 단체와 소비자 단체는 "MSG를 사용하는 글로벌 식품회사들의 막강한 로비에 전 세계 보건·식품 기구들이 굴복했다"라는 음모론을 내놓았다. 그런데 식약처나 세계 보건 전문가들이 적게 먹으라고 하는 식품은 여러 가지가 있다. 설탕, 소금, 포화지방, 탄산음료(콜라), 동물성 지방(버터), 트랜스지방(마가린), 패스트푸드 등이다. 대부분 MSG보다 시장이 어마어마하게 크다. MSG를 만드는 회사는 일본, 한국, 중국의 소수의 회사이다. 정말 세계적인 규모의 식품회사들도 하지 못한 세계보건기구 매수를 동양의 몇 개 회사가 해냈다는 주장을 거침없이 하는 사람들의 근거 없는 자신감이 놀랍다. 수억 명이 매일같이 사용하는 식재료의 하자를 로비로 해결할 수 있다는 발상 자체가 놀라운 것이다.

인기를 얻기 위해 시대에 영합하는 발상으로 '과량을 투여'하여 원하는 결과가 나오면 발표하고, 그렇지 않으면 그냥 묻어 버리는 사례가 너무 많다. 초콜릿이 나쁘다는 분위기에서는 그런 종류의 연구 결과만 쏟아지고, 누군가 초콜릿이 좋다고 하면 또 그런 쪽의 연구 결과만 쏟아진다. 한때 커피가 건강에 나쁘다는 연구 결과가 쏟아지더니 지금은 좋다는 결과가 쏟아진다. 바뀐 것은 성분이 아니라 시류에 편승하는 연구인 것이다.

어떤 식품이 좋다/나쁘다는 논문은 넘치지만 그런 논문은 인기투표와 비슷하다. 식품은 특별한 약리 작용이 없어 효과를 보려면 장기간 섭취를 해야 하는데, 어떤 사람에게 통제적으로 특정 음식을 계속 먹일 수는 없다. 따라서 설문 조사를 통해 먹는 음식과 질병의 상관관계를 추정하는 식인데, 설문의 공정성이나 설계의 문제점은 따지지 않고, 가공식품이나 첨가물에 관해 나쁜 결과만 나오면 환호한다. 대중의 입맛에 맞는 연구 결과만 나오면 언론이 앞다투어 보도한다. 콜라를 먹는 사람이 체중이 높다면 그것이 콜라 때문일까 아니면 과식 때문일까? 콜라 때문이라고 말하려면 총칼로리 섭취가 같은 사람 중에 콜라를 먹는 사람과 아닌 사람을 비교해야 하는데, 그 정도로 성의 있게 조사하지는 않는다. 라면을 비난하려면 비슷한 음식인 냉면과 비교를 해서 어떤 면이 나쁜지 말해야 하는데 그 정도 성의는 더욱 없다.

과거 장수촌과 장수촌의 음식에 대한 관심이 정말 많았는데 장수촌의 음식에는 어떤 공통점도 없었다. 사실 그걸로 어떤 것을 먹느냐는 별로 중요하지 않다고 입증이 된 셈인데 아직도 좋은 음식, 나쁜 음식 타령을 하는 사람이 넘치는 것을 보면 음식은 확실히 합리적 사고의 대상이 아니라 신념의 대상인 것 같다.

건강 전도사들은 자신의 주장에 반하는 결과가 나오면 무작정 청부의 과학이라고 매도하지만, 세상에는 인기만 추구하는 '선동의 과학'이 더 많다. 요즘 대세는 '자연주의'이다. GMO, 첨가물, 잔류농약 등이 우리 몸에 좋지 않다는 결정적 증거만 찾으면 한 방에 인기 반열에 오를 수 있다. 명성을 얻고 싶다면 어느 쪽으로 더 노력하는 것이 현명하겠는가? 연구 결과를 보면 서로 반대되는 결과가 너무 많다. 그런데 사람들은 두 자료 모두를 비판적으로 검토하지 않고, 자신이 믿고 싶은 자료만 열심히 찾아서 신념을 강화하는 일을 주로 한다. 이것은 공부가 아니고 신앙이다.

2) 비싸면 숭배하고, 가격이 낮아지면 평가마저 저렴해진다

불안 장사꾼들이 가공식품이나 첨가물을 비난하는 대표적 수법이 가짜라고 폄하하는 것이다. 가짜 초콜릿, 가짜 식초, 가짜 소시지, 가짜 게맛살, 가짜 바나나 맛 우유, 가짜 치즈 등이다. 예를 들어 게맛살은 당연히 게살로 만든 것이 아니다. 바나나 맛 우유도 바나나로 맛을 낸 것이 아니다. 그렇지만 게맛살이 게살보다 영양이 부족하거나 위험한 것이 아니고, 바나나 맛 우유가 바나나보다 영양이 부족하거나 위험한 것도 아니다. 바나나 생산지에서는 바나나보다 우유가 훨씬 비싼 것이다.

> "일반 소비자들은 라면수프가 고소한 간장이나 미림 또는 돼지 뼈 국물 등을 졸여 만든 진국이라고 무의식적으로 생각한다. 그러나 유감스럽게도 라면수프에는 그런 재료가 거의 들어가지 않는다. 수프는 백색 가루, 즉 첨가물을 조합하여 만든다. 식염, 화학조미료, 단백 가수분해물, 이름하여 가공식품의 '황금 트리오'다. 이 세 가지를 맛의 근본 물질이라고 정의할 수 있다. 여기에 풍미 강화 소재인 농축물이나 향료 등만 넣으면 뭐든지 원하는 맛을 만족스럽게 만들 수 있다." - 『인간이 만든 위대한 속임수 식품첨가물』, 아베 쓰카사

요즘은 덜하지만, 라면의 폄하는 정말 흔했다. 라면은 처음부터 우리나라에 라면으로 도입되었으니 가짜라는 시비만 없을 뿐이다. 과거에 왜 라면이 인기냐고 물으면 값이 싸고 요리가 간편해서라는 답이 많았다. 요즘은 맛있어서라는 답이 많다. 좋아해서 먹었지만, 고작 그런 것을 맛있다고 말한다고 할까 봐 라면이 맛있다는 말도 자신 있게 하지 못했다. 과거에는 지금보다 재료의 예찬이 넘치고 넘쳐서 맛이 있다고 하면 자연산이라, 유기농이라 등등 뭔가 탁월한 재료를 말해야 하는데, 튀겨 만든 고불고불한 면발에 고작 10g짜리 수프를 넣고 만든 것이라 맛있다고 하기 힘들었다. 온갖 재료를 넣어도 맛을 내기 힘든데 수프 한 개만 넣으면 기적

적으로 맛이 살아나는 것을 보고, 음식은 정성이라고 믿었던 사람은 그 것을 정상적으로 인정하기 힘들었다. 사실 내가 혀로 느끼는 맛은 5가지 뿐이고, 수만 가지 향은 0.1%도 안 되는 향기 물질에 의한 것이라고 했을 때, 자신의 음식관이 무너지는 듯한 멘붕에 빠지기도 했고, 지금도 안 믿는 사람이 있다. 그래서 라면은 화학적인 첨가물 덩어리라고 안병수 씨 등의 건강 전도사들 주장에 적극 동조했다. 그런데 우리나라는 식품에 사용되는 모든 원료를 표시하게 되어 있고, 라면수프의 표시사항을 확인하면 간장 분말, 소고기 맛 베이스, 조미 소고기 분말, 조미 효모 분말, 돈골 조미 분말, 발효 표고 조미분, 표고버섯 분말, 건표고버섯, 건당근, 마늘 발효 조미분, 양파 풍미분, 건파, 마늘 분말, 생강 추출 분말, 홍고추 분말, 후춧가루, 흑후추 분말, 건고추 등을 볼 수 있다.

그런데 라면회사 직원에게 라면이 왜 맛있느냐고 물으면 소비자가 이해할 만한 답을 내놓지 못한다. 나는 라면이 맛있는 이유를 맛있는 성분을 고르고 골라 무려 10g이나 넣었는데 어떻게 맛이 없을 수가 있겠느냐고 반문한다. 10g의 건조 수프가 작은 양으로 보이지만 채소는 95%가 물이고 5%의 대부분도 맛과 무관한 성분이다. 그러니 채소로 치면 고형분만 200g에 해당하는 양이고 고르고 고른 맛 성분은 채소 1kg보다 훨씬 많다. 상온에 유통하기 위하여 모두 말리고 분말화하여 형태가 보이지 않아서 전혀 생소해 보이지만 우리에게 익숙한 재료들이다. 육수를 내고 거기에 온갖 향신료와 맛을 내는 추출물을 넣고 끓인 후에 건조하여 분말로 만든 것이다. 사실 어떤 요리건 식재료에 포함된 맛 성분은 2% 이하인 경우가 대부분이라 1인분에 라면보다 맛 성분이 많은 것은 드물다.

더구나 한국인은 후각보다 미각에 민감하고, 라면은 미각에 가장 충실한 제품이다. 라면의 미각적 만족도는 코로나 때 증명이 되기도 했다. 내가 아무리 혀로 느끼는 맛은 5가지이고 음식의 다양한 풍미는 코로 느끼는 향이라고 해도 믿지 않던 사람들이 코로나로 후각이 망가지자 모든 음식이 평소와 완전히 달라서 당황스럽고 힘들어했다. 그래서 향이 사라진 음식에서 평소에 먹던 것과 가장 비슷한 음식이 뭐였느냐 물었을 때 가장 많은 답이 라면이었다. 라면은 냄새(후각)를 느낄 수 없어도 만족도가 평소와 크게 다르지 않았다는 것이다. 라면의 수프에는 감칠맛, 짠맛, 매운맛 등 온갖 미각 성분이 가장 입체적으로 들어 있어 만족했던 것이지 첨가물 같은 특정 성분에 의한 것이 아니다. 만약에 수프에 그런 비법의 첨가물이 있었으면 라면회사 연구원 출신이 식당을 차리면 100% 성공했을 것이다. 누가 그 가성비를 따라 할 수 있겠는가?

최근 우리나라의 커피믹스가 외국인에게 큰 인기라고 한다. 안병수 씨 같은 건강 전도사들이 가장 비난했던 음식이다. 우리나라 식량은 쌀을 제외하면 자급률은 형편없어서 수입에 비해 대부분 가격 경쟁력도 없다. 세상에 가장 흔하고 평범한 식재료로 비범한 맛을 내는 것이 우리나라 음식의 특징이다. 라면도 그렇고, 치킨도 그렇고, 떡볶이도 그렇고, 소주도 그

렇고, 초코파이도 그렇다. 식품회사들의 노력으로 평범한 재료로 비범한 맛을 낸 제품들이 해외에서 인기가 더욱 높아지고 있는데, 국내에서 불안 장사꾼들이 만든 비하가 너무 많았다. 비싸면 숭배하고 싸면 우습게 보는, 가치와 고마움을 모르는 불안 장사꾼이 문제다.

- 소주 괴담이 통하는 이유

> 소주를 화학소주라 부르는 이유는 소주의 원료인 에틸카바메이트 때문이다. (중략) 소주에 사용되는 에틸카바메이트는 석유의 부산물에서 나오는 물질로, 자연에 없는 합성화학물질임을 알아야 한다. (중략) 희석식 소주를 마시고 난 뒤 특히 심한 숙취에 시달리게 되는 이유는 알코올에 수십 가지 화학첨가물을 혼합했기 때문이다. - 출처: 인터넷

소주는 발효로 만든 주정을 희석하여 만들지 석유로부터 합성한 알코올로 만들지 않는다. 우리나라에서는 10개 업체가 주정을 만드는데 타피오카(서양 돼지감자), 정부미, 현미, 세미(부서진 쌀), 고구마 등을 발효시켜 만든다. 사용원료는 가격은 저렴하고 수율이 높은 타피오카를 선호하나, 정부미 재고가 많으면 정부에서 정부미를 배정받아 만들고, 감자가 넘치면 어쩔 수 없이 감자를 배정받아 주정을 만든다. 타피오카나 쌀은 전분이 72~76% 정도고, 보리는 60%대지만, 생감자는 고작 10% 수준이라 감자를 아무리 싼값에 들여와도 타피오카 등과 비교하면 원료비가 훨씬 많이 들고 처리 비용도 많이 든다. 어떤 원료를 쓰든 전분은 포도당으로 만들어진 것이라서 발효 과정에서 포도당으로 분해되고 다시 알코올

로 전환된다. 이때 0.1%도 안 되는 향기 물질이 생성되지만 향기 물질이 영양적 가치가 있는 것은 아니다. 주정은 거의 순수한 알코올만 증류하기 때문에 최종 제품은 무슨 전분으로 만들어도 맛과 향의 차이가 없다.

알코올은 아세트알데히드를 거쳐 초산으로 분해된다. 사람들 중에는 아세트알데히드를 분해하는 효소가 유난히 부족한 사람이 있다. 이 사람들은 조금만 술을 먹어도 얼굴이 붉어지면서 두통으로 고생한다. 그런데 아세트알데히드 분해 효소가 충분한 사람도 술을 마신 다음 날 술의 종류에 따라 유난히 숙취로 고생하는 경우가 있다. 그 원인으로 알코올보다 뷰틸알코올 등 여러 가지 '다가알코올'이 꼽히고 있으며 주정은 거의 완벽하게 순수한 알코올(95%+물)만 농축되므로 이런 성분이 거의 없다.

어떤 발효주든 증류할수록 이런 성분을 줄일 수 있지만, 무작정 증류를 하면 향기 성분도 같이 제거되므로 한계가 있다. 주정은 이런 향에 대한 고려가 없이 알코올만 뽑아낸 가장 깨끗한 술이라고 할 수 있다. '레드와인 두통(Red wine headache)'은 화이트 와인은 괜찮은데 레드 와인을 마시면 머리가 깨질 듯한 두통이 발생하는 사람 때문에 생긴 말이다. 숙취는 과음하면 모든 술에서 발생하고 소주는 고도의 증류주라 오히려 숙취 성분이 적은 편인데, 저렴하다는 이유로 가치를 인정하지 않는다. 소주는 별로 맛(향)도 멋도 없지만 항상 같은 품질로 서민의 애환을 달랬다. 단 한 번도 우리에게 즐거움을 주려 노력하지 않은 불안 장사꾼들이 함부로 거짓말을 동원해 비난할 대상은 아니다.

희석식 소주보다 전통 소주를 좋아하고, 양산된 된장보다 집 된장을 좋아하고 라면보다 냉면을 좋아하고 예찬하는 것은 멋지다. 나부터 응원하고, 식품의 다양성 측면에서도 정말 바람직한 현상이다. 하지만 자신의 취향이나 신념을 남에게 강요하는 것은 선을 넘는 것이고, 자신이 좋아하는 것을 예찬하는 대신 남의 것을 폄하하고 불안감을 조성하는 것은 모두에게 좋지 않다.

3 첨가물에 대한 축적성과 복합작용이라는 거짓말

1) 첨가물은 식품에 첨가하라고 만들어진 물질이다

불안 장사꾼들이 가공식품을 비난할 때 하는 단골 멘트가 '정제를 통해 유익한 성분은 빠져나갔다', '인공색소와 향으로 맛과 색을 낸 가짜 식품이다', '첨가물이 들어 있어 위험하다' 같은 말이다. 사실 식품첨가물은 비타민과 미네랄, 식이섬유 등을 포함한 식품에 첨가할 수 있는 모든 물질로 첨가물로 싸잡아 말하는 것 자체가 첨가물에 대해 잘 모른다는 자기 고백이기도 하다.

1955년 제1회 FAO/WHO 합동 식품첨가물 회의에서 설정한 식품첨가물의 기본 원칙은 아래와 같은 것이었다.

- 인체에 무해할 것. 체내 축적되지 않을 것.
- 정해진 순도 규격에 적합할 것.
- 식품의 보존성, 안전성을 높이고 식품의 미각을 증진하기 위하여 사용할 수 있으며 소비자를 속이거나 식품의 성질이나 품질에 커다란 변화를 가져오는 것은 사용할 수 없다.

이 규정을 이해하는 것은 어렵지 않지만, 아래 문제를 풀어보면 첨가물 공부의 시작이라 할 수 있는 첨가물인지 아닌지의 판단부터가 어렵다는 것을 알게 될 것이다.

질문 A: 다음 중에서 식품첨가물은?

1) 산소　2) 소금　3) 포도당　4) 트레할로스

소금과 포도당, 트레할로스는 일반식품으로 관리한다. 식품에 사용되는 산소를 첨가물로 관리하는데 그럼 우리는 한 가지 첨가물을 매일 600g 이상 먹고 있는 셈이다. 1년이면 무려 219kg이다. 더구나 이 첨가물에서 만들어지는 활성산소가 성인병 원인의 70%라고 한다. 정말 놀랍지 않은가? 누가 첨가물이 위험하다고 할 때 산소까지 포함해서 말했으면 조금 믿을 만할 텐데, 산소도 식품첨가물로 관리된다는 것도 모르면서 첨가물 전문가인 것처럼 말한다.

질문 B: 다음 중에서 화학적 첨가물은?

1) 비타민 C　2) 피트산　3) 히알루론산　4) 에리스리톨

답은 비타민 C. 지금은 첨가물에서 천연과 화학적 합성품의 분류를 없앴지만, 과거 첨가물 공전에 화학적 합성품으로 등재된 것은 비타민 C이다. 천연과 합성 첨가물의 경계는 가공식품과 천연식품(농산물)의 경계만큼 모호하다. 배추를 그대로 먹으면 농산물이고 김치로 담그면 가공식품이다. 그러면 배추를 다듬어서 살짝 데치면 농산물일까? 가공식품일까? 김장용으로 만든 절임 배추는? 거기에 양념을 같이 포장하면? 모든 것의 경계는 불명한데, 의미 없는 구분에 너무 집착하는 경향이 있다.

질문 C: 다음 중에서 식품첨가물이 아닌 것은?

1) 비타민　　2) 미네랄　　3) 아미노산　　4) 설탕

답은 설탕이다. 비타민, 미네랄, 영양 성분은 당연히 첨가물로 관리된다.

질문 D: 아래의 표시사항처럼 가장 다양한 첨가물이 사용되는 식품의 종류는? (　　)

유당, 혼합식물성유지, 고올레인산해바라기유, 야자유, d-토코페롤(혼합형), 가수분해유청단백질, 덱스트린, 갈락토올리고당, 쌀전분, 올리고프락토스, 아라키돈산, DHA, 뉴클레오타이드혼합제제(시티딜산, 우리딜산Na, 아데닐산, 이노신산Na, 구아닐산Na, 구연산, 덱스트린), 비타민E, dl-알파-토코페릴아세테이트, 베타카로틴, 옥배유, 대두유, MCT유, 레시틴혼합제제, 식물성유지, 글리세린지방산에스테르, 제이인산칼륨, 제이인산나트륨, 염화칼륨, 염화마그네슘, 아셀렌산나트륨

개별로 첨가되는 모든 영양 성분도 식품첨가물이다. 그래서 가장 다양한 식품첨가물이 들어간 식품을 꼽으라면 어린이 영양제로 만들어진 분유 같은 것이 될 수밖에 없다.

이처럼 첨가물은 분류부터가 쉽지 않다. 그래서 나는 식품첨가물을 다음처럼 설명한다.

아주 멀리서 백사장을 보면 하얗고 매끈하다. 하지만 다가가서 자세히 들여다보면 매끈함은 하나도 없고 온갖 울퉁불퉁하고 제각각인 모래와 자갈 투성이다. 식품과 첨가물의 관계는 백사장과 모래와 같다. 하얗고 매끈해

보이는 식품은 사실 온갖 울퉁불퉁하고 알록달록한 성분으로 되어 있다. 첨가물은 그런 성분을 용도에 맞게 크기, 재질, 색깔별로 따로 모아둔 것과 같다. 식품과 첨가물은 전혀 달라 보이지만 사실은 식품 성분 중에 활성 성분을 따로 모아둔 것일 뿐이기도 하다. 그들 성분은 전 세계적으로 수십 년간 사용되면서 가장 혹독한 검증을 거쳐 살아남은 것들이다. 다시 말하면 그 목적을 달성하는 데 그보다 안전한 물질은 별로 없다는 뜻이기도 하다. 또한 식품의 원리를 공부하기 좋은 수단이기도 하다. 식품은 다양한 분자의 종합이고 식품의 기능은 개별 분자의 기능의 합이라 식품의 특징을 공부하려면 개별 분자인 첨가물을 다루어 보는 것이 효과적이다.

2) 첨가물이 위험하다고? 식품만큼 안전한 것도 많다

누구도 위험한 첨가물의 사용을 원하는 사람은 없다. 첨가물의 종류가 많으니 위험한 것은 법으로 사용을 금지하면 그만이다. 하지만 천연물보다 덜 위험한 것을 가지고도 시비를 거니 문제다.

사카린, 합성색소, 보존료, MSG 등 오랜 시간 검증된 원료에 시비를 걸어대자 대안으로 개발된 원료가 많지만, 그 대안이란 것들이 비용의 증가 대비 안전이 증가하지도 않았고 불안감이 줄어들지도 않았다.

식품회사는 어떤 원료가 나쁘다고 하면 항상 그것을 정면으로 대응하고 설득하기보다는 대체 원료를 찾았다. 오래 사용된 원료가 엉터리 실험으로 시비에 휘말리면 아직 덜 사용하여 덜 욕먹는 원료로 교체하는 것이다. 하지만 그것도 시간이 지나면 다시 비난의 대상이 된다. 감미료 소동이 그랬고 지방 소동이 그랬다. 가장 많이 사용되는 원료가 가장 많은 실험이 이루어지고, 검증된 것인데 많이 노출되었다는 이유로 많은 욕을 먹기 쉽다. 소금도 설탕도 가장 검증되고 안전한 것이다. 소금보다 안전한 짠맛 원료는 없고, 설탕보다 안전한 감미료도 없다. 단지 많이 사용되어 많이 욕을 먹는 것뿐이다. 가장 말 많고 탈 많다고 여겨지는 원료가 실제로는 장점이 많아서 많이 사용되는 원료다.

과거 우리나라의 식품첨가물은 화학적 합성품과 천연첨가물로 분류했으나 2018년부터는 용도를 중심으로 분류했다. 화학적 첨가물이라는 것이 안전의 분류가 아닌데, 그걸로 불안 장사꾼이 너무나 많은 거짓말을 지어내자 국제적으로 활용되는 분류 체계를 이용해 613품목을 주 용도로 분류한 것이다. 첨가물은 식품에 첨가가 가능한 모든 물질을 지칭하는 것이고, 그만큼 종류가 많다. 효소, 아미노산, 비타민, 식이섬유, 미네랄도 당연히 첨가물로 관리된다. 그러니 첨가물이라고 싸잡아 말하는 사람은 첨가물을 실제로는 거의 공부해 보지 않은 사람일 가능성이 100%다.

첨가물의 사용 제한에 따른 분류와 품목

분류	품목 수	품목
1. 사용상 제한 없음	356	
2. 최종 잔류량만 제한	28	제삼인산칼슘, 제이인산칼슘
3. 사용금지 품목 지정	113	천연색소, 합성색소
4. 허용 품목과 함량 지정	47	아질산, 아황산, 보존료
5. 특정 제품/목적에 한정 (향료 전용)	51 (2600)	껌기초제, 삼이산화철 (식품향료)

- 우리나라 첨가물 사용량이 많다고? 허용량의 1/100 수준이다

우리나라는 첨가물을 다른 나라들보다 적게 쓰는 편이고, 과거에 비해서도 적게 쓰고 있다. 예전에는 아이스 바 한 개를 먹으면 혓바닥이 파랗게 물드는 제품도 있었다. 하지만 조심성 없고 부주의했던 화학물질 오남용 시대는 아주 오래된 이야기다. 식약처가 2007년 국내 합성색소 섭취량을 조사한 결과, 색소가 포함된 식품만을 먹어도 일일섭취허용량의 0.01~16.4%에 지나지 않는 안전한 수준을 보였다. 지금은 이것마저 천연색소로 대체되었다.

또한 아황산은 일일섭취허용량의 1/20, 아질산은 1/10 수준으로 섭취하는 것으로 조사돼 모두 안전한 수준으로 평가됐다고 밝혔다. 사용이 허용된 품목의 절반 정도는 아예 쓰지도 않았고, 사용하더라도 허용한 기준보다 훨씬 적게 썼다. 항산화제의 사용량도 우리 국민의 산화방지제 일일섭취량을 평가한 결과 일일섭취허용량의 0.01~0.28%로 나타났다.

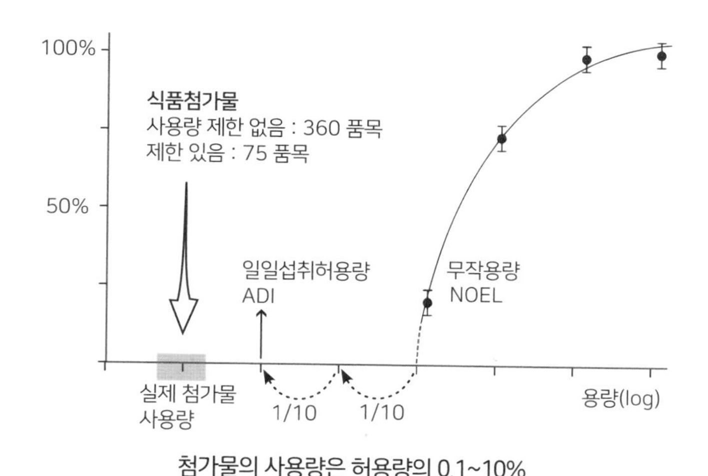

첨가물의 사용량은 허용량의 0.1~10%

보존료 사용량도 안전하다. 2012년 3월, 식약청이 시중의 소시지 등 37개 품목, 610건에 대해 보존료 함량을 조사한 결과 일일섭취허용량의 최대 0.89%에 그쳐 매우 안전한 수준임이 밝혀졌다. 조사에 따르면 치즈, 어육가공품, 건조 저장육 등에 보존료가 쓰이지만, 보존료 함량이 가장 많은 식품도 허용치의 1/4 이하였다고 밝혀졌다. 검사 제품 가운데 절반은 아예 보존료가 검출되지 않았다. 보존료를 쓸 수 있도록 허용된 제품은 전체 식품의 극히 일부다. 그런데 허용된 제품마저 절반은 보존료를 쓰지 않고, 쓰더라도 허용량의 1%를 넘지 않는다. 일일섭취허용량은 유해성이라도 나타날 수 있는 농도의 1/100이다. 보존료가 나쁘게 작용하려면 지금보다 1만 배(100×100)의 양을 먹어야 한다. 나머지 첨가물의 사용량도 허용량의 1/10 이하다. 지금보다 가공식품을 1,000배는 더 먹어야 구체적 피해가 발생하기 시작하는지 마는지 따져 볼 수준인 것이다.

- 첨가물은 싸다고? 천연이 더 싸다

합성 석유가 쌀까? 천연 석유가 쌀까? 당연히 천연 석유가 싸다. 합성이 더 싸면 금방 천연 석유를 대체할 것이다. 천연 탄수화물, 단백질, 지방이 쌀까? 아니면 합성 탄수화물, 단백질, 지방이 쌀까? 3대 영양 성분은 무조건 천연이 가장 싸고, 마땅히 합성할 기술도 없어 우리가 먹는 것의 주성분은 천연일 수밖에 없다. 어떤 것이든 인간의 손을 거치면 가격이 크게 뛴다. 석유도 알코올이나 식용유로 합성은 가능하지만, 천연보다 훨씬 비싸서 사용하지 못한다. 유기물 중에는 천연으로 만들어진 석유, 석탄이 가장 싸고, 생산성이 높은 곡류(전분, 밀가루)가 가장 싸다.

비타민 중에 토코페롤은 천연이 싸다. 콩기름을 만들 때 많이 생산되기 때문이다. 이때 레시틴도 나온다. 따라서 천연 레시틴이 모든 유화제 중 가장 저렴하다. 향료 중에는 천연 오렌지 향이 가장 싸다. 대량으로 오렌지 주스를 만드는 과정에서 버려지는 오렌지 껍질에서 대량으로 만들어지기 때문이다. 색소나 향처럼 천연에서 매우 소량으로 작용하는 물질은 값싼 천연물을 원료로 분자를 변형하여 만들 수 있다. 그럴 때만 경쟁력이 있다.

- 첨가물은 합성이라 강하고 독하다고? 천연이 더 독하다

합성색소나 조합 향을 조금만 넣어도 색이 나오고 향이 나는 것을 보고 '역시 합성은 강해!'라고 생각하지만, 실제로는 합성색소는 천연색소보다 색이 약하고, 합성향료도 천연향료보다 향이 약하다. 단지 천연색소나 천연 향은 그 순도가 터무니없이 낮아서 그렇지 같은 순도면 천연이 강하다.

사카린의 단맛은 설탕에 비하여 200~700배, 아스파탐은 200배 이상, 아세설팜은 200배, 수크랄로스는 600배 강하다고 하니 역시 합성은 진하다고 생각할 만하다. 하지만 천연의 감미료인 스테비아도 설탕보다 100배, 감초의 글리시리진은 200배, 아프리카의 과일에서 추출한 모넬린은 3,000배, 토마틴도 2,000~3,000배의 단맛을 낸다. 독도 천연의 독이 인공의 독보다 만 배나 강하다.

- 천연이 순수하다고? 첨가물이 훨씬 순수하다

갓 짜낸 새하얀 우유 한 컵에는 최소 10만 종의 화학물질, 단백질 등이 포함되어 있다. 원두커피를 추출하기만 해도 그 안에 포함된 향기 물질만 무려 1천 종이다. 천연은 순수한 것이 아니라 잡다해서 장점인 것이다. 첨가물은 한 가지 성분이 99%인 것이 많다. 그 물질은 원래 자연에 있는 것인데, 다른 원료로 변형해서 고농도로 생산한 것일 뿐이다.

- 첨가물로 나쁜 재료의 흠결을 숨긴다고?

세상에 나쁜 재료를 좋은 재료로 바꾸는 기술은 없다. 향이 없는 것을 향이 나게 하는 것, 색이 없는 것에 색을 내기도 쉽다. 무미의 물질에 맛을 내기도 쉽다. 하지만 쓴맛이 나는 것을 없애는 물질은 없고, 악취를 감추는 물질도 없다. 나쁜 것은 표시가 난다. 나쁜 맛을 감추기가 그렇게 쉽고, 좋은 맛을 내기가 그렇게 쉽다면 세상의 음식은 가장 맛있다는 맛으로 통일이 되었을 것이다. 다행히(?) 그런 기술이 없기에 세상의 맛이 다른 것이다.

생산자는 비싼 재료를 사용하여 좋은 맛을 내고, 소비자는 비싼 가격을 기꺼이 지급할 준비가 되었다면 모두에게 공정하겠지만 현실은 그렇지 않다. 소비자는 비싼 재료를 사용하여 저렴하게 판매하기를 바라고, 생산자는 저렴한 재료를 사용하여 높은 가격을 받으려 한다. 합리적인 선택은 일반적인 재료로 좋은 맛을 내고 적당한 가격을 받는 것이다. 하지만 이것에 강한 불만을 가진 사람들도 있다. 소위 건강 전도사들이다. 그들은 게맛살은 게살이 아니라 명태살과 전분으로 만든 가짜라고 한다. 게맛살이 진짜 게살이 아니라는 것은 누구나 알고 있다. 포장지에 그렇게 쓰여 있다. 그 가격에 진짜 게맛살을 먹으려 한다면 그 사람이 바로 도둑놈 심보를 가진 것이다. 그런데 게맛살과 진짜 게살은 영양이나 안전에서 차이가 없다. 가격이 크게 다르고 맛이 상당히 다를 뿐이다. 영양과 안전 모두 차이가 없다면 즐기면 그만이다. 게맛살의 향이나 진짜 게살의 향이나 똑같은 화학물질이고 게살이라고 해서 더 안전하고 건강한 것도 아니다. 기분의 차이일 뿐이지 건강과는 아무런 상관이 없다.

3) 첨가물이 점점 몸에 쌓인다는 축적성 괴담

첨가물의 개별적인 오해에 대해서는 전작『진짜 식품첨가물 이야기』에 모두 써 놓았는데, 첨가물에 대해 그렇게 떠들던 사람 중에 반론한 사람은 아직 없다. 그래도 그들의 가슴속에는 비장의 카드 두 개가 남아 있을지 모른다. '축적성'과 '복합작용'이다. 첨가물이 개별적으로는 안전할지 모르지만, 장기 복용 시 몸에 축적되어 생기는 문제점은 알 수가 없고, 다른 첨가물과 만나서 어떤 물질을 만들지 모르기 때문에 위험하다는 주장이다.

예전에 한 방송에서는 우리가 첨가물을 한 해에 24.69kg을 먹고 있으며, 이 중 최소한 10%가 배출되지 않고 몸에 쌓인다는 주장이 나왔다. 24.69kg의 10%면 매년 2.469kg이 쌓이고, 10년이면 24.69kg이 쌓인다는 말이 된다. 그러면 체중이 70kg인 건강한 사람의 몸에는 수분이 65%이므로 수분의 무게 45.5kg을 제외한 24.5kg이 첨가물이라는 소리인가? 그 말이 사실이라면 10세 이상의 모든 한국인은 뇌, 심장 할 것 없이 온몸이 순수 첨가물 덩어리란 말이 된다. 요즘 병원에 가면 혈액 검사는 일상이다. 그런데 왜 아무도 혈액 속 첨가물 이야기는 하지 않는 것일까? 왜 건강 전도사들은 가장 단순한 산수로도 드러날 첨가물에 대한 거짓말을 서슴없이 하는 것일까?

미네랄은 원자 상태라 더 이상 분해되지도 변하지도 않는 영원한 존재이고, 나름 우리 몸이 배출을 억제하려 노력한다. 그래도 조금씩 손실은 일어나서 아주 미량은 먹어야 한다. 약도 한 번 먹으면 그 약리 성분이 몸에 계속 유지되는 것이 아니고, 커피의 카페인이 금방 배출되고 사라지듯이 약의 성분도 배출이 된다. 콩팥은 혈관 속의 온갖 분자들을 사구체를 통해 무차별적으로 배출하고, 이후 이어지는 기다란 관을 통해 필요한 성분만 재흡수하는 방식으로 작동하기 때문이다. 그래서 지구 역사상 한 번도 등장하지 않은 낯선 분자 형태의 신약을 만들어 먹어도 금방 몸 밖으로 배출되는 것이다. 더구나 우리 몸 세포의 절반도 1년이면 죽어서 사라지고 새로운 세포로 채워질 정도로 동적이다. 첨가물 중에 배출되는 반감기가 길어서 축적되는 양이 많아 문제가 되는 물질은 당연히 없다. 축적성이 있는 물질은 애초에 법으로 첨가물로 허용되지 않는다.

내 몸에 축적되는 예외적인 것들에는 반드시 명확한 이유가 있다. 비만 현상을 일으키는 지방의 축적은 우리의 에너지 비축 기작에 의한 것이고, 축적성이 문제가 되는 것은 '중금속'과 '다환구조물질' 정도다. 중금속은 원자 상태라 분해가 안 되고 단백질 등과 결합력이 커서 배출이 어렵다. 모든 금속(미네랄)은 배출량보다 흡수량이 많으면 축적이 일어날 수 있다. 중금속은 식품에 첨가한 물질이 아니고 다른 산업의 폐기물로 나온 중금속이 토양과 물을 통해 천연 식물로 전해져, 이것을 먹는 동물에까지 오염된다. 이런 중금속은 전적으로 천연물 문제인 것이다.

벤조피렌 같은 다환구조의 물질이 문제가 되는 것은 화학구조가 매우 안정적이어서 분해가 힘들기 때문이다. 더구나 이런 물질은 물과 기름 모두에 안 녹아 배출이 힘들다. 이 또한 천연물로부터 오염된 것이지, 정제된 첨가물에는 없다. 축적성을 말하려면 결국 천연식품의 위험성을 말해야 하는데, 거꾸로 천연식품을 찬양하고 첨가물을 비난하는 데 사용된다. 축적성의 기작도 모르고 건강 전도사는 마음에 안 드는 물질이 마땅한 비난할 핑계가 없으면 축적성이 있다고 우긴다.

사실 축적성을 굳이 실험할 필요도 없이 생각만 해 봐도 뻔히 알 수 있는 내용이다. 첨가물인 향료가 몸에 축적되면 우리 몸의 냄새는 점점 진해져야 한다. 첨가물인 색소가 축적되면 우리 몸은 빨갛고 파랗게 색이 점점 진해져야 한다. 첨가물보다 분자가 커서 오래 몸에 남아 있는 약마저 시간이 지나면 배출되어 약효가 떨어져 하루에도 몇 번씩 먹어야 하는데 첨가물이 축적된다는 것은 난센스 중 난센스이다.

- 축적성이 있다는 첨가물이 물에 잠깐 씻는다고 쉽게 사라질까?

"식품첨가물은 끓는 물에 음식을 살짝 데치면 쉽게 제거할 수 있다. 단, 데친 물에는 식품첨가물이 녹아 있을 수 있어서 버리고 새 물을 사용해야 한다. 단무지, 맛살, 두부 등에 주로 들어 있는 사카린나트륨, 착색제, 산도조절제, 산화방지제, 살균제, 응고제 등은 흐르는 수돗물에 헹구기만 해도 제거할 수 있다. 통조림과 육류의 아질산나트륨, MSG, 타르 색소 등은 대부분 기름에 녹아 있어 기름을 따라 내고 키친타월로 기름기를 한 번 닦아내면 된다." -「손쉬운 첨가물 제거법」, 인터넷 자료 사람들은 식품 표면의 세균이나 잔류농약을 물로 씻으면 대부분 제거되므로, 첨가물도 그럴 것이라는 거짓말에 자동으로 속는다. 첨가물은 농산물 표면에 달라붙는 미생물도 아니고 그것을 막기 위한 농약도 아니다. 겉면이 아니라 제품 속까지 골고루 들어 있다. 그래서 제품 전체가 골고루 맛도 나고 향도 있고 색도 있다. 그런 첨가물이 씻는 순간 제거되면, 동시에 제품의 색도, 향도, 맛도 사라져야 한다. 첨가물은 대부분 물에 잘 녹지만 물에 잠깐 데친다고 제품 속에 있는 것까지 쏙 빠질 정도는 아니다.

첨가물이 씻으면 금방 사라진다는 거짓말은 굳이 실험해 보지 않고도 알 수 있는 것인데 사람들은 이 말을 무작정 믿는다. 그래도 조금은 줄어들지 않았느냐고? 정말 그 정도 씻어서 제거되는 것에 만족한다면 차라리 식품회사에 씻어서 포장해 달라고 하거나 처음부터 조금 덜 넣어서 만들어 달라고 하는 게 낫다.

앞선 주장에서 육류에 타르 색소의 사용이 불법인지 모르고, MSG, 아질산나트륨, 타르 색소는 기름에 잘 녹는 것이 아니라 물에 잘 녹는다는 것도 모른다는 사실에서 그냥 아무 말 대잔치라는 것을 알 수 있다.

4) 알 수 없는 복합작용을 한다는 괴담

나는 복합작용 괴담이 첨가물에 대한 건강 전도사의 최후의 카드가 아닐까 생각한다. 개별적인 안전성이 검증되어도 축적성이 있어서 문제가 된다는 거짓말은 검사해 보면 쉽게 알 수 있지만, 수많은 첨가물이 상호작용해서 어떤 독성물질을 만들지도 모른다는 주장은 검증하기 힘든 주장이기 때문이다. 더구나 딱 한 건, 그들의 입맛에 딱 맞는 사례도 있다. 2006년 4월에 비타민 C와 안식향산(벤조산나트륨)이 함께 함유된 음료수

10개 중 5개 제품에서 벤젠이 검출된 사건이다.

벤조산나트륨의 극히 일부가 금속의 촉매하에 비타민 C의 작용으로 벤젠으로 분해된 것이다. 그래서 비타민 음료 일부에서 리터당 50㎍(0.00005g) 정도의 벤젠이 생성된 것이다. 물론 그 양은 건강에 위협을 주지 않는 초미량이었다. 벤젠은 바나나 한 개에도 최대 20㎍이 있고, 공기 중에도 0.1ppm 미만이 있다. 하루에 공기를 평균 20㎥ 정도 마시므로 6,000㎍ 정도의 벤젠을 매일 흡입하고 있는 것이다. 문제가 된 음료의 120개에 해당하는 양이다. 비타민 음료라서 일반 음료보다 많은 비타민 C를 넣었고, 다른 음료에 비해 산도가 낮아서 보존료인 벤조산을 사용했다. 그래서 소량의 벤젠이 생성된 것이다. 사건 이후 비타민 음료는 배합과 공정 개선을 통해 그런 문제가 없도록 개선되었다.

사건이 발생하자 불안 장사꾼은 쾌재를 불렀다. 개별로는 안전한 첨가물도 복합작용으로 문제를 일으킬 수 있다는 주장의 근거를 찾은 것이다. 그런데 여러 식품, 과일, 고기, 유제품, 심지어 식수(5ppb까지 허용) 등에도 자연적으로 생긴 벤젠이 있다. 이런 벤젠이 어디에서 생긴 것일까? 이 사건이 있자 나는 벤젠기가 있는 아미노산(티로신, 페닐알라닌)과 그것의 대사산물도 비타민 C에 의해 분해되어 벤젠이 생성될 것으로 추정하여 모 분석기관에 의뢰했다. 그 결과 벤젠기를 가진 대부분의 분자가 비타민 C와 만나 소량의 벤젠을 생성했다. 이런 이유 등으로 많은 천연물에는 소량의 벤젠이 포함되어 있는 것이다.

비타민 C는 좋은 작용을 많이 하지만 때로는 이렇게 엉뚱한 분자를 파괴하여 부작용도 있다. 비타민 C의 난동이었던 셈인데 마치 보존료(안식향산)의 숨겨진 위험인 양 호도했다. 천연식품에 포함된 수만 가지 화학물질의 상호작용은 전혀 걱정하지 않고, 순수한 물질인 첨가물의 복합작용을 걱정하는 것이다.

- 천연의 복합작용은 더욱 예측하기 어렵다

우유는 인간에게 좋은 영양분이 많지만, 미생물에게도 좋은 영양분이 많다. 1900년대 초, 미국에서 도시화가 진행되면서 우유의 미생물로 인한 사고가 급증하였다. 1906년에 음식점의 우유를 조사하자 17%의 우유에서 결핵균이 발견되었고, 1909년 뉴욕에서 사망한 1만 600명의 1세 미만 영아 중에서 4,000명이 상한 우유 때문에 죽었다는 주장도 있었다. 그래서 이때부터 우유 살균이 검토되었는데 처음에는 우유의 살균을 반대하는 주장도 많았다. 학자들은 살균하면 영양소가 파괴된다는 이유로 반대했고, 일부 소비자는 그 끔찍한 병원균을 가열해서 죽이면 그 균의 사체가 우유 안에서 부패하여 독소가 훨씬 많아질 것이라며 반대했다. 나에게 당시 소비자의 걱정과 불안 장사꾼의 첨가물의 복합작용 걱정 중에서 어느 쪽이 더 현명하냐고 묻는다면 예전 소비자의 생각이 더 논리적이라 하겠다.

복합작용은 된장, 고추장, 김치, 젓갈, 치즈 같은 다른 모든 발효 제품에서 일어난다. 온갖 양념을 넣고 가열하는 요리는 더하다. 양념마다 수백 종의 화학물질을 함유했는데 이것을 넣고 불로 가열하는 요리보다 복잡한 복합작용이 일어나는 것도 없다. 그래도 충분히 안전한데, 훨씬 순수한 물질인 첨가물의 복합작용을 말하는 것은 그야말로 억지다.

물질과 물질이 만나면 모두 상호작용을 한다. 어떤 기능을 높이기도 하고 낮추기도 한다. 소금이 단맛을 높이고, 쓴맛을 감추는 작용을 하고

MSG와 핵산이 만나면 감칠맛이 증폭된다. 그래서 음식의 궁합도 있는 것이다. 액체 상태로 녹인 알긴산이 칼슘과 만나면 순식간에 굳는다. 그런 상호작용은 무수히 일어난다. 그래 봐야 그 한계는 명확하다. 상승작용과 다른 상승작용이 만나고 만나 놀라운 상승작용이 일어나는 우연은 없다. 만나는 물질이 다양할수록 그만큼 농도가 희석되기 때문에 특별한 분자가 만들어질 수 있는 확률(양)은 그만큼 줄어든다. 만물은 화학물질(분자)이고 분자에는 어떠한 선의도 악의도 없는데 왜 훨씬 복잡한 조성의 천연물의 복합작용은 걱정하지 않고 첨가물만 걱정하는지 알 수 없다.

또한 상승작용을 한다면 좋은 것과 나빠지는 것이 같이 있을 텐데 왜 건강 전도사는 첨가물끼리는 반드시 나쁜 상승작용만 일어날 것이고, 천연물끼리는 반드시 좋은 상승작용만 할 것이라고 우기는 것일까? 아스피린은 인류 최초로 만들어진 화학 약이다. 식품첨가물보다 먼저 만들어졌다. 그런데 처음에는 기대하지 않았던 많은 효능이 발견되었다.

이처럼 알 수 없는 좋은 작용도 있는데 합성품은 한사코 숨겨진 독성, 밝혀지지 않은 나쁜 쪽의 복합작용만 있을 거라고 우긴다. 100년 전 한국인의 평균 수명은 25세에 불과했다. '천연 유기농 무공해 식품'만 먹었던 때는 겨우 그 정도 살았고, 가공식품과 첨가물을 듬뿍 먹는 요즘은 전 세계에서 가장 빨리 수명이 늘어나서 조만간 세계 최장수 국가가 된다고 한다. 그 비결이 혹시 첨가물이 복합작용을 하여 알 수 없는 불로장생 물질을 만든 덕분이 아닌지 고민해 보는 것이 공평한 태도일 것이다.

- 첨가물이라고 싸잡아 말하는 사람은 기본도 모르는 문외한

내가 첨가물 중에 가장 의미 없다고 생각하는 것이 천연색소다. 과거 우리나라 합성색소 사용량은 모두 합해도 5억 원 정도였다. 그것을 맹비난하자 천연색소로 바꾸면서 1,000억이 넘는 시장으로 커졌다. 비용은 더 들었는데 그때보다 식품이 좋아졌다고 말하는 사람은 없다. 세상에서 가장 까다로운 규정의 증가로 식품회사의 품질 요원, 검사 비용만 기하급수적으로 증가하고, 대기업만 감당할 정도로 유지비용과 진입장벽만 높아졌는데 좋아졌다는 사람은 없다.

식품회사는 누가 나쁘다고 하면 그것에 정면으로 맞서기보다는 대체 원료를 찾는 쪽으로 움직인다. 오래 사용하던 원료가 엉터리 실험으로 시비에 휘말리면 아직 덜 사용하여 욕을 덜 먹는 원료로 교체하는 것이다. 하지만 그것도 시간이 지나면 다시 비난의 대상이 된다. 감미료 소동이 그랬고 지방 소동이 그랬다. 대체 감미료, 지방 대체재, 소금 대체재 등이 과연 설탕, 지방, 소금만큼 안전할 수 있을까?

현재 가장 많이 사용되는 원료가 가장 많은 실험이 이루어지고 가장 많이 검증된 원료다. 세상에 독성이 없는 물질은 없다. 물마저 독성이 있고, 소금은 생명에 필수지만 상당한 독성이 있다. 가장 말 많고 탈 많다고 여겨지는 것들이 다른 한편으로는 그만큼 장점이 많아서 오래 사용된 원료이기도 하다. 사카린, 합성색소, 보존료, MSG 등은 오랜 시간 검증된 원료에 워낙 시비가 많아서 대안으로 개발된 원료가 많다. 그러나 그 대안이란 것들이 비용의 증가 대비 안전성은 차이가 없고, 불안감도 줄지 않았다.

세상에서 가공식품이 가장 발달하고, 많이 섭취하는 나라가 일본이다. 그리고 최장수 국가도 일본이다. 그런 일본에서 첨가물 때문에 질병이 증가했다는 사이비 과학이 만들어지고, 그 이론이 수입되어 우리나라에 가공식품과 첨가물 혐오의 광풍을 만든 것은 참 아이러니하다. 가공식품과 첨가물의 유해성이 그렇게 크다면 무공해 천연식품만 먹던 100년 전에는 왜 평균 수명이 30살 이하였을까? 가장 철저한 가공식품이자 첨가물 덩어리가 사료이고 어린이 분유이다. 요즘은 반려견을 사람보다 더 애지중지하면서 비용을 많이 쓰는데, 사료 대신 천연물로 더 건강하게 키웠다는 사람을 본 적이 없다.

5) 식품첨가물은 식품을 공부하기 가장 좋은 수단

- 첨가물은 식품의 구성 성분(분자)을 개별로 분리한 것이다

어떻게 식품을 공부하면 좋을까? 내가 다시 식품을 공부하려 했을 때는 정말 막막했다. 기존의 방식으로 공부해 봐야 소용이 없을 것은 뻔하고, 효과적인 공부법이 뭘까 고심해 봤다. 그러다 생각한 것이 분자구조를 이해하는 것이었다. 식품의 각 재료가 음식이 되기 전엔 신비로운 생명체였을지 모르지만, 음식이 되는 순간 다양한 분자의 총합일 뿐이고 분자의 특성으로 설명되어야 했기 때문이다.

맨 처음 분자 구조식으로 색의 원리를 공부했었다. 대부분 식품첨가물은 자연의 성분 그대로이고 단지 출처만 다른데, 합성색소만큼은 특이하게 분자구조가 자연에 없는 완전한 인공의 형태이다. 그래서 색소에는 어떤 분자적 특징이 필요하고, 천연색소에는 분자구조에 어떤 문제가 있어서 선택받지 못한 것인지 조사해 보았다. 여러 염료 자료를 보니 색소 분자의 원리가 이해되고 색소가 될 수 있는 분자와 아닌 분자가 구분되었다. 어떤 색소가 산화에 안정하고 pH에 안정한지, 수용성인지 유용성인지 바로 구분할 수 있게 되었다.

다음으로 물성의 원료를 공부했다. 내가 식품회사에서 했던 주 업무가물성을 다루는 업무였는데, 내가 경험했던 원료의 특성을 분자구조로 이해해 보고자 했다. 맛과 향은 원하는 풍미 물질을 적절히 투입하는 것으로 해결되는 경우가 많지만 물성은 과정까지 중요하다. 달걀을 물에 푼 다음 익히는 것과 달걀을 익힌 후 푸는 것이 완전히 다른 것처럼 투입 순서만 바뀌어도 결과가 완전히 달라지는 경우가 많다. 물성은 많은 변수가 개입하여 자유자재로 다루기 쉽지 않지만 그래도 원하는 식감의 구현 여부를 객관적으로 판단이 가능한 논리적인 현상이다. 그래서 증점다당류, 유화제의 특성이 분자구조로 설명이 되어야 한다고 믿었다. 식품에 사용할 수 있는 모든 증점다당류와 유화제의 분자구조를 분석해 보자 모든 현상이 명료해졌다. 과거 수많은 시행착오로 이해했던 물질의 특징이 분자구조로 명쾌하게 설명이 되었다. 식품에서 사용이 가능한 모든 성분은 식품첨가물이라 그렇게 분자구조로 물성을 공부해 본 것이 첨가물의 이해에도 결정적 도움이 되었다.

맛이나 향도 마찬가지다. 우리가 양념장을 공부하려 할 때 완성된 양념장 수백 가지를 맛보는 것보다 고춧가루, 마늘, 생강 등 양념장의 원료를 구해서 직접 가감해 보면서 몇 가지 만들어 보는 것이 빠르다. 단맛이나 짠맛을 이해하려면 소금이나 설탕을 가감해 보면 효과적이듯 향도 향기물질을 가감해 보면 이해가 쉽다. 과일도 감미료, 산미료, 향료로 재현해 보면 이해가 빠르다. 식품첨가물의 절반이 맛, 향, 색, 물성에 관한 것이라 이들 성분을 개별로 다루어 보는 것이 식품 현상을 이해하는 데 가장 쉬운 방법이기도 하다.

- 첨가물을 써 보면 식품 관련 거짓말의 실체도 알게 된다

첨가물로 모든 색과 맛을 낼 수 있기에 값싼 원료의 흠을 감쪽같이 감추고 빛깔 좋고 맛도 좋은 가공식품으로 마술처럼 바꿀 수 있다고 주장하지만, 첨가물은 대부분 쓴맛이 나고 가격이 비싸며 기능도 제한적이다.

첨가물이 만능 해결사라면 왜 인조육(대체육)의 개발은 그렇게 힘든 것일까? 과거에도 콩고기로 불리는 대체육이 존재했다. 먹어본 사람이라면 퍽퍽한 식감과 특유의 냄새를 떠올릴 것이다. 그런 대체육이 이제는 친환경을 내세워 세계 시장 규모가 7조 원대로 추정될 정도로 인기를 끌고 있다. 하지만 아직 소비자들이 선뜻 고기 대신 선택할 수준은 아니다. 나름 식감과 맛이 고기와 비슷한 느낌을 주는 제품도 있지만, 향부터 거부감이 드는 것도 있다. 대체육은 '맛의 개선'이 끝없는 숙제인 셈이다.

게맛살 제품을 싸구려 가짜 식품이라고 그렇게 가혹하게 말하던 불안 장사꾼들이 왜 초가공식품인 대체육에 대해서는 아무 말이 없는지 모르겠다. 대체육은 게맛살보다 훨씬 인위적이고, 첨가물 덩어리이다. 사실 고기가 환경에 많은 부담을 주기 때문에 대체육을 개발한 것이면 그보다 훨씬 친환경적인 두부를 먹으면 된다. 대체육은 고기보다 품질은 더 나쁘면서 가격은 훨씬 비싸다. 첨가물이 싸구려이고 만능 해결사라서 첨가물만 쓰면 모든 문제가 해결된다는 불안 장사꾼들은 왜 대체육의 개발이 그렇게 어렵고, 진짜 고기보다 오히려 비쌀 수밖에 없는지 설명하지 못한다.

- 은밀하게 가장 많이 사용되는 합성보존료 헥수론산(hexuronic acid)

물에 대한 패러디는 상당히 알려진 것이어서 식품과 관련된 다른 버전을 준비해 봤다. '헥수론산'이라는 첨가물 이야기다. 이것을 읽고 바로 함정을 알아챌 정도라면 불안 장사꾼에게 속을 일은 없을 것이다.

이 물질은 1928년 헝가리 출신의 과학자인 쉔트 지오르기 박사가 소의 부신(副腎), 오렌지, 양배추 잎에서 분리한 후 헥수론산(Hexuronic acid)이라고 이름 지었다. 천연에 존재하지만, 우리가 사용하는 것은 대부분 화학적 합성품이라 가격이 저렴하며 80% 이상은 중국산이다.

※ 헥수론산은?

- 이 물질의 LD50(반수치사량)은 11.9g/kg으로 MSG보다 독성이 강하다.
- 항산화 작용으로 칭송받지만, 작용 후에는 오히려 산화제로 작용한다.
- 산화형에서 환원될 때 매우 중요한 항산화제인 글루타티온을 소모한다.
- 햄, 소시지 등에서 아질산의 항산화 기능을 보조하는 데 쓰이기도 한다.
- 0.02~0.03%만 사용해도 과일의 퇴색을 막아 신선하게 보이는 역할을 한다.
- 식품산업에서 이 물질의 주된 상업적 용도는 음식의 보존성 향상이다. 이 물질은 합성 항산화제와 항균제로 작용한다. 대표적인 것이 클로스트리디움 보툴리눔(Clostridium botulinum)의 증식을 억제하는 용도다.
- 우리 몸에는 페닐알라닌, 티로신 같은 아미노산을 포함하여 다양한 방

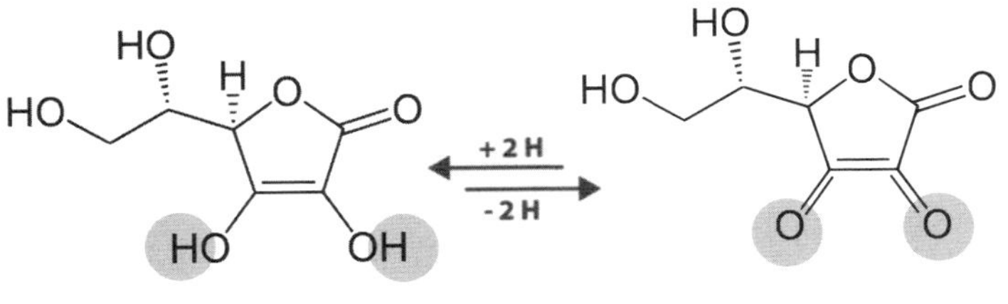

hexuronic acid : (5R)-[(1S)-1,2-Dihydroxyethyl]-3,4-dihydroxyfuran-2(5H)-one

향족물질이 있는데 이 물질에 특정 촉매가 더해지면 발암성 물질인 벤젠을 만들기도 한다.

- 암세포의 변이를 막는 역할을 해서 암 치료를 방해할 수도 있다. 중금속(chromium) 발암 기작이 이 물질로 촉진될 수 있다. 암을 예방하는 데 다소 도움이 될 수 있을지는 몰라도 이미 암에 걸린 환자의 경우 암세포의 사멸을 억제해 오히려 해로울 수 있다. 실제로 사람들을 대상으로 한 실험에서 이 물질의 섭취량이 증가하면 DNA 손상도 증가한다는 사실이 확인되었다.
- 이 물질이 들어간 제품은 어린이에게 쉽게 노출될 위험이 있다.
- 이 물질은 산성이기 때문에 위가 아플 수 있다. 또한 일부 약물 흡수에 영향을 미칠 수 있다. 철분 흡수를 촉진하는 작용이 있어서 이것을 장기간 과용하면 철분 과다 축적으로 간 손상 등의 합병증을 초래할 수 있다.
- 타박상이나 근육 염좌, 감염증에 걸린 사람이나 철분 영양제를 복용하는 사람들이 하루 100㎎을 섭취하면 몸에 해롭다.
- 과다 복용 시 성인의 경우 메스꺼움, 구토, 설사, 얼굴 발열, 두통, 피로와 수면 방해, 어린이의 경우 피부 발진이 생길 수 있다.
- 대사 과정에서 옥살산이 생성되어 요로 결석의 위험을 높일 수 있다
- 과량 섭취하면 호르몬인 프로게스테론의 생산을 억제할 수 있다.

이것의 정체는 비타민 중에서 가장 부작용이 적다고 알려진 '비타민 C'이다. 여기에는 어떤 거짓말도 없다. 단지 과학적 사실을 의도적으로 한쪽 면만 강조해 정리해 본 것일 뿐이다. 불안 장사꾼의 이런 수법에 소비자가 더 이상 속지 않았으면 좋겠다.

Part Ⅲ

과학으로 이해하고 문화로 소비하자

7장.

식품의 영양적 가치:
과잉이 만든 혼돈

1 식품 자체는 생각보다 단순하다

1) 식품은 분자일 뿐이고 의미는 내 몸이 결정한다

불량 지식의 근본적인 원인은 독에 대한 두려움일 텐데, 개별적인 독성물질에 대한 자료는 많아도 독이란 무엇인지에 대한 통합적인 답변은 없었다. 다른 식품 현상도 마찬가지다. 식품의 개별 현상에 대한 말은 많아도 전체적인 의미를 말해 주는 것은 별로 없다. 어떤 순서로 공부하면 좋을지에 대한 가이드도 없다. 그래서 나는 "식품/물성/생명현상은 많은 순

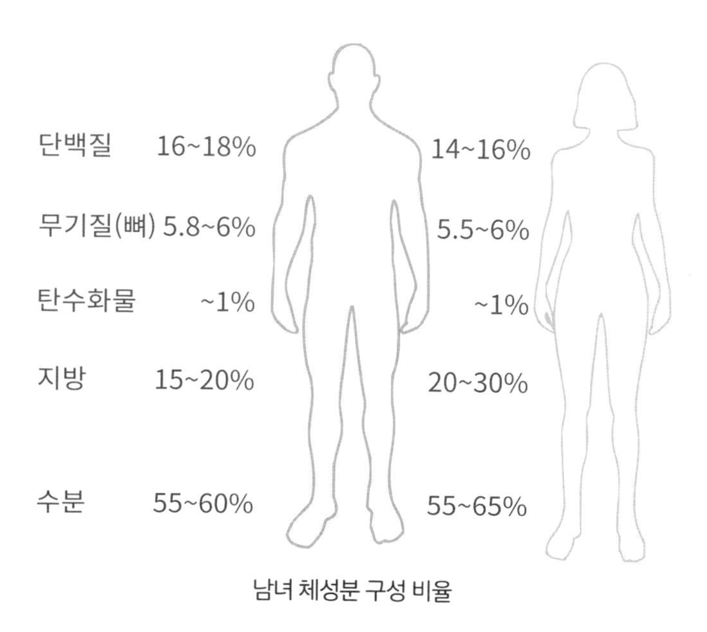

남녀 체성분 구성 비율

서로 공부한다"라는 것을 기준으로 삼았다. 중요한 것은 우회 경로가 있어서 그 진가가 쉽게 드러나지 않기 때문에 자세히 들여다봐야 하는데, 생명현상에서는 양이 많은 것이 그 이유가 있으니 일단 양이 많은 것부터 자세히 들여다보려 한 것이다.

우리 몸의 60% 정도는 물이다. 식물은 탄수화물이 많지만, 동물은 0.5%가 되지 않고, 체지방이 15~20%로 많고, 단백질이 16~18%, 뼈를 구성하는 무기질이 6% 이하다. 식품도 기본적으로 한때는 식물이나 동물이었기 때문에 수분이 가장 많고, 식물성 소재는 탄수화물, 동물성 소재는 단백질이 많다. 식품을 공부하려면 미량 존재하는 성분보다는 식품을 지배하는 이들 4가지 성분부터 제대로 공부하는 것이 순서일 것이다. 그래서 분자 관점에서 이들 성분을 해석해 본 책이 『물성의 원리』이기도 하다.

탄수화물을 공부하려면 탄수화물 중에 가장 많은 포도당을, 단백질을 공부하려면 가장 높은 비율을 차지하는 글루탐산을, 지방을 공부하려면 스테아르산을, 비타민이 궁금하면 가장 많이 필요한 비타민 C를, 미네랄을 공부하려면 가장 많이 필요한 염화나트륨부터 깊이 있게 공부하는 것이다.

- 의미는 분자에 있지 않고 관계에 있다

식재료는 다양한 분자의 합이고 분자에는 크기, 형태, 움직임 같은 것이 있을 뿐 다른 어떠한 의지나 의도는 없다. 생명체의 기본 단위인 세포에도 의식이 없는데, 그보다 조배나 작은 분자를 가지고 좋고 나쁨을 따지는 자체가 넌센스이다. 분자는 단순히 물질일 뿐이고 그 의미는 우리 몸에 들어와 여러 상호작용을 할 때 만들어진다. 그러니 어떤 분자의 의미를 알려면 관계를 파악해야 한다. 의미와 가치는 사물이 아니라 관계에 있다. 이것이 내가 식품을 바라보는 가장 기본적인 관점이다.

식품의 기능이나 역할에 대한 설명을 볼 때 내가 정말 답답한 것은 식품 자체의 기능과 내 몸의 기능을 전혀 구분하지 못한다는 것이다. 비타민 C의 기능은 무엇일까? 누구는『비타민 C를 알면 건강이 보인다』라는 책을 쓰고, 비타민 C를 하루 권장량(60mg)보다 50~100배 많은 3,000~6,000mg를 복용하면 암도 예방되며 면역력도 높아져 '무병장수'할 수 있다고 주장한다.

그런데 비타민 C라는 분자 자체가 하는 일은 놀랍도록 간단하다. 자신이 산화형으로 바뀌면서 수소(H)와 전자를 제공하거나, 산화형에서 수소(H)와 전자를 받아들여 환원형으로 재생되는 것뿐이다. 이 간단한 변화가 전부인 비타민 C가 어떻게 암을 예방하고 면역력을 높인다는 말인가? 사람들은 대부분의 유기물이 수소를 가지고 있는데 다른 분자는 가만히 있고, 왜 극미량 존재하는 비타민 C가 수소를 제공하는지에는 관심이 없다. 그러니 논리는 비약되고 단지 존재할 뿐인 분자가 천사가 되거나 악마가 되는 황당한 일이 벌어지는 것이다.

비타민 C의 기능을 알려면 먼저 콜라겐을 알아야 한다. 우리 몸은 세포

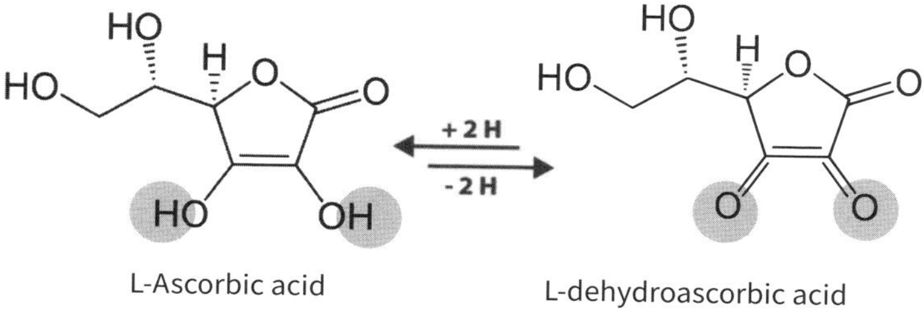

L-Ascorbic acid ⇄ L-dehydroascorbic acid (+2H / -2H)

비타민 C의 환원형과 산화형

로 되어 있고 세포의 골격은 콜라겐으로 이루어졌다. 콜라겐은 모든 동물 세포의 내부 골격이며 단백질의 30%가 콜라겐이다. 단백질의 종류가 수만 종인데, 1가지 단백질이 전체의 30%를 차지하는 것은 정말 놀라운 일이다. 진피, 연골, 수정체뿐 아니라, 온몸의 주성분이다. 이 콜라겐 합성에 세 가지 아미노산이 주로 사용된다. 글리신, 라이신, 프롤린이다. 두 종류의 아미노산은 추가적인 변신이 필요하다. 라이신과 프롤린의 일부가 -OH기로 치환되어야 한다. -OH기의 증가로 세 가닥이 꼬여서 만들어지는 콜라겐 사슬 간에 수소 결합이 더욱 증가하여 단단한 구조체를 형성한다. 여기에 비타민 C가 제공한 수소가 쓰인다. 콜라겐 합성의 기본원료나 효소가 없으면 비타민 C가 아무리 많아도 콜라겐을 합성할 수 없다. 따라서 비타민 C가 특별한 것이 아니라 단지 다른 요소보다 부족할 가능성이 있는 취약점일 뿐이다.

비타민 C의 결핍이 지속되면 콜라겐 합성이 부족하여 모든 세포가 약해진다. 그중에서 가장 취약한 부분에서 출혈 등의 증세가 나타난다. 괴혈병에 걸려서 사망하는 이유다.

콜라겐은 여러 중요한 기능을 한다. 피부 미용(탄력)의 핵심이고 단단한 세포 결합으로 감기 등의 바이러스 감염을 줄이는 것 같은 중요한 역할을 한다. 비타민 C의 기능이라고 하는 것이 사실은 콜라겐의 기능이고, 비타민 C는 콜라겐 합성에 필요한 보조 인자일 뿐이다.

15~19세기 대양을 가로지르는 선원들에게 공포의 대상은 해적도, 폭풍도 아닌 '괴혈병'이었다. 오랫동안 신선한 과일과 채소를 먹지 못해 비타민 C가 부족해져 몸이 약해지면서 사망했다. 그런데 극지방에 사는 이누이트는 평생 과일, 채소는 먹지 못하고 고기만 먹어도 괴혈병에 걸리지

않는다. 사냥한 동물의 부신을 먹어 비타민 C를 보충하기 때문이다. 대부분 동물은 비타민 C를 합성할 수 있고 부신에 저장한다.

우리는 매일 1.5kg 이상의 음식을 먹는데, 비타민 C의 권장량은 0.06g(60㎎)에 불과하다. 비타민 C가 유일한 항산화제라면 그 작은 양으로 어떻게 그 많은 음식의 소화(산화)를 감당할 수 있는지 구체적 계산은 없고, 그저 막연한 찬사만 있다. 실제 우리 몸에서 일은 대부분 효소와 같은 단백질이 한다. 식품은 분자일 뿐이며, 분자 자체에 대한 찬양은 대부분 거짓말이다.

2) 우리가 먹는 것의 50% 이상은 포도당이란 1가지 분자다

건강 프로그램을 보면 정말 희한한 음식이 등장한다. 방송 내용을 모아보면 마치 수백 가지 영양 성분을 섭취해야 건강하게 살아갈 수 있는 것처럼 느껴진다. 하지만 우리가 먹는 음식의 성분은 생각보다 단순하다. 우리가 먹는 음식물의 절반 이상은 포도당이라는 딱 1가지 분자이다. 한국인이 먹는 음식에서 탄수화물 비중이 60%가 넘는다. 그나마 1970년 이전에는 80%가 넘었는데 지금은 단백질과 지방 섭취가 늘면서 많이 줄어든 비율이다. 탄수화물은 쌀, 밀, 옥수수, 감자 등 어떤 것을 먹든 대부분 전분(Starch)의 형태이고, 전분마다 크기와 형태가 다르지만, 완전히 분해하면 포도당이란 딱 1가지 분자가 된다. 결국 우리가 어떤 음식을 먹든 50% 이상은 포도당 1가지 분자다.

그런 측면에서 식품을 공부하려면 포도당이 무엇이고 왜 그렇게 많이 필요한지부터 공부해야 할 텐데, 알고 보면 정말 하찮은 온갖 성분에만 관심이 많다. 그래서 음식에 대한 거짓말이 시작된다. 식품에 대한 거짓말에서 벗어나기 위해서도 우리가 가장 많이 먹는 탄수화물부터 이해할 필요가 있다.

- 음식의 기본 목적은 열량(칼로리)을 제공하는 것이다

음식을 먹어야 하는 이유는 크게 우리 몸을 만들 때 필요한 성분(부품)을 구하는 것과 태워서 에너지를 얻는 데 필요한 성분(연료)을 구하기 위해서다. 성인이 되어도 손톱, 발톱, 머리카락이 자라고, 피부와 위장 등의 손상된 부분을 고쳐야 하므로 우리 몸을 구성하는 성분은 제법 필요하다. 우리 몸은 평균 2년이면 완전히 새롭게 만들어지는데 몸무게가 70kg인 사람은 1년에 35kg이 새로 만들어진 세포로 대체된다. 이것을 365일로 나누면 하루 100g 정도다. 그런데 우리가 날마다 먹는 음식의 양은 1.5~2kg이다. 몸을 만드는 데 필요한 양의 15~20배인 것이다.

결국 우리가 먹어야 하는 가장 큰 이유는 몸을 만들기 위한 것이 아니고, 몸을 작동시키기 위한 에너지원인 ATP라는 분자를 확보하기 위함이다. 우리 몸은 37조 개 정도의 세포로 되어 있고, 모든 세포는 ATP가 있어야 작동한다. 우리 몸은 1분에 40g 정도의 ATP를 소비하는데, 언뜻 적어 보여도 1시간이면 2,400g이고, 하루면 58kg이다. 만약 우리가 58kg의 ATP를 음식으로 섭취해야 한다면 정말 끔찍한 일일 것이다. 다행히 ATP는 재생이 된다. 포도당과 같은 열량원을 연소시켜 ADP와 인산(Pi)을 결합하면 ATP가 된다. 포도당 1분자를 완전히 연소시키면 30개 이상(최대 38개)의 ATP를 재생할 수 있으니, 58kg의 ATP를 재생하려면 640g(2,560kcal) 정도의 포도당이 필요하다. 이것이 우리가 매일 그렇게 많은 음식을 먹어야 하는 핵심적인 이유다. 보통의 음식물은 수분이 70%

정도니까 640g의 포도당을 보통 음식물의 형태로 먹는다면 2.1kg이다. 우리가 매일 그렇게 많은 양의 음식을 먹어야 하는 것은 몸을 만들기 위한 것이 아니라, 몸을 작동시키는 데 필요한 에너지를 얻기 위해서다.

우리가 단것을 좋아하는 이유는 살아가려면 엄청나게 많은 ATP가 필요하고, ATP를 공급하는 가장 효과적인 수단이 포도당 같은 당류이기 때문이다. 물론 ATP는 탄수화물(포도당) 말고 단백질이나 지방으로도 만들 수 있다. 그래서 탄수화물, 단백질, 지방을 3대 영양소(열량소, 칼로리원)라고 한다.

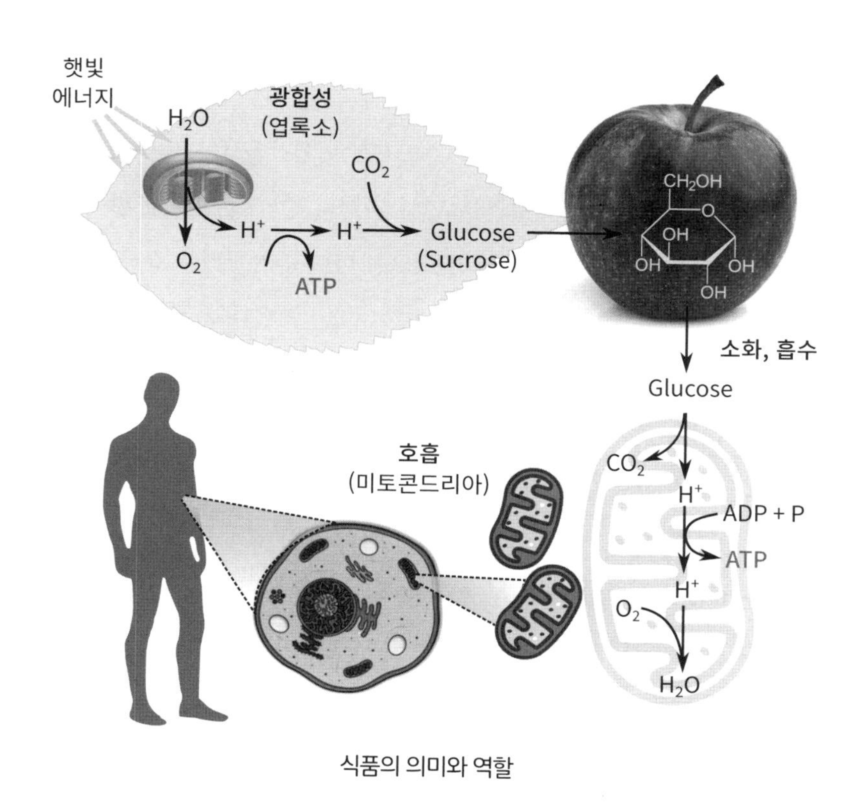

식품의 의미와 역할

문제는 우리 몸이 포도당을 좋아하고 지방을 잘 쓰려고 하지 않는다는 것이다. 특히 뇌가 포도당을 좋아한다. 뇌는 우리의 사고뿐 아니라 생리적인 기능도 지배하며, 에너지의 사용도 항상 뇌를 최우선으로 관리한다. 뇌는 다른 신체 부위에 비해 무게당 무려 10배의 에너지를 사용하는데 그 에너지원으로 거의 포도당만 쓰려고 한다. 그러니 항상 포도당이 필요한 상태라 혈관의 포도당을 독점한다. 그러다 음식물을 섭취하여 혈관에 포도당이 넘치면 인슐린이라는 신호 물질을 만들어 다른 부위도 포도당 펌프가 작동하도록 세포막에 배치한다. 뇌의 포도당 펌프는 인슐린이 없어도 항상 작동하는 펌프이고, 다른 부위의 포도당 펌프는 인슐린의 신호로 세포막에서 활성화되어 작동하는 펌프인 셈이다. 인슐린은 신호 물질일 뿐 그 자체가 혈당 조절을 하는 것이 아니다.

지금은 연속 혈당 측정기가 개발되어 자신의 혈당을 실시간으로 2주 이상 측정할 수도 있다. 음식을 먹으면서 자신의 혈당이 어떻게 변하는지 실시간으로 관찰이 가능해진 것이다. 그럼 바나나와 쿠키를 같은 탄수화물 20g이 되게 먹으면 어느 쪽이 혈당은 더 높일까? 대부분 쿠키라고 답하겠지만 결과는 '제각각'이라고 한다. 둘 다 혈당이 오르거나, 오르지 않거나, 바나나만 혈당이 오르거나, 쿠키만 혈당이 오른다고 한다.

그리고 같은 사람이 같은 음식을 먹으면서 혈당을 측정해도 달라지는 경우가 많다고 한다. 『글루코스 혁명』의 저자 제시 인차우스페는 "월요일에 먹는 나초칩은 혈당 스파이크를 크게 일으켰지만, 일요일에 먹는 나초 칩은 그렇지 않았고, 맥주는 혈당 스파이크를 만들었지만, 와인은 그렇지 않고, 점심을 먹은 뒤 먹은 초콜릿은 혈당 스파이크를 만들지만 저녁에 먹은 것은 그렇지 않았다"는 것이다. 혈당은 단순히 포도당의 흡수량이 아니라 인슐린이 최대한 통제한 결과물인 것이다. 따라서 음식이 혈당에 미치는 영향은 한 두 사람의 측정 결과나 한두 번의 측정 결과로 판단할 수 없는 복잡한 것이다.

공복 혈당을 70~100mg/dl, 식후 2시간 후 혈당을 90~140mg/dL 정도를 권장한다. 아무 것도 먹지 않은 상태에 비해 고작 20~40mg 정도만 올라가는 것은 인슐린이 조절하고 남은 양이지 결코 흡수량이 아닌 것이다. 하루 2끼 식사를 한다면 2시간 흡수량 12시간을 버텨야 하니 공복혈당의 6배는 되어야 할 것이다.

혈당이 50mg/dL 정도 낮아지면 뇌에 에너지가 부족해진다. 그래서 단기적으로 활력 저하, 정신 기능의 저하, 신경과민 등을 일으키고 장기적으로는 몸이 약해지게 한다. 요즘 많은 사람이 혈관에 포도당이 과잉인 당뇨로 고생하지만, 포도당 부족으로 저혈당이 되면 더 급박한 문제가 발생

미국, 영국, 한국의 설탕 섭취량
(출처: USA, Economic research service)

한다. 공복감, 떨림, 오한, 식은땀 등의 증상이 나타나고, 심하면 실신이나 쇼크를 유발, 그대로 방치하면 목숨을 잃을 수도 있다. 과거에 식중독이 지금보다 치명적이었던 이유가 평소에 영양이 부족해 저혈당 쇼크가 발생하기 쉬웠기 때문이다.

분비된 인슐린이 혈관에 계속 남아 있으면 뇌가 사용할 포도당까지 완전히 고갈될 텐데, 인슐린은 어떻게 제거되는 것일까? 단백질이라 콩팥에서 빠져나가기도 힘들 텐데 말이다. 세상에 혈당과 인슐린 이야기가 그렇게 많지만 죄다 반쪽짜리 이야기인 셈이다.

3) 식재료는 생각보다 단순해지고 있다

지난 200년간의 인구 증가는 과거 수십만 년 동안의 인구 증가보다 훨씬 더 폭발적으로 이루어졌다. 맬서스의 인구론에 의하면 인구 폭발에 의한 대재앙이 몇 차례 찾아왔어야 하는데 우리는 슬기롭게 극복하였다. 구석기 시대에 비해서 농산물의 생산성을 무려 10,000배 이상 높여 왔기 때문이다. 사실 그 과정에서 우리의 먹거리는 생각보다 단순해졌다. 지금 우리가 먹는 것 대부분은 옥수수, 쌀, 밀 그리고 옥수수로 키운 가축이라고 해도 과언이 아니다. 우리가 먹는 열량의 90%는 자연의 1,000만 종의 생물 중에서 불과 15종 이하에서 얻는 것이다. 무수한 동물이 있지만 우리가 먹는 고기는 소고기, 돼지고기, 닭고기가 대부분이고, 생선도 점점 양식의 비중이 높아져 그 다양성은 적어지고 있다. 가격 경쟁이 심해지면 가장 생산성이 높은 작물 이외에는 재배해 봐야 오히려 손해이기 때문에 다양성이 상실될 수밖에 없다.

언뜻 갈수록 음식의 종류가 다양해지는 것 같지만, 각 국가 고유의 음식은 줄고 있다. 국가별 인기 메뉴가 세계적으로 확산될 뿐이다. 지구적 관점에서는 다양성이 감소하는 것이다. 우리가 점점 많은 외국어를 접하는 것 같지만 실제로는 수많은 토속어가 급속히 사라지고 있는 것과 같은 현상이다. 요리법은 화려해지고 다양해 보이지만 식재료는 점점 단순화되고, 전 지구적으로 요리가 획일화되고 있으니 몇 가지 식재료의 수급에 문제가 생기면 그 여파가 전 세계에 미칠 수밖에 없는 구조가 되어 가고 있다.

주요 곡식의 생산량 변화(출처: 위키피디아)

	1961년	1980년	2000년	2010년	2020년	성장률
옥수수	205	397	592	852	1,148	560
쌀(도정)	285	397	599	480	755	265
밀	222	440	585	641	768	346
3대 곡물 구성비(%)	76	80	87	88	90	
보리	72	157	133	123	159	221
수수	41	57	56	60	58	142
기장	26	25	28	33	28	108
귀리	50	41	26	20	23	46
라이밀	0	0.17	9	14		
호밀	35	25	20	12	13	
포니오	0.18	0.15	0.31	0.56		

- 설탕의 죄는 감미료 중에 가장 싸고 맛있다는 것뿐이다

우리는 설탕이 해롭다는 말을 자주 듣는다. 그런데 설탕은 그 자체로는 우리 몸에 흡수되지 않고 포도당과 과당으로 분해되어야 흡수된다. 그러니 '포도당이 나빠서 설탕도 절반은 나쁘다' 또는 '과당이 나빠서 설탕의 절반도 나쁘다'라는 말은 가능해도 설탕이 우리 몸에 들어와서 나쁜 작용을 한다는 말은 틀린 말이다.

설탕이 그렇게 욕을 먹는 것은 가장 많이 먹기 때문이고, 가장 많이 먹는 이유는 가장 싸고 맛있기 때문이다. 설탕 하나가 전체 감미료 시장의 80% 이상을 차지할 정도다. 과당이 10%, 나머지 감미료를 모두 합해도 10%에 불과하다. 만약 세상에 설탕보다 맛있는 감미료가 있다면 식품회사는 당장 그것을 사용할 것이다. 예를 들어 포도당이 설탕보다 더 맛이 있다면 어떻게 될까? 자연에서 2번째로 흔하고(1위는 셀룰로스) 저렴한 것이 전분이고, 전분을 분해하면 쉽게 포도당을 얻을 수 있어서 가격도 싸다. 만약 포도당이 설탕보다 맛있었다면 식품회사는 설탕 대신 포도당을 사용했을 것이고, 지금 설탕이 쓰고 있는 온갖 오명을 포도당이 전부 뒤집어썼을 것이다. 그러면 설탕을 비난하는 의사들은 포도당에 대해 뭐라고 말했을까? 병원에 입원하면 가장 기본적인 처방이 포도당 주사인데, 당뇨는 혈관에 설탕이 많은 것이 아니라 포도당이 많은 질병이다. 설탕이 단순 정제당이라 흡수가 빨라 문제라고 하는데, 포도당 주사는 초정제 단순당을 소화 과정도 거치지 않고 혈관에 직접 투입하는 것이다. 이론적으로는 혈당에 최악이지만 사용량에 맞추어 한 방울씩 공급하므로 아무런 문제가 없다. 같은 콜라 한 병이라고 해도, 한 번에 마시는 것과 가끔 한 모금씩 마시는 것은 혈당에 미치는 영향이 완전히 다르고, 심한 운동으로

고갈된 에너지를 보충하려 마실 때와 이미 음식을 충분히 먹은 상태에서 입가심으로 마실 때는 그 역할이 완전히 다르다. 섬유소나 지방처럼 흡수가 안 되는 음식을 먼저 먹고 콜라를 마실 때와 반대로 콜라를 먼저 마실 때와 흡수도가 전혀 다르다. 이처럼 음식의 종류보다 식사량과 식사법이 훨씬 중요하다.

식물을 독립영양생물이라고 한다. 햇빛을 이용해 포도당을 만들고 이것을 이용해 필요한 대부분의 에너지와 유기물을 만들 수 있기 때문이다. 하지만 식물의 모든 부위가 광합성을 하는 것은 아니다. 엽록소를 제외한 나머지 부위는 잎이 제공하는 영양분에 의존해 살아간다. 이때 특이한 것이 식물은 광합성으로 합성한 포도당을 그대로 체관으로 보내지 않고 설탕으로 전환하여 보낸다는 것이다. 포도당의 절반을 과당으로 바꾸고 이것을 다시 포도당과 결합하여 설탕의 형태로 체관을 통해 다른 곳으로 보낸다. 진딧물이나 기생식물이 훔쳐 먹는 영양분이 바로 설탕(Sucrose)이다. 결국 햇빛, 물, 바람(이산화탄소)을 이용하여 살아가는 것은 식물 잎에 있는 엽록소뿐이고, 나머지 부위는 설탕에 의지해 살아가는 것이다. 그러니 모든 음식의 기원을 추적하면 결국 설탕과 만나게 된다. 설탕 덕분에 식물이 존재할 수 있고, 식물 덕분에 초식동물이, 초식동물 덕분에 육식이나 잡식동물도 존재할 수 있는 것이다.

설탕은 이처럼 생각보다 오래되고 매우 익숙한 물질이다. 단지 지금처럼 설탕을 원하는 만큼 마음껏 먹어 보지 못했을 뿐이다. 단맛에 대한 욕망은 줄이지 못한 채, 인류가 과거에 비하면 거의 공짜에 가까운 가격으로 설탕을 무제한 공급받을 수 있게 되자 모든 나라에서 설탕 소비량이 증가했고, 일부 국가는 우리의 쌀 소비량보다 많은 설탕을 먹고 있다. 먹어도 너무나 많이 먹고 있다. 그리고 그 부작용의 죄를 과식에 묻지 않고 설탕 자체가 나쁜 분자인 양 거칠게 비난하고 있는 것이다.

2 슈퍼 푸드라는 거짓말

1) 슈퍼 푸드를 먹으면 슈퍼맨이 될 수 있을까?

소셜미디어와 유튜브 등에는 각종 슈퍼 푸드(Superfood) 광고가 난무한다. 슈퍼 푸드는 몸에 좋은 영양분의 밀도를 바탕으로 건강한 효능이 있다고 말하는 마케팅 용어이다. 케일, 치아시드 같은 것의 분말을 한 수저 물에 넣고 마시면 슈퍼 푸드의 파워를 느낄 수 있다고 한다. 이들을 먹으면 비타민, 미네랄, 프로바이오틱스를 한꺼번에 섭취할 수 있어서 스트레스는 줄여 주고 면역체계와 소화력은 강화하며 기운까지 나게 해 준다고 한다.

유럽연합은 2007년에 신뢰할 수 있는 과학적 연구로 인정받은 건강효능 주장이 아닌 '슈퍼 푸드'의 홍보를 금지하였다. 그러나 슈퍼 푸드 딱지를 붙여야 높은 가격을 받을 수 있는 판매자와 '기적의 음식'을 믿고 싶어 하는 소비자의 마음이 어울려 주기적으로 유행한다.

인터넷에는 '「타임」지가 2002년 선정한 세계 10대 슈퍼 푸드로…' 같은 문장이 넘친다. 그러나 「타임」지의 실제 기사 제목은 '10 Foods That Pack a Wallop'이다. 그래도 '「타임」지 선정 슈퍼 푸드인…' 등이 자주 등장한다. 슈퍼 푸드라는 광고에 베리류(berries)가 가장 흔히 등장하는데 열량이 낮고, 지방이 없고, 섬유질과 비타민이 풍부하며 항산화물질도 많다는 것이다. 그런데 열량이 낮다는 것에 특별한 의미가 있지 않다. 물도 열량이 없고, 소금도 열량이 없다. 열량 대비 포만감이 높거나 기능성 성분이 많아야 의미가 있다. 하지만 블루베리는 포만감이 높거나 영양 밀도가 높지도 않다. 그나마 블루베리의 색이 진한 만큼 안토시아닌의 함량이 높아 항산화력이 크다고 말할 수도 있겠지만, 과연 안토시아닌이 우리 몸 안에서도 항산화 기능을 할까? 결론은 어떠한 안토시아닌이든 시험관에서는 항산화 기능을 할지 몰라도 그 효과가 우리 몸에서는 발현되지 않는다는 것이다. 라이너스 폴링 연구소와 유럽식품안전청이 식용 안토시아닌과 다른 플라보노이드는 소화 과정을 거친 뒤에는 항산화제로서의 가치가 거의 또는 전혀 없다고 밝힌 바 있다.

항산화제의 효과에 대한 연구 발표는 시험관에서 한 실험이거나 작은 규모의 단기간의 실험이거나 설문 조사인 경우가 대부분이다. 예를 들어 "와인을 하루에 반 잔 이상 마시는 덴마크 남자는 아예 술을 마시지 않는 사람보다 평균 수명이 5년 더 길다"라는 연구가 있다. 이 연구는 1,337명의 덴마크 남자를 대상으로 40년 동안 추적 관찰한 연구다. 신뢰도가 아주 높아 보인다. 하지만 이런 관찰연구는 여러 가지 약점이 있다. 연구 대상들은 식습관, 운동 정도, 스트레스 등이 다 달랐을 텐데 이런 것을 다 고려하기가 힘들다. 더구나 설문지를 통한 조사라는 것은 많은 정치 조사의 결과를 봐도 알겠지만, 연구자의 의도가 조금이라도 설문에 반영되면 전혀 다른 결론이 나오기도 한다.

건강에 아주 특별한 방법이나 음식이 없다는 것을 알아도 우리는 꾸준히 속는다. 16세기 프랑스 사상가 몽테뉴는 "사람들은 자기가 바라는 것에 쉽게 속아 넘어간다"라고 말했다. 어떤 한 가지 음식만 먹어도 건강해질 수 있다는 말은 정말 매혹적이다. 특정 음식을 일주일간 먹었더니 아침에 몸이 가벼워지고 혈색이 달라졌다는 유튜브 영상에 우리의 마음은 흔들릴 수밖에 없다. 슈퍼 푸드는 사실 그들이 광고하는 특별함이 없어서 차라리 다행이다. 실제 약리 성분이 많다면 그만큼 부작용의 확률도 높아진다. 유행처럼 번졌다가 시들해지고, 다시 시간이 지나 망각하면 또다시 등장하여 우리의 몸 대신에 지갑을 가볍게 한다.

2) 비타민이란 이름이 만든 허구적 명성

- 처음 필수 영양소를 알게 되었을 때

1900년대 초까지만 해도 많은 화학자는 3대 영양소인 단백질, 지방, 탄수화물만 있으면 충분하다고 생각했다. 서양은 확실히 세상을 이루는 근본 물질에 대한 탐구가 집요한 것 같다. 그래서 세상은 4가지 원소로 만들어졌다는 주장이 오랫동안 유지되었고, 맛(미각)도 4가지라는 믿음이 있었다. 식물의 성장에는 질소(N), 인(P), 칼륨(K)의 세 가지 원소가 핵심이라는 사실도 발견하였다. 그러다 미량의 영양 성분(미네랄)이 추가로 필요하다는 것이 발견되었다. 3대 영양소만 있으면 충분하다는 생각은 좀 과격했지만 그래도 작금의 알 수 없는 미량 성분의 신비타령보다는 훨씬 현명하다. 세상의 모든 색은 3원색만 있으면 된다는 발견이 컬러 혁명의 근원이고, 식물에 필요한 3대 원소의 발견은 비료를 통한 농업 혁명을 이끌었다. 작금의 영양과 건강이 근본에 대한 탐구보다는 알 수 없는 신비에 대한 예찬으로 퇴행한 것은 비타민에 대해서 만들어진 허구적 명성의 역할이 컸다.

1911년 영국의 젊은 생화학자 캐시미어 풍크가 부족할 경우 각기병을 유발하는 물질인 '수용성 보조인자'를 분리하는 데 성공하면서 3대 영양소면 충분하다는 이론에 허점이 발견되었다. 1915년에는 미국의 화학자 엘머 맥컬럼이 쥐를 대상으로 한 실험에서 부족하게 되면 눈병을 유발하고, 성장을 저해할 수 있는 또 다른 성분 '지용성 인자 A'를 발견하고는 그것에 '비타민'이라는 이름을 붙였다. 이후 7년여에 걸쳐 괴혈병을 예방하는 비타민 C와 구루병을 예방하는 비타민 D를 찾아냈다. 미국 언론은 이 대발견에 대해 숨 가쁘게 관련 기사들을 쏟아냈고, 당시 미국에서는 괴혈병이나 구루병이 거의 발생하지 않았지만, 언론의 대대적인 보도 덕분에 온 국민이 비타민을 알게 되었다. 그리고 영양에 대한 어설픈 과학이 두려움도 만들기 시작했다.

1921년 초, 저명한 의사였던 벤자민 해로우는 "비타민이 부족할 경우 끔찍하고 혐오스러운 증상이 유발될 수 있다. 수백만 명의 사람들이 비타민 부족으로 죽어가고 있다"라고 경고했고, 사람들은 이에 민감하게 반응했다. 대중이 민감하게 반응했던 이유는 비타민이라는 용어 자체에 함축되어 있다.

탄수화물은 당류, 단백질은 아미노산, 지방은 지방산의 공통 구조를 가졌는데, 비타민에는 그런 공통성이 없다. 미량 필요하지만, 우리 몸에서 합성하지 않는다는 공통점 하나로 같이 묶인 것뿐이다. 이런 물질을 모아 무엇이라 부를까 고민하다가 나온 후보가 '지용성 인자 A', '수용성 인자 B', '보조인자 물질', '식품 호르몬' 등 무려 23개였다. 그러다가 1915년 미국의 화학자 엘머 맥컬럼이 이들을 '비타민'이라고 한 것이 그 자리를 차지했다. 자신의 연구 가치를 높이기 위해 '인간의 삶과 활력에 필수적인 무엇'이라는 의미가 함축된 '비타'라는 단어를 용한 것이 비타민에 대한 신비화와 우상화가 시작인 것이다. 알지 못했던 미량성분의 결핍증이 발견되고, 그것이 부족하면 몸에 이상이 생긴다는 과학적 근거까지 더해지자 미국인들은 다른 모든 식품을 제쳐두고 비타민에 열광했다. 비타민 부족은 '가족 모두의 건강을 위협하는' 행위와 다름없어진 것이다.

그러자 일부 식품 가공업체는 스스로가 식품 가공의 주체이면서도 "현대의 식품 가공이 식품에 본래 함유된 필수 영양소를 파괴한다"라는 주장에 적극 동조하면서 비타민 강화 식품을 판매했다. 보건 당국과 영양학자도 마찬가지였다. "전 국민의 3/4이 양적으로 충분한 식사를 하고 있지만, 실상을 살펴보면 건강과 관련해 많은 문제를 안고 있다. 겉으로는 건강해 보이지만 인체에 활력을 주는 비타민이 부족한 '잠재적 영양 불균형' 상태에 놓여 있다"라는 진단을 내렸다. '잠재적'이라고 했으니 이를 주장한 영양학자들은 영양 불균형이 실제로 어떤 심각한 질병이나 죽음을 초래하는지 굳이 입증할 필요가 없었다.

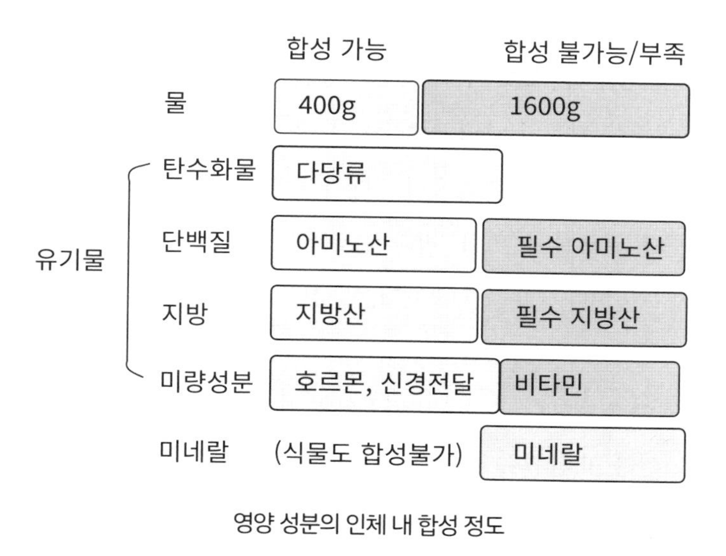

영양 성분의 인체 내 합성 정도

1941년 미국 식품과영양위원회 회장 러셀 윌더 박사도 "75%에 달하는 미국인들이 '숨은 굶주림', 즉 잠재적 영양 불균형으로 고통받고 있다. '숨은 굶주림'은 먹을거리가 풍부해 배는 부르지만, 인체가 필요로 하는 필수 영양소는 부족한 상태이므로 언제든 건강과 질병 사이의 경계를 넘나들 수 있다. 식량 부족이 주원인인 '굶주림'보다 '숨은 굶주림'이 더 위험하다"라고 경고하면서 비타민 B가 사람들에게 활력과 행복감을 준다고 주장했다.

그러다 1946년이 되어서야 오랜 연구 끝에 추가로 비타민을 먹어도 건강 상태에 차이가 없는 것으로 밝혀졌다. 하지만 '비타민은 곧 활력'이라는 사람들의 확고한 믿음은 변하지 않았다. 식품의 가공 과정에서 영양소가 파괴된다는 주장은 자연식품과 유기농 식품의 시대를 여는 데 중요한 촉매제로 작용했고, 80년이 지난 지금도 여전히 건강 전도사들의 단골 레퍼토리로 쓰이고 있다.

- 비타민만큼은 과잉으로 먹어도 건강에 좋을까?

비타민을 권장량보다 과잉 섭취하면 수용성 비타민은 조직 안에 오래 머물지 않고 배설되므로 괜찮으나, 지용성 비타민 A, D, E, K는 배설이 느려 과다증을 일으킬 수 있다. 비타민 A 과다증에서 급성 증상은 뇌압이 높아지며 두통이나 구토를 일으킨다. 만성이 되면 피부와 뼈에 특이한 증상이 나타난다. 피부가 거칠어지며 가렵고, 뼈에 통증이 있는 부기가 나타난다. 유아는 식욕이 줄거나 머리카락이 빠지고 체중이 늘지 않으며 불쾌감을 느낀다. 비타민 D 과다증의 경우 성인은 온몸이 나른하며 구역질, 변비, 탈수 등이 나타나고, 물을 많이 마시거나 소변의 양이 늘어난다.

만약에 비타민이 그렇게 중요한 성분이라면 이 정도의 부작용은 충분히 감수할 수 있다. 문제는 비타민이 정말 그런 가치가 있는 것일까? 식물은 우리가 비타민이라고 하는 모든 성분을 합성하는데 우리 몸은 왜 합성하지 않는 것일까? 찬양만 많지 이런 질문에 대한 답은 어디에도 없는 것이 유감이다. 비타민이 우리 몸 세포에 유익한 기능을 한다면 암 세포에게도 도움이 되지 않을까?

- 생명현상에서 중요한 것의 기준은 뭘까?

내가 식품의 성분 타령을 믿지 않는 것은 진짜로 중요한 것을 중요하다고 강조하는 것을 보지 못했기 때문이다. 식물은 광합성을 통해 포도당을 만들고 포도당으로부터 모든 유기물을 만든다. 비타민은 포도당에서 만들어지는 유기물의 극히 일부다. 그런데 비타민은 찬양해도 포도당을 찬양

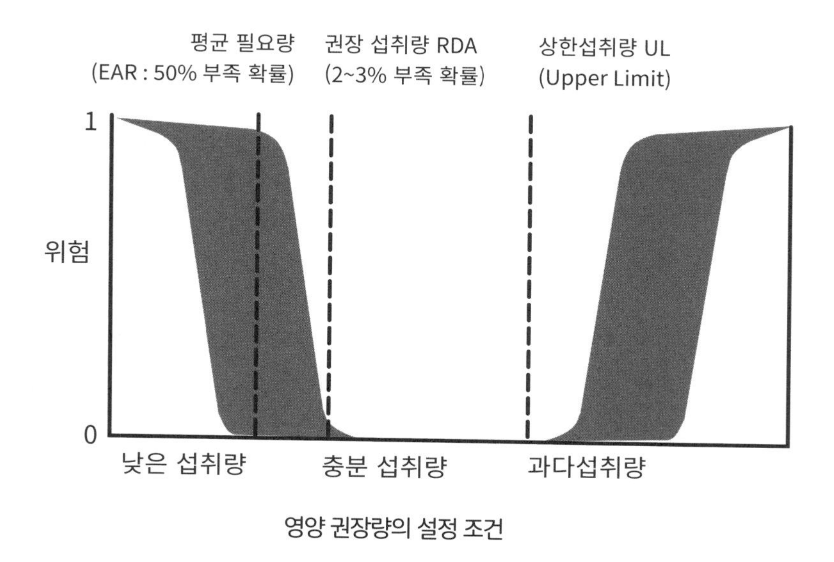

영양 권장량의 설정 조건

하는 사람들은 없다. 포도당이 아무리 흔하고 익숙해도 가장 고마운 존재인데 그렇다. 설탕은 그런 포도당이 식물의 체관을 통해 각각의 부위로 전달될 때의 형태이다. 따라서 설탕이 없으면 식물의 대부분도 없어질 것이고 식물이 없으면 우리도 없는 것이다. 그런데 설탕에 대한 혐오가 너무 많다. 단맛을 제대로 설명하려면 에너지 대사를 설명해야 하고 필연적으로 ATP가 등장한다. 그런데 사람들은 ATP가 뭔지도 모른다. 가전제품이 전기로 돌아간다면 우리 몸의 모든 세포는 ATP로 작동하고, ATP가 없으면 그 즉시 모든 생명현상이 멈추는데 ATP라는 이름조차 모르는 사람이 대다수이다. 그런데 무슨 과학, 영양, 건강 타령이 그리 많은지 모르겠다.

비타민 B군을 조효소라고 한다. 효소의 기능을 도와주는 성분이란 뜻이다. 그러면 우리 몸에 효소가 중요할까? 조효소가 중요할까? 우리 몸에서 에너지 대사의 중추에 참여하는 비타민 B5(판토텐산)를 통해 비타민의 진짜 의미를 생각해 보고자 한다.

비타민 B5(판토텐산)은 조효소 A라는 분자의 일부이므로 그 기능을 알려면 조효소 A부터 알아볼 필요가 있다. 조효소 A(Coenzyme A, 이하 CoA)는 1946년 프리츠 앨버트 리프만이 돼지의 간에서 분리 및 정제하여 구조가 밝혀졌다. 그는 이 인자가 콜린의 아세틸화에 필요한 조효소와 관련이 있음을 발견한 후 "아세트산(Acetate)의 활성화"를 위한 조효소 A로 명명하였고, 이 발견의 공로로 노벨상을 받았다.

CoA의 기능은 실로 막대하다. 지방산이 합성될 때도 분해될 때도 아세틸-CoA 형태로 이루어지고, TCA 회로는 포도당에서 분해된 피루브산이 아세틸-CoA로 전환되면서 시작된다. 산소가 없으면 3분 안에 생명이 위험해질 수 있는 이유가 우리가 살아가는 데 필요한 에너지 대부분을 만드는 이 TCA 회로를 돌릴 수 없어서인데, CoA가 없어도 마찬가지다. 심지어 세포에 존재하는 효소들의 약 4%가 그 기질로 CoA(또는 티오에스터)를 사용할 정도다. CoA가 없으면 세포막의 형성에 필요한 지방산도 만들 수 없고, 지방이나 아미노산을 분해하여 에너지원으로 사용하는 기능도 하지 못한다. 콜레스테롤을 합성할 수 없으므로 호르몬과 비타민 D의 전구체, 담즙산 등도 만들 수 없다. CoA는 세포 단백질 표면의 시스테인에 있는 티올기의 비가역적 산화를 방지하고, 산화 스트레스나 대사 스트레스에 직접적으로 반응하는 효소의 활성을 조절한다. 우리 몸 안의 생리작용에서 아세틸-CoA가 가장 중추적인 역할을 하는 셈이다.

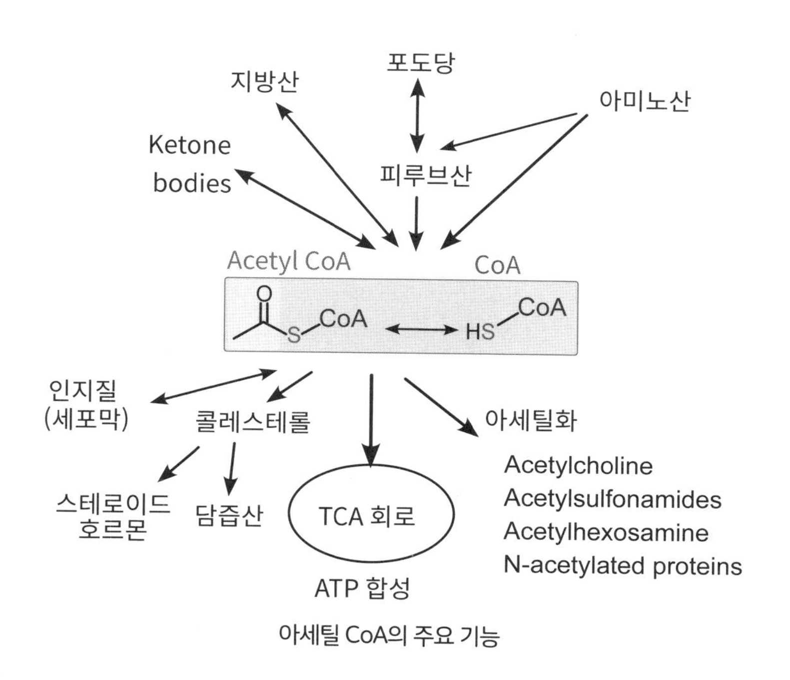

아세틸 CoA의 주요 기능

이렇게 중요한 CoA를 만들 때 필요한 분자가 시스테인, 판토텐산(비타민 B5), 아데노신삼인산(ATP)이다. 우리 몸은 시스테인과 ATP는 만드는데, 판토텐산은 만들지 못한다. 판토텐산을 합성하는 식물(음식)을 통해 섭취해야 한다. 그래서 비타민이라고 하지만 실제 하는 일은 없다. CoA에서 아세틸기를 붙잡거나 내어주는 역할은 시스테인에서 유래한 SH기가 한다. 더구나 CoA는 관련 효소가 작용할 때 아세틸기를 붙잡아 효소의 기능을 도와주는 역할을 할 뿐이어서 조효소라고 한다. 그런데 실제로 일하는 효소는커녕 CoA도 모른 채 그것의 부품인 비타민(판토텐산)을 찬양한다.

아세틸-CoA는 우리 몸의 대사에서 허리 역할을 하는 핵심적인 분자이며 모든 생명체의 공통적인 핵심 물질이다. 그런데 왜 그렇게 핵심적인 분자의 일부를 스스로 합성하지 않고 음식물에 의존하는 것일까? 또 지금까지 판토텐산의 고갈로 심각한 질병에 빠진 사례는 없는 것일까? 우리는 정말 궁금해야 할 질문은 철저히 외면하는 능력이 있다.

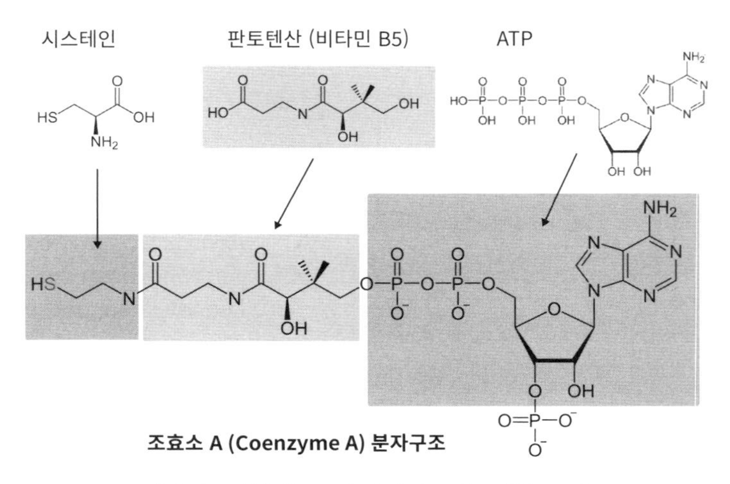

코엔자임 A의 분자구조: 시스테인 + 판토텐산 + ATP

- 필수 아미노산과 비필수 아미노산 중에 어느 것이 안전할까?

글루탐산과 페닐알라닌 중에 어떤 것이 더 소중한 아미노산일까? 글루탐산은 여러 경로로 합성되고, 우리도 합성할 수 있으므로 비필수 아미노산이다. 트립토판, 페닐알라닌 같은 방향족 아미노산은 훨씬 여러 단계로 이루어진 단일 경로를 통해 만들어진다. 인류는 합성 능력을 잃어버려서 음식을 통해 공급받을 수밖에 없어서 필수 아미노산이라고 한다. 식물은 이들 아미노산도 당연히 합성하는데 그중 페닐알라닌은 식물이 대량으로 필요한 리그닌 합성의 필수 원료라 글리포세이트 같은 물질로 이 합성 경로를 차단하면 금방 죽게 될 정도로 많이 합성한다.

비타민은 원래 생기(vital)과 질소화합물인 아민(amine)을 결합한 단어(vitamine)였는데, 질소와 무관한 분자라는 것이 밝혀져 e 자를 떼어내고 vitamin이 된 것이다. 그런 의미에서는 우리 몸에서 정말 다양한 기능을 하는데 합성이 안 되어 음식으로 섭취해야 하고 질소마저 함유한 필수 아미노산이 비타민에 훨씬 어울리는 분자다. 바이탈리즘(Vitalism, 생기론)은 사라졌는데 비타민에 숭배가 사라지지 않은 것은 유감이다. 이런 필수 아미노산에도 과잉이면 부작용이 있다.

페닐알라닌은 필요량도 적고 합성 경로도 복잡하여, 유전 질환으로 페닐알라닌 분해 효소가 없는 사람이 종종 있다. 이 경우 페닐알라닌을 티로신으로 전환하지 못하고 페닐피루브산으로 축적된다. 출생 시에는 무증상이지만, 체내에 페닐알라닌이 서서히 축적되면서 영아기부터 여러 증상이 나타난다. 자주 구토를 하며, 멜라닌 생성 장애로 인한 색소 형성의 이상으로 담갈색 모발, 흰 피부색 등의 증상이 나타난다. 신경계 손상도 일어나며 땀과 소변에서 곰팡이 냄새가 나며, 피부에는 습진이 나타난다. 신생아의 경우, 혈중 페닐알라닌 농도가 10㎎/dL을 넘기면 즉시 페닐알라닌 함량을 낮춘 특수 분유를 먹여야 한다. 이후에도 평생 혈중 페닐알라닌 농도를 3~15㎎/dL로 유지할 수 있도록 페닐알라닌 함량이 낮은 식이를 유지해야 한다. 일반인의 경우는 페닐알라닌 섭취를 과도하게 제한하면 빈혈, 저단백혈증, 기면, 설사 등의 증상을 보이며, 심하면 사망에 이를 수 있다.

페닐알라닌 말고도 다른 아미노산 대사 이상이 있는데, 우리 몸에서 기본이 되는 아미노산보다 분지형 아미노산처럼 독특한 형태이거나 복잡한 대사 경로를 가진 아미노산의 대사에 이상이 발생하기 쉽다. 그런데 불안장사꾼은 그런 아미노산에 대해서는 아무 말이 없고, 가장 부작용이 없이 열심히 일하는 글루탐산(MSG)에 그렇게 온갖 트집이 많았다. 열심히 일할수록 더 많이 욕하는 참으로 불공정한 사람들이다.

아미노산 대사 이상의 예(출처: 질병관리본부 자료)

아미노산	대사장애	증상
류신, 발린 이소류신	메이플시럽뇨	간질, 운동실조증, 근육긴장이상증, 무정위운동증, 신경언어장애
방향족 아미노산	알캅톤뇨증	관절위축증, 죽상경화증, 피부 착색
시스틴	시스틴뇨증	시스틴의 결정이 그대로 오줌으로 배설되어 신장 결석(시스틴 결석) 형성
	시스틴 축적	두통, 시스틴이 눈의 결막과 망막에 쌓여 빛에 매우 민감하게 반응
히스티딘	히스티딘혈증	특별히 눈에 띄는 증상은 없으나 극소수 사람들이 중추신경 장애
페닐알라닌	페닐케톤뇨증	정신·운동 발달이 지연

3) 천일염에 미네랄이 풍부하다는 거짓말이 통하는 이유

- 우리는 미네랄에 대해 얼마나 알고 있는 것일까?

영양학을 공부한 사람에게 아래 질문 중에 어떤 것이 가장 어려운 질문일까? 건강 전도사에게 질문을 하면 몇 가지를 대답할 수 있을까?

A. 우리 몸에서 가장 많은 양을 차지하는 미네랄은?
B. 세포 안에서 가장 많은 양을 차지하는 미네랄은?
C. 우리 몸에서 가장 열심히 일하는 미네랄은?
D. 가장 독성이 강한 미네랄과 안전한 미네랄은?
E. 가장 부족하기 쉬운 미네랄은?
F. 가장 맛있는 미네랄은?
G. 가장 억울한 미네랄과 과도한 명성의 미네랄은?

인터넷 등에서 A의 답을 찾기는 쉽다. 칼슘, 인, 칼륨, 나트륨, 염소, 마그네슘의 순서다. 나머지는 워낙 미량의 미네랄이라 여기서는 다루지 않겠다. B에 대한 답도 찾기 쉽다. 칼륨, 인, 마그네슘, 나트륨, 염소 순이다. C에 대한 답은 우리 몸에 가장 많은 미네랄일까? 그렇다면 칼슘일 텐데, 칼슘의 99%는 뼈의 성분이라 돌처럼 가만히 있고, 활동적으로 일하는 것은 1%에 불과하다. 뼈를 구성하는 미네랄을 빼면 칼륨, 나트륨, 염소, 인, 마그네슘, 칼슘 순서다. 그러면 칼륨이 가장 열심히 일하는 미네랄일까? 칼륨도 세포 안에서 가만히 있으면서 삼투압을 유지하는 기능을 하지 나트륨처럼 쉬지 않고 세포막을 오가면서 일을 하지 않는다. 이와 연결해서 G에 대한 답으로 가장 억울한 미네랄을 찾으려면 가장 열심히 일을 하면서, 인정은 받지 못하는 미네랄을 찾아야 하고, 가장 과도한 명성을 누리는 미네랄은 하는 일은 없으면서 칭송만 받는 미네랄을 찾아야 하는데, 그것이 무엇이라고 바로 대답할 수 있는 사람은 별로 없을 것이다. 미네랄의 가치도 전혀 정당한 평가를 받지 못하는 것이다. 항상 칭찬받는 미네랄은 칼슘이다. 그런데 칼슘은 부족하기 쉬운 것이지, 부작용이 없는 미네랄이 아니다. 더구나 그렇게 열심히 일하는 미네랄도 아니다. 오히려 세포 안에 과도하게 존재하면 치명적인 미네랄이 칼슘이다.

D. 어떤 미네랄이 독성이 강할까? 우리는 미네랄에 대한 칭송만 들었지, 독성 이야기는 거의 들어보지 못했다. 하지만 어떤 미네랄이든 과하면 독이 된다. 철분 같은 경우 배출 기작이 없어서 체질에 따라 혈색소침착증이 발생하기도 한다.

E. 어떤 미네랄이 가장 부족하기 쉬울까? 미네랄은 원자 상태가 일단 몸에서 배출만 되지 않으면 영원히 사용할 수 있다. 그런데도 우리가 미네랄을 섭취해야 하는 것은 소량의 손실이 필연적이기 때문이다. 우리 몸에 비축된 함량이 많거나, 식재료에 포함된 함량이 많거나, 흡수가 잘되거나, 손실될 확률이 낮으면 부족할 가능성이 낮고, 반대의 경우 부족할 확률이 높다. 이번 미네랄 이야기에서는 가장 부족하기 쉬운 미네랄 이야기를 해 보려 한다.

F. 우리 몸이 가장 맛있다고 느끼는 미네랄은 무엇일까? 우리 몸이 미네랄을 맛으로 감각한다면 우리 몸에 가장 많은 미네랄, 가장 열심히 일하는 미네랄, 가장 부족하기 쉬운 미네랄 중에 어떤 미네랄을 감각하는 것이 효과적일까? 나는 항상 우리 몸이 어설픈 과학보다 현명하다고 말하는데, 과연 미네랄의 경우도 현명하게 작동하는지 알아보고자 한다. 가장

부족하기 쉬운 미네랄을 맛있게 느낀다면 우리 몸의 감각은 꽤 믿을 만할 것이다.

- 미네랄 중에 따로 챙겨 먹어야 하는 것이 소금(나트륨)이다

식물은 비타민을 포함한 다른 유기물을 합성해도 무기물인 미네랄은 합성하지 못한다. 식물에는 비타민이 아니라 미네랄이 진정한 비타-영양분이라 할 수 있다. 그런 미네랄 중에 인류에게 가장 소중한 것이 무엇일까? 결론부터 미리 말하면 나는 소금(나트륨과 염소)이라고 생각한다. 식물에게 나트륨은 전혀 쓸모가 없어서 땅에 아무리 나트륨이 많아도 흡수하지 않아서 식물만 먹어서는 필요량을 얻을 수 없기 때문에 인간(동물)에게 가장 소중한 미네랄은 소금이다.

지난 10여 년간 보건 당국이 가장 노력한 것의 하나가 '나트륨(소금) 저감화'다. 그런데 그 과정에서 한 번도 나트륨을 미네랄이라고 말하는 것을 못 봤다. "우리 몸에 가장 소중한 미네랄인 나트륨과 염소마저 과하면 독이 될 수 있다"라고 말하지 않고 마치 나트륨은 미네랄이 아닌 양 천덕꾸러기 취급을 한 것이다. 지금은 비록 소금이 천덕꾸러기 취급을 받지만, 불과 100년 전만 해도 금처럼 귀한 대접을 받았다. 소금을 생산하는 일은 최초의 산업 중 하나였고, 과거 한 국가의 세금 수입의 절반을 차지하기도 했다. 과거에는 도대체 왜 소금이 그렇게 비싸고 귀한 대접을 받은 것일까? 내가 어설픈 과학보다 우리 몸이 훨씬 똑똑하다고 말하는 이유가 소금에도 있다.

- 우리 몸은 왜 칼륨 대신 나트륨을 감각할까?

우리 몸에 필요한 미네랄 중에 가장 많이 필요한 것이 나트륨과 칼륨이다. 작고 가벼울 뿐 아니라 1가 양이온이라 단백질 등과 강하게 결합하지 않아 다루기 쉽고 흡수와 배출도 쉽다. 이들의 기본 역할은 삼투압의 조절이다. 물은 생화학 반응의 기본조건으로 생명체에 가장 중요한데, 그 양이 삼투압으로 조절된다. 바닷물을 마시면 오히려 갈증이 나는 것은 삼투압 때문에 물이 빠져나가기 때문이다.

나트륨은 전기 신호를 만드는 데도 핵심요소이다. 뇌는 초당 수십 번 이상 전기적 펄스를 만들어 작동하는데, 이 전기 펄스를 만들기 위해서 신경세포의 나트륨 채널을 열어 나트륨 이온을 대량 세포 안으로 들어오게 한다. 신호가 발생하자마자 다음 신호를 만들기 위해 다시 나트륨을 세포 밖으로 퍼낸다. 뇌는 다른 부위의 10배의 에너지를 쓰는 에너지 과소비 기관인데, 뇌가 쓰는 에너지의 절반이 바로 나트륨 이온을 밖으로 퍼내는 데 쓰인다. 만약 나트륨이 계속 재사용되는 것이 아니고 한 번 쓰면 사라지는 일회용이라면 우리는 뇌에서 쓰는 양조차 감당할 수 없을 것이다.

진화의 줄기를 거슬러 올라가면 인간은 물고기의 후손이다. 물고기에서 부속지(팔과 다리)가 출현하여 땅 위를 걸을 뿐, 기본 체계는 크게 다르지 않다. 3억 7천만 년 전 물고기의 육상 진출이 시작되면서 문제가 생겼다. 뭍에서 소금을 구하기가 어려워진 것이다. 바다에 살던 때는 상상하지 못했던 사태다. 동물의 먹잇감인 식물에 나트륨만 부족한 것이다.

식물 세포 안의 미네랄 조성은 동물 세포와 큰 차이가 없다. 단지 식물에는 피가 없고, 동물 피의 미네랄 조성이 식물 세포와 완전히 달라서 피에 필요한 미네랄을 식물을 통해서는 해결할 수 없는 것이다. 혈액 미네랄의 86%가 나트륨과 염소인데, 이것은 식물에게 필요한 성분이 아니다. 식물은 흙에 칼륨(K)과 나트륨(Na)이 비슷하게 있어도 칼륨만 흡수하고 나트륨은 흡수하지 않는다. 그래서 식물에는 칼륨이 많고 나트륨은 칼륨의 10%도 안 되는 적은 양만 있다. 그러니 식물을 먹고 사는 초식동물은 항상 나트륨에 굶주릴 수밖에 없다. 나트륨을 확보하기 위해 사력을 다하고, 일단 흡수한 나트륨이 몸 밖으로 배출되는 것을 막기 위해 최선을 다한다.

나는 소금이 인류에게 최초의 식품첨가물이자 최후의 첨가물(공식적으로는 첨가물이 아니지만)이라고 말한다. 다른 미네랄은 필요량도 적고, 음식을 적당히 골고루 먹으면 필요량을 충족하기 쉽다. 하지만 나트륨만큼은 아무리 음식(식물)을 잘 골라 먹어도 우리에게 필요한 양을 채울 수 없다. 그러니 따로 챙겨 먹어야 했고, 그러기 위해 많은 미네랄 중에 소금만 따로 맛으로 느끼도록 진화한 것이라고 생각한다.

우리 몸은 나트륨을 정말 소중하게 아껴서 사용하지만, 소량이나마 끊임없이 손실되므로 꾸준히 섭취해야 한다. 그래서 동물에게는 항상 소금에 대한 강력한 욕망이 숨어 있다. 육식동물은 그나마 초식동물의 피 등에서 나트륨을 섭취할 수 있지만, 초식동물은 식물에 없는 나트륨(소금)에 대한 갈망이 너무나 커서 소금을 얻기 위해 목숨을 건 위험한 행동마저 마다하지 않는다.

- 소금은 비타-미네랄(Vita-mineral)이라 그렇게 맛있다

ATP 합성을 위해 소비되는(분해되는) 열량소를 제외하면 손상을 받기 전까지 오랫동안 계속 사용할 수 있다. 그래서 미량만 필요한 것이다. 소금 같은 미네랄은 원자(이온) 상태라 분해나 변형이 되지 않으므로 일단 우리 몸에 들어오면 영원히 쓸 수 있다. 그런데 왜 소금을 계속 먹어야 할까? 아무리 아끼려 해도 일정량 손실(배출)되기 때문이다. 뇌가 사용하는 에너지의 50%를 나트륨 펌프의 작동에 쓸 정도로 나트륨을 왕성하게 사용하지만, 뇌는 닫힌 구조라 나트륨이 누출될 가능성이 작다. 하지만 혈액과 소화에 사용되는 소금은 완전히 사정이 다르다. 나트륨의 배출과 재흡수가 가장 적극적으로 일어나는 곳이 콩팥이다. 콩팥은 체중의 0.5%에 불과하지만, 하루에 심장이 펌프질한 1,700L의 혈액 중에 20%가 통과한다. 콩팥의 사구체에는 여과망이 있는데 혈액이 여기를 지날 때 적혈구, 단백질, 지방 등 큰 분자 제외한 물, 포도당, 나트륨 등의 작은 분자는 모두 빠져나가 버린다. 340L의 혈액 중에 180L 정도가 배출되는 것이다. 우리 몸의 혈액은 5L인데 하루에 혈액 총량의 36배가 배출되는 것이다. 만약 이들이 그대로 전부 몸 밖으로 배출되면 정말 큰일인데, 다행히 콩팥에는 필요한 분자를 재흡수하는 장치가 있다. 포도당은 100%, 물과 나트륨은 99%가 재흡수된다

콩팥의 사구체를 통해 하루에 배출되는 소금의 양이 1,100g이 넘는다고 한다. 하루 권장량 5g의 220배다. 만약에 콩팥에서 90%만 재흡수되고 10%가 배출된다면 우리는 매일 100g 이상의 소금을 먹어야 한다. 다행히 99% 이상 재흡수되어 5g만 먹어도 된다. 만약 질병에 의해 알도스테론이라는 호르몬 분비가 되지 않으면 재흡수가 부족하여 매일 100g 이상의 소금을 먹어야 살 수 있다. 결국 소금의 섭취량은 내 몸의 사용량이 아니라 재흡수되지 못하고 손실되는 양이 결정하는 것이다.

섭취량이 많으면 그만큼 배출량을 늘리고, 섭취량이 적으면 배출량을

줄이지만 이것도 한계가 있다. 아무리 적게 먹어도 2g 이상은 먹어야 생존할 수 있다. 병원에 입원했을 때 흔히 주는 포도당 주사는 생존에 가장 필수적인 성분으로 구성되어 있는데 물, 포도당 5~10%, 식염 0.9% 정도이다. 이처럼 생존에 가장 긴급한 원료인 당류와 나트륨이 보건 당국이 가장 과잉 섭취를 걱정하는 성분이라는 것에서 위험은 낯선 것에 있지 않고 익숙하며 필요한 것에 있다는 것을 알 수 있다.

과거에는 미네랄 중에 결핍의 가능성이 가장 높았던 것이 소금이다. 오죽했으면 우리 몸은 혀로 느끼는 5가지뿐인 감각의 하나를 소금을 느끼는데 할당했을 정도다. 소금이 생존에 가장 절박한(vital) 미네랄인 비타-미네랄(Vita-mineral)이기 때문에 가장 강력한 맛 성분으로 작용하는 것이다.

그래도 나트륨은 염소보다는 덜 억울하다. 악플보다 서러운 것이 무플이라고 했는데, 염소에 대해서는 악플조차 없다. 우리 몸의 전기적 균형을 위해서는 양이온과 음이온이 같은 양 필요한데 양이온은 나트륨, 칼륨, 칼슘, 마그네슘이 있지만 음이온은 주로 염소에 의존한다. 음이온인 염소가 없이 양이온만 있으면 모든 신호체계와 생리적 균형이 붕괴된다. 그런데 대체 불가능한 음이온인 염소가 미네랄 취급조차 받지 못하는 것은 정말 해도 너무 한 것이다.

4) 항산화제가 내 몸의 산화를 막을 것이라는 헛된 기대

지구상 모든 생물의 생명현상은 산화·환원 반응, 즉 전자의 이동(수소이온의 흐름)이다. 수많은 효소 중에서 근본적으로 가장 중요한 것은 산화환원효소다. 생명은 탄소를 뼈대로 만들어진 탄소화합물(유기화합물)이며, 이 뼈대도 이산화탄소의 산화·환원 반응으로 만들어진다. 광합성은 엽록소를 이용해 이산화탄소에 에너지를 비축하는 산화·환원 과정이며, 호흡은 유기화합물에서 전자를 떼어내서 산소로 전달하는 과정이다. 산화·환원 반응으로 생명에 필요한 분자들이 만들어지고 에너지가 만들어지는데, 문제는 이 과정에서 활성산소도 만들어진다는 점이다. 생과 사의 결정적인 장면들은 모두 에너지 흐름과 관련되어 있다.

유산소 호흡에서는 왜 산소가 필요할까? 산소를 사용하지 않는 발효로 얻는 에너지는 고작 2ATP이지만, 산소를 이용한 산화적 인산화, 즉 미토콘드리아의 TCA 회로를 거치는 호흡으로는 그것의 15배가 넘는 에너지를 얻을 수 있다. 문제는 그만큼 감수해야 할 부작용도 있다는 것이다. 수

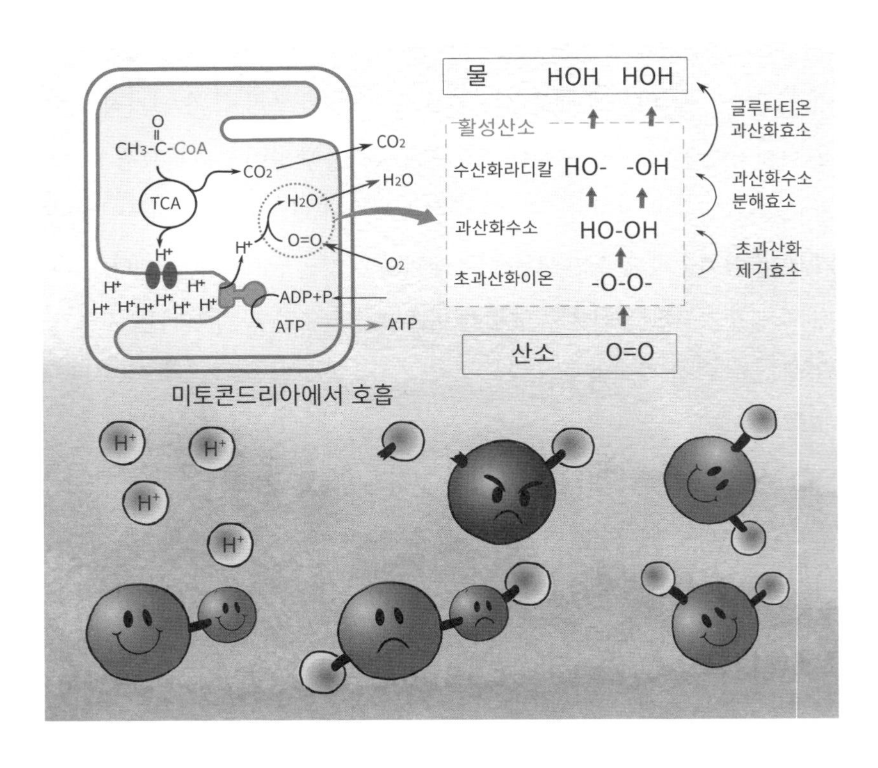

소이온을 산소와 결합하여 물로 전환하는 과정에서 발생하는 활성산소는 엄청난 산화 스트레스로 작용한다. 산소 덕분에 효율적으로 에너지를 생산하면서 생명은 다양해지고 거대한 몸집을 가진 동물도 생겨났지만, 큰 짐도 같이 지게 된 것이다.

우리는 살기 위해 먹고 마시고 숨 쉬지만, 그 과정에서 활성산소가 만들어진다. 활성산소를 '자유라디칼'이라고도 하는데, 안정적으로 쌍을 이루지 못한 전자가 있어서 다른 분자들과 반응하려는 경향이 크다. 대부분 불안정하고 수명이 짧다. 수산화 라디칼 같은 활성산소는 높은 반응성으로 병원체를 공격하는 역할도 하지만 우리 몸에 필요한 분자들까지도 무차별 공격할 수 있다.

산소가 수소이온과 결합하여 물이 되는 첫 단계는 산소 분자(O=O)의 이중결합이 풀려 초과산화이온(O^{2-})이 되는 것이다. 이 분자는 구리, 망간, 아연 등의 금속이온을 포함한 SOD(Superoxide dismutase) 효소에 의해 과산화수소(H-O-O-H)가 된다. 이어서 더 강력한 산화력을 지닌 수산화 라디칼(-OH)이 된다. 수산화 라디칼은 반감기가 매우 짧지만, 반응성이 매우 강하기 때문에 거의 모든 종류의 분자를 공격한다. 다행히도 과산화수소를 안전하게 물로 분해하는 효소인 카탈라아제(catalase)가 내 몸 안에 있다. 글루타티온 과산화효소 역시 글루타티온을 이용하여 과산화수소를 물로 분해한다. 이처럼 우리 몸에는 다양한 항산화 시스템이 있지만 완벽하게 막을 수는 없다.

발암물질로 알려진 것들은 대부분 활성산소를 만들어서 문제가 된다. 벤조피렌은 발암물질로 유명하다. 그런데 벤조피렌 자체에는 독성이나 발암성이 없다. 벤조피렌이 내 몸 안에 들어오면 시토크롬 P450이라는 효소에 의해 여러 가지 중간 대사물질로 바뀌고, 그중 몇몇 물질이 활성산소를 계속 만들어 내는 정말 위험한 분자로 바뀐다. 오염된 옥수수나 견과류 등에서 발견되는 아플라톡신 역시 그 자체는 발암물질이 아니며, 이 또한 시토크롬 P450에 의해 발암물질로 바뀐다. 최근 커피나 감자튀김 등의 음식에서 검출되어 논란이 된 아크릴아미드 역시 똑같은 원리로 작용한다. 시토크롬 P450은 대사 과정에서 중심이 되는 효소지만 그만큼 독성이 되는 중간대사물질도 많이 만들어 낸다. 위험한 물질의 80% 이상이 P450 효소에 의한 것이라고 한다.

강력한 제초제인 그라목손(파라쿼트)은 활성산소를 폭발적으로 만들어 식물을 고사시키는 약품이다. 활성산소를 만드는 산화제는 다른 것도 많지만, 그라목손은 한 번 산화제로 작용한 뒤 다시 원래대로 돌아와 무한히 활성산소를 만들어 낼 수 있어 악명이 높다. 그라목손은 식물뿐 아니라 인간에게도 치명적이어서 이 농약에 중독된 사람을 치료할 방법은 아직 없다. 광고에서 그렇게 많은 항산화제를 자랑하지만, 그라목손을 이길 항산화제는 없다.

식품 중에 지방(특히 불포화지방)은 보관 중에 산화가 되지만 아주 천천히 조금씩 일어난다. 그러니 음식에 존재하는 적은 양의 항산화제로도 어느 정도 보호가 가능하다. 그런데 지방이 우리 몸에 들어오면 몇 시간 안에 완전히 산화(소화)된다. 그만큼 엄청난 활성산소가 만들어진다. 우리가 하루에 1.5kg 이상의 음식을 먹고 그 안의 유기물 대부분을 산화시켜 에너지로 만드는데, 그렇게 많은 산화물을 음식물에 존재하는 미량의 항산화제가 어떻게 감당할 수 있겠는가? 그것은 내 몸 안의 항산화 시스템이 하는 일이다. 알파-토코페롤은 분자량이 430.71g/mol이다. 그렇게 큰 분자에서 제공할 수 있는 수소(H)는 고작 1개이다. 만약 토코페롤이 한 번 쓰고 마는 일회용이라면 무슨 역할을 하겠는가? 항산화 시스템에 의해 단계별로 계속 재생되기에 그 역할을 하는 것이다. 우리 몸은 매일 자기 체중만큼의 ATP를 사용하는데, 이것을 음식물로 섭취하지 않고 ADP에서 재생하여 해결하는 것처럼, 항산화 기능도 재생 시스템에 의해 그 많은 양의 활성산소에 대응한다. 항산화제와 같은 식품 현상도 이제는 정량적으로 이해하면 좋은데, 양을 따지지 않으니 엉터리 기대와 실망을 반복한다.

1994년, 항산화제가 몸의 산화를 막아 건강하게 해 줄 것이라는 가정하에 핀란드 남성 흡연자 약 2만 9천 명을 대상으로 연구를 했다. 그런데 적황색 색소이자 항산화제이며 프로비타민 A인 베타카로틴 보충제를 먹은 집단에서 오히려 폐암 발생률이 18% 높았다. 1996년 미국인 1만 8천 명을 대상으로 한 임상시험 결과에서도 베타카로틴 보충제를 먹은 집단에서 폐암 발생률이 약 28% 높게 나와 조기에 연구를 종료했다.

경북대 이덕희 교수 등 다국적 연구팀이 당뇨병을 앓고 있는 55~69세 미국 여성 1,923명을 대상으로 15년간 실시한 역학조사를 분석한 결과, 비타민 C를 하루 300mg 이상 복용한 그룹은 전혀 복용하지 않은 그룹에 비해 심혈관질환·관상동맥질환·뇌졸중 발병 위험이 각각 1.69배, 2.07배, 2.37배 높은 것으로 나타났다.

항산화물질 섭취가 과도하면 항산화물질과 쌍둥이 관계인 산화 촉진물질(pro-oxidant)의 균형이 깨지면서 건강을 해칠 수 있다. 항산화제가 암을 예방하는 데는 몰라도 일단 암이 발생한 후에는 암세포를 이롭게 한다는 쪽으로 의견이 기울고 있다. 우리 몸 세포보다 암세포가 항산화제로 더 많은 이익을 얻을 수도 있기 때문이다. 비타민이나 미네랄은 많을수록 좋을 것이라는 기대는 당장 버리는 것이 좋다.

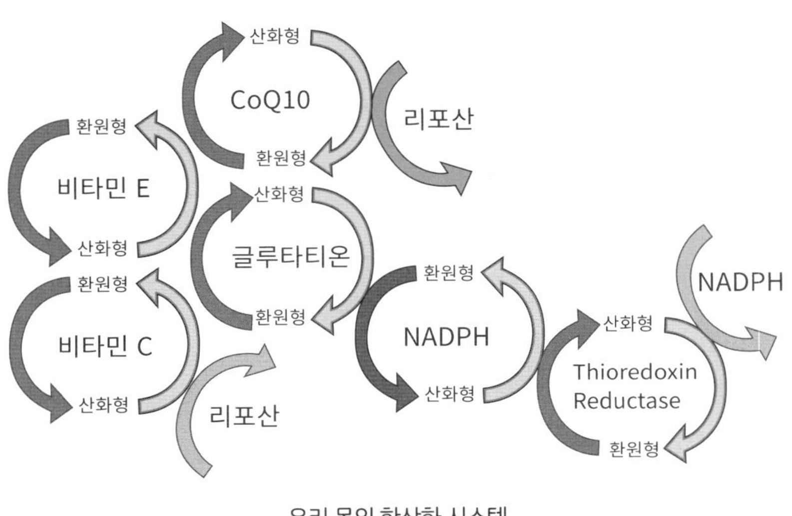

우리 몸의 항산화 시스템

3 좋은 콜레스테롤이 따로 있다는 거짓말

1) 동물들이 힘들게 콜레스테롤을 합성하는 이유

식품 성분 대부분은 탄수화물, 단백질, 지방 같은 열량소이고 비타민, 미네랄 같은 조절소는 아주 소량이 필요하다. 하지만 우리 몸 조절의 핵심은 비타민과 미네랄이 아니라 콜레스테롤에서 만들어지는 호르몬이다. 그런데 영양 과학 역사상 가장 지독한 오류가 조절소의 원천인 콜레스테롤에 대해서 만들어졌다.

심장질환은 미국인의 최대 사망 원인이었다. 심장질환은 1920~1930년대부터 급격히 증가하여 50년 동안 부동의 1위를 유지한다. 암보다 훨씬 무서운 병이었다. 심장질환으로 사망하게 되는 주요인은 동맥에 지방과 콜레스테롤 등이 축적되는 죽상경화 현상이다. 그래서 1953년 미국 미네소타대학의 안셀키즈 교수가 22개국의 데이터 중 자신의 관점에 맞는 단 6개국의 자료만 선별하여 콜레스테롤의 동맥경화 이론을 발표했고, 미국 심장협회는 포화지방은 나쁘지만 식물성 기름은 좋으며 목숨을 구해 주는 기름이라 선전했다. 이때는 육류 섭취는 심장병 발병과 동일시되었고, 포화지방과 콜레스테롤을 먹는 것은 마치 청산가리나 비소만큼 치명적일 수 있다고 주장했다.

그래서 미국인은 동물성 지방의 섭취를 줄이고 식물성 지방의 섭취는 늘렸다. 달걀도 1950년부터 줄였다. 동물성 지방을 83%에서 62%로 줄였지만, 혈중 콜레스테롤은 오히려 잠깐 올랐다가 다시 그대로 유지되었고 심장병은 1970년까지 계속 늘어났다. 반대로 일본은 1961~2000년까지 총지방과 동물성 지방 섭취가 250% 증가했지만, 수명은 계속 늘었다. 특히 1960년대 주 사망 원인이었던 뇌졸중이 극적으로 감소하였는데, 15년간의 추적 조사에 따르면 포화지방을 가장 많이 섭취한 그룹이 가장 적게 섭취한 그룹보다 뇌졸중 발생 위험이 70%나 낮았다. 생선 기름(불포화지방) 위주로 식사를 했을 때의 문제가 보완된 것이다.

만약에 심장마비를 일으키는 죽상경화가 단순히 포화지방과 콜레스테롤의 과잉 섭취로 이것이 혈관에 서서히 쌓여서 발생한 것이라면 나이가 많은 사람은 모두 혈관에 지방 축적이 어느 정도 일어나야 하는데 100살이 된 사람 중에도 전혀 축적이 일어나지 않는 경우를 설명할 수 없고, 단순히 양이 많아서 쌓인 것이면 혈류가 느리게 움직이는 정맥에 더 많이 쌓여야 하는데 오히려 혈류가 빠른 동맥에만 쌓이는 현상(동맥경화)을 설명할 방법이 없다.

2) 콜레스테롤보다 억울한 분자도 드물다

지방의 역할은 세포막을 유지하는 기능이 가장 중요한데, 세포막은 충분히 단단하면서 동시에 충분한 유동성이 있어야 한다. 유동성이 너무 크면 세포막이 붕괴되기 쉽고 유동성이 너무 낮으면 세포막에 위치한 단백질 등이 제 기능을 수행하기 힘들다. 지방산의 조성과 온도에 따라 세포막의 유동성이 달라지는데 이를 완충하는 것이 콜레스테롤이다. 콜레스테롤은 포화지방과 함께 있을 때는 세포막의 유동성을 높이고, 불포화지방과 함께 있으면 세포막의 연약함을 보강하는 완충제 역할을 한다. 따라서 불포화지방이 많고 콜레스테롤이 너무 적으면 혈관이 약해져서 출혈성 뇌졸중의 위험성이 증가한다. 특히 오메가-3 같은 다가불포화지방이 많을수록 위험하다. 에스키모인은 불포화지방이 많아 심혈관질환은 적지만, 혈관이 약해져서 뇌혈관이 터지기 쉽고 지혈도 쉽지 않다. 지방은 총량과 적정 비율이 중요한데 이를 무시하고 무작정 동물성 지방(포화지방)과 콜레스테롤을 비난한 결과 엄청난 비용을 낭비하고 건강만 악화시킨 것이다. 동맥경화의 원인 파악부터가 틀린 것이다.

아무리 콜레스테롤이 없는 식품만 골라 먹어도 혈중 콜레스테롤이 쉽게 감소하지 않는 이유는 우리 몸이 콜레스테롤을 합성하기 때문이다. 콜레스테롤은 1784년에 최초로 담석에서 발견되었는데 모든 동물 세포막의 핵심 성분이라 간, 척수, 뇌와 같이 세포막이 많은 기관에서 높은 농도로 발견된다. 동물의 생존에 필수적이라 37단계에 이르는 복잡한 과정을 통해 만들어지는데, 포도당에서 만들어진 아세틸-CoA와 아세토아세틸-CoA의 축합으로 시작된다. 이후 여러 번의 축합 과정을 통해 스쿠알렌이 되고 스쿠알렌이 라노스테롤이 된다. 라노스테롤이 19단계의 반응을 거쳐 최종적으로 콜레스테롤이 된다. 콜레스테롤은 담즙산의 형태로 소화관에서 배출되어 지방의 용해성을 높이고 지용성 비타민 A, D, E, K의 흡수도 돕는다. 그런 다음 95% 정도의 담즙산은 장에서 재흡수되고, 나머지는 대변으로 손실된다. 콜레스테롤도 일회용이 아니고 내 몸이 소중히 아껴 쓰는 분자인 것이다.

도대체 우리 몸은 왜 갈락토스에서 단 두 단계만 더 진행하면 만들어지는 비타민 C의 합성은 포기하고, 이보다 20배 정도 복잡한 콜레스테롤 합성은 그대로 유지하고 있는 것일까? 콜레스테롤이 너무나 소중하기 때문일 것이다. 콜레스테롤은 세포막의 유동성의 조절을 통해 세포 내 수송,

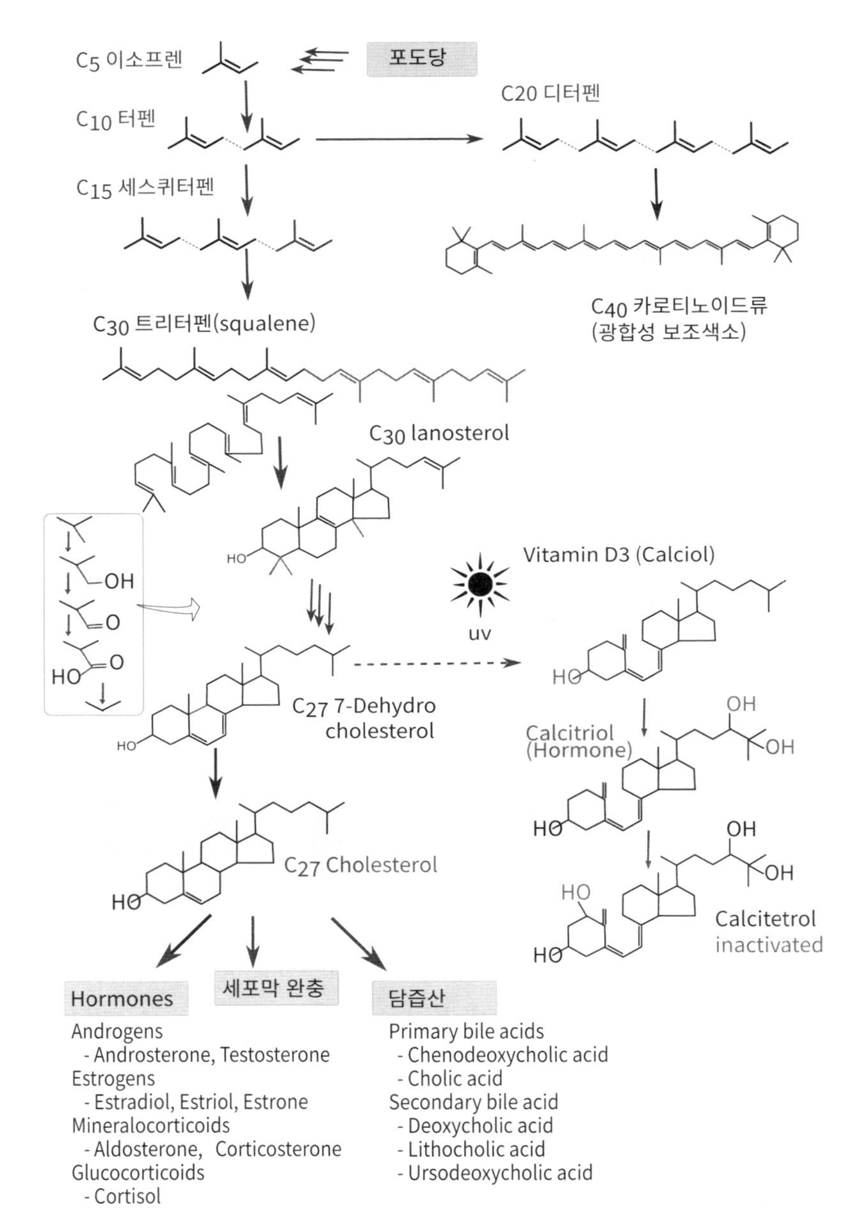

이소프레노이드의 합성 경로와 역할

세포 신호 전달 등을 원활하게 한다. 체내의 중요한 조절 기능은 콜레스테롤에서 만들어진 스테로이드계 호르몬에 의해서 이루어진다. 비타민 D, 부신 호르몬인 코르티솔과 알도스테론을 포함하는 스테로이드 호르몬, 성호르몬인 에스트로겐과 테스토스테론 등이다.

- 비타민 D는 호르몬(Calcitriol)의 전구체일 뿐 뼈를 튼튼하게 하지 않는다

요즘 비타민 D에 대한 예찬이 정말 많은데 비타민 D는 고작 콜레스테롤의 9번과 10번 사이가 자외선에 의해 분해된 형태이다. 햇빛으로 합성이 되는 것이 아니라, 햇빛에 의해 손상된 콜레스테롤인 것이다. 더구나 비타민 D가 뼈를 직접 튼튼하게 하지도 않는다. 만약에 비타민 D가 직접 뼈를 튼튼하게 한다면 햇빛으로 살이 타는 것이 일상이었던 과거보다 선크림으로 차단하는 지금은 비타민 D가 압도적으로 부족해서 대부분 사람의 뼈가 골다공증 상태일 것이다.

비타민 D 자체가 아니라 비타민 D를 원료로 만들어진 호르몬(Calcitriol)이 칼슘을 결합/흡수하는 단백질을 더 많이 만들라는 신호 물질로 작동할 뿐이다. 뼈의 강도는 이 호르몬, 흡수된 칼슘, 파골과 조골 시스템 등에 의해 결정되는 것이지 결코 비타민 D가 좌우하는 것이 아니다. 콜레스테롤은 그렇게 욕하면서 콜레스테롤에서 우연히 부산물로 만들어지는 비타민 D를 그렇게 찬양하는 것은 이해하기 힘들다.

무조건 나쁘다던 콜레스테롤이 이렇게 중요한 역할을 하고, 대부분 우리 몸에서 합성한 것임을 알게 되자, 요즘은 좋은 콜레스테롤과 나쁜 콜레스테롤을 나누어 평가한다. 우리 몸에서 합성되는 콜레스테롤은 딱 한 가지 분자인데 어떻게 콜레스테롤 자체에 좋고 나쁨이 있겠는가? 고밀도

지질단백질(HDL)이 좋은 콜레스테롤이라고 하는 것 자체가 나쁜 짓이다. 저밀도지질단백질(LDL)과 고밀도지질단백질(HDL)은 단백질과 지방 비율의 차이다. 가벼운 지방이 많으면 저밀도(LDL)가 되고 적으면 고밀도(HDL)가 된다. 지방을 운반할 때는 크기가 커지고 밀도가 낮아진다. 장에서 지방을 흡수하여 운반하는 단계인 암죽미립(Chylomicron)의 경우 HDL에 비하여 직경이 100배라 부피로는 무려 100만 배다. 혈관에 지방이 많은 죄를 콜레스테롤에 뒤집어씌운 것이다. 콜레스테롤의 문제가 아니고 콜레스테롤이 많아진 이유가 문제인 것이다.

좋은 콜레스테롤이 따로 있다고 하자 HDL 수치가 높은 사람이 심장질환 위험이 낮고 장수한다는 연구 보고가 이어졌다. 그러자 HDL을 높이는 약물 개발에 몰두했다. 2006년 화이자가, 2011년 애보트사가 HDL 농도를 높이는 약물을 개발했지만, 심장마비 위험을 줄이지는 못하고 오히려 뇌졸중 위험을 높여서 임상시험을 조기 중단하였다.

콜레스테롤을 많이 먹는다고 바로 혈중 콜레스테롤이 증가하지 않는다. 체내에서 합성하는 양이 줄어들기 때문이다. 우리 몸에서 콜레스테롤의 함량이 가장 높은 곳이 바로 뇌다. 뇌는 체중의 2%에 불과하지만, 체내 콜레스테롤의 25%가 들어 있어서 다른 부위에 비해 13배나 많다. 뇌세포는 세포당 만 개 정도의 시냅스를 형성할 정도로 울퉁불퉁해서 표면적이 넓다. 넓은 표면적을 커버하려면 지방도 많고, DHA 같은 불포화지방도 많고, 그만큼 콜레스테롤도 많아야 한다.

뇌는 차단성이 커서 음식물에 포함된 콜레스테롤이 전달되지 못한다. 따라서 뇌는 전부를 자체 합성해야 한다. 콜레스테롤을 합성할 수 없으면 가장 먼저 심각한 타격을 받게 되는 곳이 필요량도 많고 외부 공급은 없는 뇌다.

문제는 항상 양이다

내 몸에 좋은 영양은 암에도 좋은 영양이고, 암에 나쁜 성분은 내 몸에도 독이 된다. 암세포에만 필요한 영양분이 있다면 그 성분의 차단을 통해서 암을 정복했을 것이고, 암세포만 공격하고 내 몸에 피해가 없는 성분이 발견된다면 우리는 그 물질을 통해 이미 암을 정복했을 것이다.

▶ 독과 약은 하나이다. 양이 결정한다.

- 성분에 따라 독이 되는 양만 다르다.
- 중요한 것은 독성물질의 존재 여부가 아니고 그 양이다.

▶ 독을 희석하면 약이 되고, 약이 과하면 바로 독이 된다.

- 적당한 독이 오히려 건강에 도움이 되는 것을 호르메시스라고 한다.
- 운동도 과하면 독이 되고, 비타민도 과하면 독이 된다.
- 무균 상태나 지나친 청결도 부작용이 있다.

▶ 식품 문제는 대부분 비만 문제이고, 비만은 과식 문제이다.

- 좋은 음식을 과식하는 것보다 소위 나쁜 음식을 소식하는 것이 더 건강할 수 있다.
- 소식이 그나마 검증된 건강 장수법이고 친환경의 실천이다.
- 약식동원은 음식에 대한 폄하이다. 약이 필요 없을 때가 건강이고, 먹을 때 행복한 것이 음식이다.

▶ 자연 그대로가 무작정 좋고, 가공할수록 나빠진다는 것은 거짓이다.

- 두부는 나무에서 열리지 않고, 생콩을 먹으면 생명이 위험하다.
- 농사는 자연이 아니다.
- 세계에서 가공식품을 가장 많이 먹는 일본이 최장수 국가이다.

8장.

식품의 기호적 가치:
맛보다 중요한 것도 없다

1 좋은 식품이란 무엇일까?

1) 이상적인 식품이란 무엇일까?

- 어떤 것이 가장 바람직한 소금일까?

천일염/정제염 논란이 불거졌을 때 가장 아쉬웠던 것이 그렇게 미네랄에 대해 말을 많이 하면서 왜 아무도 이상적인 소금의 규격에 대하여 말하지 않느냐는 것이다. 가장 이상적인 소금의 규격이 있다면 우리는 쉽게 어떤 소금이 가장 좋은 소금인지 판단할 수 있을 것이다.

바닷물의 성분이 그대로 들어 있는 것이 가장 이상적인 소금일까? 그렇다면 바닷물 그대로 동결 건조한 소금이 가장 이상적인 소금일 것이다. 하지만 전혀 그렇지 않다. 염화나트륨을 제외한 다른 미네랄이 많을수록 좋은 소금이라면 세계 최고의 소금은 사해 소금일 것이다. 사해는 사방이 완전히 닫혀 호수화된 후 계속 물이 말라 해수면보다 421미터나 낮아졌다. 그래서 바닷물보다 염도가 10배나 높은 상태이다. 사해는 바닷물이 조금씩 증발하면서 농도가 높아져 밑바닥에는 이미 상당량의 염화나트륨이 침전해 있고, 바닷물에는 결정화가 느린 마그네슘의 비율이 높다. 따라서 사해 바닷물을 건조하면 염화마그네슘($MgCl_2$)의 비중이 가장 높아 50.8%이고, 염화나트륨은 30.4%, 염화칼슘 14.4%, 염화칼륨 4.4%인 소금이 된다. 이런 소금은 건강에 좋기는커녕 직접 식용하면 위험하다. 건강한 성인일지라도 사해 바닷물을 많이 삼키게 되면 위험해서 병원으로 이송해서 위세척을 해야 할 정도다. 소금에 대해 말은 많지만, 누구나 수긍할 수 있는 좋은 소금의 기준조차 명확하게 내리지 못하고 있다.

- 가장 좋은 물은 어떤 물일까?

이런 문제가 어디 소금뿐이겠는가? 요즘 커피 전문가와 이야기해 보면 물에 대한 고민이 많다고 한다. 항상 최고의 커피를 제공하고 싶은데 날씨가 가물다가 갑자기 많은 비가 오면 물의 미네랄이 바뀌면서 커피 맛이 심하게 달라진다는 것이다. 커피의 품질의 20% 정도가 물에 따라 좌우된다고 한다. 그럼 어떤 물이 커피 추출에 가장 좋은 물일까? 이것은 우리 몸의 생리적 기능을 따지는 것이 아니고 맛과의 상관관계만 밝히면 해결되는 문제이지만 아직 이에 대한 명확한 결론은 없다.

이런 상황에서 우리 몸 또는 식품에 이상적인 규격은 기대 난망이다. 아무것도 없는 순수한 물이 가장 좋고 맛있는 물이라면 증류수가 가장 좋은 물일 텐데, 누구도 증류수가 맛있다거나, 좋은 물이라고 하지 않는다.

미네랄에 의해 물의 특성과 맛이 달라지는데, 무작정 미네랄이 많을수록 좋은 물도 아니다. 미네랄이 너무 많으면 경수라고 하는데, 마시기에도 식품의 품질 면에서도 좋지 않다. 미네랄이 적당히 들어 있는 연수가 선호되는 물인데, 어떤 미네랄이 얼마나 있을 때 가장 좋은지에 대한 결론은 없다.

- 가장 이상적인 식품은?

만약 이상적인 생수에 규격이 있다면 여러 생수 중에서 어떤 생수가 최고인지 성분을 분석해서 점수를 낼 수 있을 것이다. 이상적인 소금의 규격이 있다면 다양한 소금 중에서 어떤 것이 가장 좋은지 점수를 낼 수 있을 것이다. 공정한 평가야말로 발전의 원동력이다. 커피의 경우 영세한 생산자를 보호하고 좋은 커피에 좋은 가격으로 보상하려는 것이 스페셜티 커피가 탄생한 기본 취지이기도 하다. 최근 스페셜티 커피가 발전한 것은 맛에 대한 신뢰할 만한 평가 시스템의 개발과 활용이 큰 공을 세웠다고 할 수 있을 것이다. 좋은 평가 시스템이 좋은 발전을 가져온 것이다.

영양적 가치에 대해 구체적 점수 체계가 있어서 제품 포장지에 점수를 표시할 수 있으면 국민 건강에 도움이 될 것이다. 그런데 이상적인 물의 규격도 정하지 못하는데 이상적인 식품의 규격을 정하고 그것을 바탕으로 점수를 낼 수 있을까? 그럴 실력은 전혀 없으면서 입에 좋은 식품, 나쁜 식품 타령은 달고 산다. 세간의 식품에 대한 평가는 근거는 없고 시류에 편승하는 뜬소문일 뿐이다.

그리고 만약 이상적인 식품이 있다면 왜 골고루 먹으라고 할까? 가장 이상적인 식품 외에 나머지는 뭔가 부족하거나 모자란 불량식품인데 말이다. 이상적인 식품, 좋은 식품 타령은 알고 보면 인간용 사료를 만들어 달라는 주장과 별로 다를 바 없다.

2) 왜 포유류의 젖 성분은 완전히 제각각일까?

세상에는 먹이가 되기 위해 만들어진 생명체는 없다. 그나마 음식의 목적으로 설계된 것이 있다면 포유류의 젖 정도가 유일할 것이다. 그런데 젖의 성분은 정말 제각각이다. 바다표범처럼 지방이 50%에 가깝고 탄수화물은 0.1%에 불과해 완벽한 '저탄고지' 식단인 것도 있고, 반대로 당나귀처럼 지방 0.6%에 탄수화물 6.1%로 '고탄저지'인 것도 있다. 모유는 '고탄저단'으로 요즘의 영양 기준에서는 소의 젖(우유)보다 빈약하다. 그런데도 제각각 적응해 잘 살아간다. 세간의 평가는 이런 적응력은 무시하고 ○○ 성분이 조금만 부족하거나 많으면 당장 큰일이 날 것처럼 호들갑이다. 우리 몸을 적응력이 전혀 없는 플라스크 실험관처럼 취급하는 것이다.

포유류의 젖 성분

종류	지방 %	단백질 %	유당 %	비고
당나귀	0.6	1.9	6.1	고탄저지
소(우유)	3.5	3.5	4.9	
염소	3.8	2.9	4.7	
원숭이	4.0	1.6	7.0	
사람(모유)	4.2	1.1	7.0	고탄저단
코끼리	5.0	4.0	5.3	
양	6.0	5.4	5.1	
물소	9.0	4.1	4.8	
쥐	13.1	9.0	3.0	
고래	42.3	10.9	1.3	
바다표범	49.4	10.2	0.1	저탄고지

엄마 젖의 주성분은 물이고 그다음 많은 것이 탄수화물인 유당이다. 젖에 포함된 탄수화물 대부분이 유당인데, 유당은 설탕보다 훨씬 좋은 당류일까? 천만의 말씀이다. 사실 유당은 가장 불편한 당류이다. 물에 잘 녹지도 않고, 소화도 힘들다. 원래 갓난이 때만 소화효소가 있어서 영양분으로 활용할 수 있다. 그런데 아주 낮은 확률로 유당을 분해하는 효소가 없는 아이가 태어나기도 한다. 그런 이유로 두유가 상품화되기도 했다. 정식품의 고 정재원 명예회장이 1937년 의과 고시에 합격한 뒤 성모병원 소아과에서 의사 생활을 갓 시작했을 때의 일이다. 갑자기 한 아주머니가 갓난아기를 업고 병원을 찾아왔다. 엄마는 딸 다섯을 낳고 겨우 얻은 아들이라며 살려 달라고 간청했다. 아기는 뭘 먹여도 설사만 하다가 일주일 만에 죽었다. 그래서 큰 충격을 받았다. 그는 병의 원인을 찾으려 20여 년을 매달리다가 1964년에야 우유의 유당을 분해하지 못하는 '유당불내증'이란 병을 알게 되었고, 우유 대신 콩으로 두유를 만들기 시작했다.

왜 모유에는 포도당이나 설탕 대신에 소화하기 힘들고 다른 장점이 없는 유당이 들어 있을까? 엄마 젖에서 유당을 만들려면 포도당을 과당으로 바꾸고 다시 갈락토스로 바꾼 후 이를 다시 포도당과 결합해야 한다. 그리고 소화를 시키려면 유당의 갈락토스와 포도당의 결합을 끊어서 흡수한 갈락토스는 다시 과당을 거쳐 포도당으로 전환해야 한다. 설탕이 나쁘다고 주장하는 근거로 설탕에 포함된 과당이 대사가 힘들어 간에서 축적이 된다고 한다. 유당의 절반은 갈락토스이고 과당으로 전환된 뒤 다시 포도당으로 전환되어야 한다. 그런 논리면 갈락토스가 과당보다 훨씬 위험하니 설탕을 비난하려면 유당을 훨씬 강하게 비난하는 것이 맞을 것이다. 유당불내증은 유당 소화의 첫 단계인 포도당과 갈락토스로 분해하는 효소가 없을 때 생긴다. 유당이 의미를 가지려면 유당 분해 효소를 갓난이 때만 만들 수 있는 장치도 만들어야 한다. 그래야 엄마 젖을 탐내는 사람이 없어 갓난이가 살아남을 수 있다. 유당을 만들어야 했던 진화적 맥락의 이해 없이 모유를 숭배하기 급급하다.

- 신이 단 한 가지 분자만 평생 쓸 수 있게 해 준다면?

만약에 신이 한 가지 분자를 몸이 필요한 만큼 저절로 만들어지게 해 주겠다면 무엇을 선택하는 것이 가장 효과적일까? 평소에 식품의 진정한 가치가 무엇인지 고민해 보지 않았다면 대답하기 쉽지 않을 것이다. 비타민, 항산화제같이 미량 필요한 것보다 우리 몸의 60% 이상을 차지하는 물을 택하는 것이 훨씬 현명할 것이다. 물 대신 산소를 택하는 것도 그럴듯하다. 산소 공급을 위한 폐도 필요 없고, 폐가 필요 없으면 코로나나 감기에 걸릴 걱정도 없고, 미세먼지를 걱정할 필요도 없고, 익사의 걱정 없이 바닷속을 마음대로 수영할 수도 있을 것이다.

그런데 물과 산소의 필요성을 한꺼번에 해결할 수 있는 분자가 있다. 바로 포도당이다. 만약 포도당을 마음껏 쓸 수 있다면 유산소 호흡을 통해 굳이 힘들게 ATP를 만들지 않고, 넘치는 포도당을 이용해 무산소 호흡으로 ATP를 만들면 되기 때문이다. 정말로 이렇게 되면 생명체로서 인간의 개념과 설계가 완벽하게 바뀔 수 있다. 산소를 위한 폐도 필요 없지만 유산소 호흡을 통해 활성산소가 생길 것을 걱정할 필요도 없다. 노화와 질병도 그만큼 늦게 일어날 것이다.

포도당으로 모든 탄수화물과 지방을 만들 수 있는데, 이처럼 위대한 포도당으로도 만들 수 없는 분자가 있다. 바로 아미노산이다. 아미노산을 합성하기 위해서는 반드시 아미노기(-NH_2)가 있어야 한다. 그러니 만약에 신이 내 몸 안에 한 가지 분자만 원하는 만큼 자동 생성되도록 해 준다면 글루탐산 같은 아미노산을 선택하는 것이 현명하다. 글루탐산으로 다른 아미노산도 만들고 포도당도 만들 수 있기 때문에 포도당으로 할 수 있는 모든 일을 할 수 있다.

음식은 중요하지만, 숭배의 대상은 아니다. 음식이 되기 전에는 신비한 생명체였는지 모르지만, 음식이 되는 순간 그 모든 신비는 끝이 나고 구성 성분으로 분해된다. 탄수화물은 포도당으로, 단백질은 아미노산으로, 지방은 지방산과 글리세롤로 분해되어야 내 몸에 흡수될 수 있고, 내 몸이 필요로 하는 열량소나 부품으로 쓰일 수 있다. 우리 몸은 생각보다 독립적이고, 자율적이고, 유연하고, 강건하다. 많은 사람이 마치 우리가 먹은 음식은 모두 소화되어 우리 몸의 일부가 되는 것처럼 말하지만, 섭취량은 소화(분해)되는 양과 다르고 모두 흡수되는 것도 아니다. 같은 양의 탄수화물도 백미냐 현미냐에 따라 소화 흡수량이 완전히 다르다. 축적되는 분자의 형태도 원래의 식품 형태와 다르다. 과잉의 탄수화물이나 단백질은 지방으로 전환해 저장되지 원래의 분자 형태 그대로 저장되지 않는다.

2 음식의 가치는 시간에 따라 변한다

1) 다이어트, 소화가 안 되는 식품이 좋은 식품일까?

식이섬유는 사람의 소화효소로 분해하기 어려운 난소화성 고분자물질인데 건강기능식품으로도 인정받은 식품첨가물이다. 소화가 되지 않아 과거에는 영양적 가치가 없다고 했는데 지금은 배변 활동, 콜레스테롤 조절, 식후 혈당 상승 억제 등에 좋다고 한다. 영양에 대한 온갖 찬양이 있지만 실제 현대인에게 가장 부족하기 쉬운 것이 식이섬유일 것이다.

한동안 가공식품에 비난이 끊이지 않더니 요즘은 초가공식품(ultra-processed food)이란 분류가 추가되었다. 원재료의 형태가 거의 남아 있지 않으며 공장에서 제조되어 포장된 식품이라고 한다. 옥수수는 자연식품이지만, 옥수수캔은 가공식품이고, 옥수수칩(과자)는 초가공식품이라는 것이다. 그리고 초가공이 될수록 씹을 필요가 없이 먹기 쉬운 형태가 되어 더 많이 먹게 되고, 섬유질 함량이 적어져 건강에 나쁘다는 것이다.

섬유질은 소화과정을 늦추어 혈당 상승의 속도를 지연시키고, 장내 세균에 영양분이 되어 장내 세균의 다양성을 높이는데, 가공식품은 현대인의 섬유소 부족을 가중시킨다는 것이다. 이런 식의 분류라면 생콩은 자연식품이지만 삶은 콩은 가공식품이고 두유는 초가공식품이 된다. 두유에 응고제를 첨가하여 굳힌 두부는 초초가공식품이라고 해야 할 것이다.

과거에는 백미, 백색 밀가루를 만드는 것은 정말 노력과 비용이 많이 드는 작업이었다. 가뜩이나 먹을 것이 부족하여 굶어죽는 경우도 많았는데 왜 건강에 좋다는 성분을 애써 제거한 백미를 먹었을까? 과거 하얀 쌀밥이 한국인의 로망이었던 것은 워낙 소화 흡수가 잘되기 때문이다. 과거 식이섬유가 지나치게 많아서, 소화불량이 일상이었던 시기에 현미나 식이섬유 예찬은 참으로 우스운 일이었을 것이다. 자연의 산물은 원래 소화가 안 되는 것투성이다. 식이섬유는 맛도 없고 조직감도 나쁜 것이 많아서 말로만 좋다고 하지, 실제로 우리는 식이섬유가 첨가된 제품을 별로 좋아하지 않는다.

콩의 비지에는 대량의 식이섬유가 있다. 다른 어떤 섬유소보다 부드럽고 특성도 좋다. 그래서 식품회사는 오랫동안 식품에 활용하려고 노력했다. 그러다 콩에서 비지를 제거하지 않고 고가의 분쇄기로 입안에 이물감이 느껴지지 않을 정도로 초미세하게 가공한 제품도 출시되었다. 전통방식의 두유나 두부는 비지(섬유소)가 제거 되지만 가공 설비의 발전으로 그런 제품의 생산이 가능해진 것이다. 하지만 시장의 반응은 냉담하다. 창업주가 영혼을 갈아서 만들고 혼신을 다해 영업을 해도 판매량은 기대를 배반한다. 왜 그런 제품은 아무리 노력해도 시장에서 성공하지 못하는 것일까? 식이섬유가 중요하다고 하면서 가공식품을 비난하는 사람은 왜 이런 제품에는 전혀 관심이 없는지 모르겠다.

가공식품에 온갖 트집을 잡는 사람은 항상 한쪽 눈은 항상 감겨있는 것이다. 식이섬유가 중금속의 흡수를 막는다고 예찬하는데, 식이섬유에 나쁜 중금속만 막는 지능은 없다. 다른 좋은 미네랄도 같이 흡수를 억제한다. 사실을 있는 그대로 보지 못하고 제 입맛대로 보고 싸구려 비판만 한다.

2) 치아, 더 부드러운 음식이 좋은 음식일까?

갈수록 사람들의 치아가 약해지고 충치가 많아지는 이유는 무엇일까? 인간의 치아 구조는 원래 음식을 끊어 먹기 좋은 절단교합이었다. 그런데 현대인은 피개교합(被蓋咬合) 즉, 위 앞니가 아래 앞니보다 살짝 앞으로 튀어나온 구조로 변했다. 이처럼 절단교합이 피개교합으로 바뀐 것은 동양에서는 1,000년 전, 서양은 불과 200~250년 전으로 원인은 칼로 음식을 썰어 먹는 데서 비롯되었다고 한다. 동양은 서양보다 훨씬 이전인 1,000년 전 송나라 때부터 재료를 잘게 잘라 조리하는 방식을 사용하였기에 피개교합이 유럽보다 800~1,000년 일찍 나타났다고 한다. 아직도 침팬지 같은 나머지 영장류는 절단교합 상태이다. 칼의 사용이 인간의 치아 구조를 바꾼 것이다.

그런데 지금은 그런 구조마저 위협받고 있다. 오늘날 식품은 이빨로 자를 필요가 없어질 뿐 아니라 점점 씹을 필요마저 없어지고 있다. 식품이 급속히 부드러워지고 있다. 그만큼 턱 구조가 발달할 필요가 없어져 점점 V자 라인이 되고 있다. 문제는 이빨이 제대로 자랄 공간이 부족하다는 것이다. 그러면 치아는 고르게 나기 힘들고, 충치의 발생이 쉬워지고, 단단한 것을 먹기 힘들어진다. 단단한 것을 먹지 않으니 치아는 더 약해지고 그만큼 또 음식은 소프트해져야 하는 악순환의 루프가 맹렬히 돌아가고 있다.

요즘 음식은 소프트화가 급속히 진행 중이다. 예전에는 생쌀도 씹고, 딱딱한 마른오징어도 즐겨 씹었다. 하지만 지금은 반건조 오징어도 질기다고 부담스러워하는 사람이 늘었고, 팥빙수의 얼음도 눈처럼 곱게 갈아야 인기이다. 단단한 것을 씹지 않으니 턱관절과 치아는 더 약해지고 치아가 약해졌으니 단단한 음식은 더 피하게 되고 점점 더 부드러운 음식만 살아남는 시대가 되었다. 식품이 먹기 쉽게 되고 빨리 먹을 수 있게 되는 것은 가공식품의 문제가 아니고 모든 식품의 문제인 것이다. 미래 세대에는 어쩔 수 없이 유동식을 먹을 수밖에 없을지도 모른다. 그런데 이보다 훨씬 심각한 문제도 있다. 바로 면역의 부작용이다.

3) 면역, 더 깨끗한 음식이 더 좋은 음식일까?
- 면역의 부작용이 심각해질 것이다

아직도 면역은 천연의 약이고, 부작용이 전혀 없다고 말을 하는 사람이 있다. 이것은 전혀 사실이 아니다. 면역도 꾸준히 실수하고 부작용이 많다. 단지 지금까지는 부작용보다 효능이 훨씬 많았을 뿐이다. 1918년에 스페인 독감이 유행했을 때는 이상하게 건강한 젊은이들의 사망률이 높았다. 당시 5천여만 명의 희생자 중 70% 이상이 25~35세의 건장한 젊은이였다. 이유가 미스터리였는데 그 원인이 면역의 과잉 반응 때문이었던 것으로 밝혀졌다. 스페인 독감 바이러스는 유난히 면역체계의 과민 반응을 유도했는데, 그 영향으로 체내에 '사이토카인 폭풍(Cytokine Storm)'이 발생하고 환자들의 체내에서 수분이 과도하게 방출되면서 죽음에 이른 것이다. 사이토카인 폭풍이란 우리 몸의 면역 반응의 신호 물질인 사이토카인이 과다 발생하고 면역세포들이 과다하게 반응하여 오히려 치명적인 결과를 낳게 되는 경우를 말한다. 젊을수록 면역이 강하고, 그만큼 사이토카인 폭풍이 강력해질 수 있다.

이것은 벌의 독이 치명적인 원리도 설명한다. 벌의 독은 여러 분자의 칵테일인데, 그런 분자 자체만으로는 사람이 죽지 않는다. 한번 벌에 쏘이면 체내에 면역 반응으로 항체가 만들어지고, 다시 독이 들어오면 즉각 반응하여 심각한 급성 알레르기 반응을 일으킨다. 그래서 혈압 저하, 호흡장애, 경련, 의식장애가 발생하고 심하면 사망하게 된다. 벌의 독은 면역의 오폭을 유도할 뿐 자체에 독성이 있지 않다.

- 그런데 무작정 면역력을 높여라?

면역력은 생명력이다. 면역이 없으면 살아가기 힘들다. 그러나 면역에도 부작용이 있어서 무작정 면역력을 강화하라는 것은 잘못된 주장이다. 자가면역질환이 대표적인 경우로 이것은 면역세포가 세균과 같은 적군을 공격하는 것이 아니라 아군인 내 몸 세포를 공격하는 질환이다. 외부의 적을 막아내야 할 군대가 자기 국민을 공격하는 비극적인 모습이다. 적과 싸울 훈련이 되지 않은 면역세포가 많을수록 우리 몸을 침입자로 인식하여 공격하는 자가면역질환이 생길 위험도 증가한다.

우리는 그동안 면역이 우리 몸을 지키는 가장 중요한 장치로 훌륭히 작동하였기 때문에 면역을 크게 신뢰하고 거기에는 매우 정교한 장치가 있을 것으로 믿어 의심하지 않았다. 하지만 면역학의 대가 타다 토미오가 쓴『면역의 의미론』은 면역시스템이 다목적성과 애매함 그리고 불확실성 투성이라고 말한다. 면역의 작동 결과는 그럴 듯하여 그 안의 작동 체계는 정교하고 세련되고 확실한 시스템으로 만들어져 있을 것 같지만 실제 내부 구조는 애매하고 불확실성 투성이라는 것이다. 결국 면역이 '자기'와 '비자기'를 구분하는 것마저 매우 가변적이고 상대적인 것에 지나지 않음을 밝혀, 당연히 적과 나를 구분할 수 있을 것이라는 우리의 믿음을 무너뜨렸다. 언제든지 나를 적으로 인식할 수 있는 것이다.

면역은 결국 환경에 따라 설정된 위험한 균형인데 우리의 환경이 너무 급속하게 변하여 면역이 적과 나를 잘 구분하지 못하여 부작용이 증가하고 있다. 그래서 요즘 갈수록 알레르기, 아토피 같은 면역질환이 증가하고 있는데 그 원인이 지나치게 철저한 청결이라는 '위생가설'이 갈수록 힘을 받고 있다. 우리 몸은 비위생적인 환경에서도 살아남도록 설계된 면역체계를 가지고 있는데 현대인은 지나치게 청결하게 살기에 면역체계가 사고를 친다는 것이다. 그런데도 우리는 더욱더 청결하게 살기 위해 큰 비용과 노력을 감수한다. 자가면역질환 환자들은 "암은 차라리 치료의 희망이라도 있지"라고 하소연한다. 내 몸이 나를 공격하는 면역질환처럼 무서운 병도 없을 것이다. 그렇다고 우리가 면역을 훈련하기 위해 인위적으로 기생충에 노출되기는 힘들다. 위생과 타협하기에는 우리의 눈높이가 너무 높아져 버렸다.

- 코로나 사태가 말해 주는 면역의 교훈

인류 역사상 이번 코로나 백신만큼 개발되는 과정과 승인되는 과정을 많은 사람이 관심 있게 지켜본 사례는 없다. 가장 짧은 시간에 개발되었고, 가장 짧은 시간에 가장 많은 접종이 이루어졌다. 개발이 불가능하다고 했던 감기 바이러스에 대한 백신이고, 처음 사용되는 기술도 적용되고, 검증 기간도 짧아서 안전성을 걱정하는 사람도 많았지만, 실제 사용을 통해 현재의 안전성 검증 시스템이 충분히 신뢰할 만하다는 것을 보여 준 대표적 사례이기도 하다.

안타까운 것은 백신에 대해서 불안과 불신을 조장하는 사람이 많았다는 것이다. 그들의 행태는 가공식품이나 첨가물에 대한 선동이나 불신과 너무나 닮았다. 면역은 천연이고, 백신은 인간이 만든 합성 물질이므로 그 자체는 아무리 안전하다고 해도 언제든지 위험성이 나타날 수 있고, 지금은 안전하다고 해도 언젠가는 대재앙을 일으킬 가능성이 있다는 생각을 가슴에 품고 있는 것이다.

사실 백신은 바이러스를 약독화하거나 그 일부를 사용하여 면역을 자극하는 것이라, 첨가물과는 비교할 수 없이 위험하다. 그래서 매우 낮은 확률이지만 심한 부작용이나 사망사고까지 벌어질 수 있다. 그런데도 보건 당국이 이를 승인한 것은 그 위험 대비 효능이 훨씬 크기 때문이다.

백신을 믿을 수 없다면 면역밖에 믿을 것이 없는데 우리 몸의 면역시스템은 백신보다 훨씬 위험하다. 사실 코로나19로 죽은 사람은 코로나19 바이러스 때문에 죽은 것이 아니라 바이러스에 자극된 내 몸 안의 면역이 과도한 오폭을 해서 죽은 것이다. 학계는 중증으로 악화하는 원인으로 과도한 면역 반응에 따른 장기 손상을 꼽는다. 바이러스 자체는 단백질과 유전자만 있을 뿐이고, 구성 성분은 모든 생명체에 공통인 분자라 우리 몸의 것과 완벽하게 같고 그 자체에는 독이 없다. 그리고 바이러스가 따로 독을 만들지도 않았다. 단지 우리 몸의 세포 안에 들어와 내 몸 안의 자원과 합성효소에 기생해 자기 유전자를 복제할 뿐이다. 정확히 말하면 바이러스를 세포 안에 끌어들이고 복제하는 것은 내 몸 안의 세포이다.

만약에 코로나 바이러스 자체가 독이라면 코로나에 걸린 사람은 대부분 비슷한 증상이 나타나야 하는데, 무증상이 훨씬 많다. 코로나19 바이러스 자체가 치명적인 것이 아니라, 그것에 대응하는 우리의 면역이 바이러스를 퇴치하지도 못하고 괜히 집적거리다 주변의 세포만 죽이는 오폭을 하는 것이다. 이번 바이러스의 기원을 박쥐로 추정하는데, 박쥐는 몸 안에 아무리 많은 코로나19 바이러스가 들어 있어도 모두 무증상이다. 박쥐의 면역시스템이 바이러스는 거들떠보지도 않기 때문이다. 만약에 우리의 면역시스템이 코로나19 바이러스를 잘 격퇴하거나, 차라리 아무런 반응을 하지 않았으면 문제가 없었을 텐데 우리 면역이 긁어 부스럼을 만들기에 문제가 된 것이다.

백신의 부작용도 사실 백신을 구성하는 성분이 하는 일이 아니다. 백신 성분의 부작용이라면 대부분 사람에게 같은 부작용이 일어나야 하는데, 극히 일부 사람에게만 심각한 부작용을 일으켰다. 백신의 성분과 주사하는 양은 같은데, 거기에 반응해 일어나는 면역 반응은 사람마다 제각각이고 그 양상도 천차만별이었던 것이다. 이번 경우에도 면역의 부작용을 백신의 부작용이라고 말한 것이다. 과학은 백신의 성분을 제대로 다루지 못하는 것이 아니라, 우리 몸에서 그렇게 모호하고 괴이하게 작동하는 면역을 잘 다루지 못하는 것이다.

과거에 면역은 우리 몸을 지키는 유일한 파수꾼이었다. 하지만 지금은 과거보다 면역의 부작용이 심각해졌고 간접적인 부작용은 더 상당하다. 평소에도 조금씩은 우리 몸에 꾸준히 오폭을 가해 멀쩡한 세포를 손상하여 우리의 수명을 일부 깎아 먹고 있다.

면역은 수만 가지 미지의 적과 싸우는 시스템이라 기대보다 정교하지 않고 부작용도 많다. 알 수 없는 손상을 꾸준히 축적하고, 벌침·땅콩·약물 등에 아나필락시스 쇼크를 일으켜 사망사고를 일으키기도 한다. 백신 자체가 알 수 없는 복합작용으로 대재앙을 일으키는 것이 아니라 우리 몸의 면역이 예측하기 힘든 과민 반응으로 대재앙을 일으키는 것이다. 우리는 인간이 만든 것이라면 아무리 작은 티눈이라도 위험을 과장하고, 자연의 것이나 오래된 것이라면 무작정 우리에게 안전할 것이라고 믿는 신념 체계를 가지고 있다. 결국 백신 안전성 논란은 면역의 효능은 과장하고 부작용은 숙명으로 받아들이고, 백신의 효능은 무시하고 부작용만 주목해서 벌어지는 착시다. "완벽하게 안전한 것은 아니다"라는 식으로 말하는 사람은 무조건 멀리해야 하는 이유가 백신으로도 설명이 된다. 현란한 말장난으로 우리를 더 위험하게 한다. 안전이란 투자 대비 효과로 관리될 뿐이다.

면역은 그 숫자가 중요한 것이 아니라 적을 식별하는 능력이 핵심인데, 코로나에서 우리 몸의 면역은 전혀 피아를 구분하지 못하고 사방에 총을 난사하여 위험을 만든 것이다. 그래서 백신을 이용해 적을 잘 인식할 수 있도록 훈련시키려 한 것이다. 미국에서는 1·2차 세계대전과 베트남 전쟁의 전사자를 합한 것보다 더 많은 사람이 코로나19로 목숨을 잃었다. 그런 힘든 전쟁을 하고 있는데 불안 장사꾼은 훈련할 필요가 없다고 선동하는 셈이다.

- 면역을 줄이는 약이 불로장생의 비약이 될 수 있다

백신의 부작용 확률이 1/백만이고, 백신을 맞지 않아서 탈이 날 확률이 1/100이면 백신을 맞는 것이 1만 배 안전하니 사람들은 기꺼이 백신을 맞을까? 전혀 아니다. 재앙은 제아무리 확률이 1/백만이어도 내게 일어난다면 100%이고, 더구나 백신의 부작용은 스스로 불러온 것이니 무의식에 부담이 만 배로 작동한다. 백신을 맞지 않아도 99%는 안전하니 나는 99%에 해당할 것이라고 믿으면 그만이다. 1/백만의 스스로 떠안은 위험보다, 1%의 훨씬 높은 확률이지만 스스로 위험을 불러오지 않는 것이 심리적으로 덜 불안한 것이다. 안심은 논리의 문제가 아니라 감성의 문제인 것이다.

라파마이신은 장기 이식 환자의 면역 억제제 가운데 가장 성공적인 의약품으로 부작용이 적다. 그런데 이 면역 억제제가 이상적인 노화 방지 약품이 될 수 있다는 연구 결과도 있다. 라파마이신이 특정 유전자(mTOR)의 작용을 억제하여 면역 작용과 염증 작용이 억제되는데 이 효과로 노화가 지연된다는 것이다. 면역은 기대보다 정교하지 않다. 감기에 걸리면 아픈 이유는 바이러스 때문보다 바이러스와 싸우는 과정에서 발생하는 염증과 같은 반응들 때문이다. 장기를 이식받은 환자는 반드시 면역 억제제를 복용해야 한다. 환자의 몸이 면역 거부 반응을 일으켜 이식된 장기를 공격하는 것을 막기 위해서이다.

어설픈 면역이 위험한 것처럼 어설픈 안전성 논란은 위험하다. 안전의 문제만큼은 불안 장사꾼의 말을 믿지 말고 해당 전문가의 말을 믿는 것이 좋다.

3 음식은 행복해야 한다

1) 음식의 가치는 고작 안전이나 영양이 아니다

"제가 여러분께 한 가지 이상적인 식사법을 소개하겠습니다. 하루에 먹을 음식을 정성껏 잘 준비합니다. 그리고 모두를 믹서에 넣고 갑니다. 이후 각자에게 맞는 용량의 컵에 따라 먹습니다. 모든 맛 성분, 향기 성분, 영양 성분 심지어 정성도 그대로 들어 있고, 모든 영양이 고르게 섞여 있으니 편식이나 영양 불균형은 전혀 신경 쓸 필요가 없습니다. 마시기만 하면 되니 간편하고, 냉장고에 보관하기도 편하고, 음식물 쓰레기도 발생하지 않습니다. 더구나 포만감이 두 배라 다이어트에도 아주 좋습니다. 여러분, 어떻습니까. 이런 이상적인 식사법대로 매일 먹으라고 하면 여러분은 받아들이시겠죠?" 이 질문은 내가 맛에 대한 세미나를 할 때마다 물어보는 것이다. 모두 거부하지만 왜 그렇게 거부감이 드는지 아직 한 번도 시원스럽게 답변을 듣지 못했다. 우리는 맛의 본질이 무엇인지 모르고 맛을 찬양했던 것이다.

예전의 미래학자는 간편하게 알약 하나로 식사를 해결하는 시대가 올 것으로 예측했지만, 그 예측은 현재까지는 완전히 틀렸다. 여러 이유가 있겠지만 맛의 즐거움을 간과한 탓이 클 것이다. 그런데 이런 맛의 즐거움을 귀찮아하는 사람도 있다. 미국 샌프란시스코에 거주하는 25세의 전기공학자 롭 라인하트가 주인공이다. 그는 일반적인 음식을 거의 먹지 않고 자신이 만든 식사 대용 영양소 음료를 먹는다. 보통 사람은 신앙에 가

까울 정도로 음식에 집착하는데 그는 음식은 인체라는 기계를 움직이는 데 필요한 연료(Fuel)에 불과하다고 생각한다. 대학을 졸업하고 벤처기업을 창업했다가 실패하면서 장보기도 귀찮고, 매일 세 번이나 요리하고 먹고 설거지하는 것이 싫어진 그는 대용 음료를 개발하기 시작했다. 그는 여러 번의 성분 조절을 거친 끝에 완성된 유동식을 만들어서 다른 음식을 거의 먹지 않고 그 음료만 하루 3~4회 마시며 살아가기 시작했다. 준비와 식사 시간이 1분이면 족하고 비용도 1/3로 줄었다. 그 후 그는 정력이 증진되고 피부가 개선되고 비듬도 줄어드는 효과를 보았다고 한다.

그의 음식은 우리나라 건강 전도사들이 가장 혐오할 만한 메뉴이다. 온통 화학물질 덩어리이기 때문이다. 당장 건강에 큰 탈이 날지도 모른다며 우려를 표할 것이다. 하지만 영양학적으로는 충분히 타당한 시도이다. 실제로 1965년 미 국립보건원(NIH)은 우주비행사가 유동식만으로 생존할 수 있는지 파악하기 위해 교도소 재소자 중 희망자들을 대상으로 19주간 실험하였다. 그리고 그 결과 대상자들은 오히려 더 건강해졌다. 다만 맛이 너무 없다는 이유로 거부했다. 이렇게 먹는 게 더 건강하다는 사실은 반려동물을 통해 이미 증명되었다. 요즘 반려견은 예전에 비해 두 배나 오래 사는데, 가장 큰 이유가 100% 가공식품인 사료 덕분이다. 과거에는 무작정 가공식품을 폄하하다가 가공식품이 그렇게 단순하지 않다는 것을 알았는지 초가공식품(Ultra processed food)을 추가하였다. 그런데 사료만 한 초가공식품도 없다. 하지만 사료를 먹는 반려견은 병에 잘 안 걸리고 냄새도 없고 털도 안 빠진다고 한다. 천연의 재료로 아무리 정성껏 준비해 준다고 해도 그냥 사료를 먹이는 것보다 못하다는 것이다. 많은 실험을 통해 필요한 영양분을 모두 갖춘 사료를 매일 똑같이 먹고 산다. 필요한 영양은 모두 있고, 배고플 때 배고프지 않을 정도만 먹으니 건강에 좋은 것이다. 이에 비해 인간은 이런 맛없는 것을 먹지 않고도 장수할 수 있으니 축복받은 동물이다. 그런데 앞으로는 점점 어쩔 수 없이 이런 식으로 먹어야 할 사람이 늘어날 것이다.

2) 맛은 평생 유지되는 유일한 즐거움이다

음식을 통한 행복은 음식을 먹는 순간뿐 아니라 음식을 먹기 전의 기다림에서부터 시작하고, 완전히 기억에서 잊히는 순간까지 지속된다. 음식은 평생 찾아오는 유일한 즐거움이다. 그런데 지금까지 맛에 대한 과학적인 설명이나 접근은 너무나 부족했다. 맛은 식품의 운명을 좌우하지만 식품화학, 생리학과 심리학까지 포함된 아주 복잡한 것이기 때문이다. 그래서 내가 『맛의 원리』를 통해 맛의 가치를 설명해 보기도 했다. 맛은 흔히 입과 코로 즐기는 기호적 가치라고 생각하지만, 맛에는 안전과 영양 그리고 감정과 문화까지 거의 모든 인간의 현상이 관여되어 있다. 더구나 모든 요소는 더하기가 아니라 곱하기로 작동한다. 단 한 가지만 0점이어도 전체가 0점이 되는 시스템이다.

맛에는 당연히 안전의 가치가 반영되어 있다. 사람이 좋아하는 향은 신선함, 고소함, 잘 익은 향처럼 안전한 먹거리에 공통으로 존재하는 향이다. 반면 쉰내, 묵은내, 비린내 등은 상하거나 위험한 음식의 신호이기 때문에 싫어한다. 음식을 잘못 먹고 심하게 탈이 난 경우 그 냄새만 맡아도 거부감이 드는 것은 안전이 가장 기본이기 때문이다.

영양적 가치도 당연히 맛에 포함되어 있다. 미각은 5가지로 단순하지만, 하나하나가 생존에 매우 중요한 역할을 한다. 단맛은 생존에 필수적인 에너지원이 풍부하다는 신호이고, 감칠맛은 단백질이 풍부하다는 신호이며, 짠맛은 미네랄을 보충할 수 있다는 신호이다. 그러니 음식에 단맛, 감칠맛, 짠맛이 적당히 있어야 맛있다. 그리고 입과 코보다 훨씬 정교하게 영양을 감각하는 기관이 있다. 위에서 분해가 되기 시작한 음식은 소장에서 본격적으로 분해되고 흡수되기 시작한다. 소장 등 내장에 존재하는 미각수용체의 숫자가 혀보다 많다. 소장에서는 음식의 양뿐 아니라 성분까지 느낀다. 소화효소로 탄수화물은 포도당, 지방은 지방산과 글리세롤, 단백질은 20종의 아미노산으로 분해하여 성분의 종류와 최종 함량까지 느낄 수 있는 것이다. 이런 정보를 시상하부의 무의식 영역으로 전달한다. 다이어트 식품이 처음에는 먹을 만해도 점점 맛이 없어지는 것은 영양적 가치가 없다는 것을 우리 몸이 알기 때문이다. 냉면이나 육회는 그 자체로는 별로 맛이 없다. 그래도 먹어 본 기억이 좋은 쪽으로 쌓이면 나중에 다가올 만족감을 예측할 수 있어서 더 맛있게 먹을 수 있고, 점점 더 좋아하게 된다. 담백한 맛이라고 말하면서 좋아하는 음식은 입으로 느껴지는 맛 성분은 적지만 소화 후 편하고 영양이 충분한 음식이라는 공통성이 있다.

감정도 맛의 핵심적인 요소다. 자연에는 속임수가 많다. 자신을 보호하거나 먹잇감을 속이고 유혹하기 위한 것도 있다. 그런 가짜를 구분하는 능력이 생존에 매우 중요한 것이라 우리는 속임수, 즉 가짜에 민감하다. 맥락을 살펴보고 수상하면 경계한다. 아무리 좋은 향도 지나치게 많으면 이취이고, 맥락에 맞지 않아도 이취이다. 식당의 최고 인테리어는 손님이라고 한다. 많은 사람이 좋아하는 것을 본인도 모르게 더 맛있게 느낀다.

우리가 역겨움을 느낄 때 활성화되는 뇌의 부위는 몇 가지가 있는데 뇌섬엽(Insula)이 대표적이다. 이곳은 미각 연합 영역이자 혐오감의 영역이다.

심한 악취를 맡게 될 때, 음식에 대한 혐오감을 느낄 때, 도덕적인 혐오감을 느낄 때 모두 같은 뇌섬엽이 활성화된다. 건강상 채식을 하는 사람은 육식에 큰 반감은 없지만, 신념에 의한 채식주의자는 육식이 혐오스럽게 느껴질 수도 있다. 이처럼 맛은 이미지와 신뢰를 바탕으로 이루어진 것이라 분위기에 따라 맛이 바뀐다. 그런데 음식의 최대 가치라 할 수 있는 맛의 즐거움을 불안과 혐오로 바꾸어 가장 많이 파괴한 사람들이 불안 장사꾼이다.

맛(Food Pleasure) : 음식을 통한 즐거움의 총합

$= \sum$ Rhythm X $\sum$ Benefit X $\sum$ Emotion

Rhythm	Benefit	Emotion
감각의 리듬	영양, 안전	감정, 심상
Sensory	Gut, Nutrition	Brain, Memory

A : 감각 Sensation : **맛은 입과 코로 듣는 음악이다**

음식을 먹을 때 느껴지는 즐거움 Fast & Direct sensation

- 감각 : 5미5감은 맛의 시작일 뿐이다
- 리듬 : 긴장(통제)의 쾌락 vs 이완(일탈)의 쾌락
- Dynamic Contrast vs Satiety

B : 영양 Benefit : **맛은 살아가는 힘이다**

먹은 뒤 천천히 다가오는 만족감 Slow & Hidden sensation

- 달면 삼키고, 쓰면 뱉어야 한다
- 맛은 허기와 칼로리에 비례한다
- 감각적 타격감, 장과 세포 단위까지 느끼는 만족감

C : 감정 Emotion : **맛은 존재하는 것이 아니고 발견하는 것이다**

먹을 것인가, 더 먹을 것인가, 또 먹을 것인가

- 감정(Emotion)은 행동(motion)을 위한 것이다
- 맛은 도파민 농도에 비례한다
- 쾌감에도 항상성이 있다 : 도파민은 차이, 더(More)에 반응

≫ 맛은 곱하기다 : 하나라도 0점이면 전체가 0점

≫ 맛은 인간의 모든 욕망이 투영된 것이라 당연히 복잡하다

식품은 단순하고 내 몸의 활용이 복잡하다

- 세상은 원자로 이루어져 있고 만물은 화학물질이다. 분자에는 선의도 악의도 없다. 음식마다 특성이 있지 선악이 있는 것은 아니다.
- "물질은 그저 물질이지 고귀하지도 고약하지도 않으며 무한히 변형 가능하고, 어디에서 얻었는지는 전혀 중요하지 않다." - 프리모 레비(1919-1987)
- "자연에는 진보도, 합목적성도, 아름다움도 없다. 자연에 그런 것이 있다고 믿는 것은 단지 인간의 희망이 자연에 투사된 것일 뿐이다." - 프란츠 부케티츠, 독일의 철학자, 생물학자
- 먹거리는 한때 어떤 생명의 일부였으며, 인간에게 안전하고 훌륭한 식재료가 되기 위해 태어난 생물은 없다.
- You are NOT what you ate! 뼈를 갈아 먹는다고 뼈가 튼튼해지지 않는다. 섭취량이 그대로 소화량이나 흡수량이 되는 것도 아니고, 내 몸에 축적되는 것도 아니다.
- 식품은 분자 단위로 분해되어 흡수되며, 내 몸의 필요에 따라 재구성된다. 가치는 내 몸이 부여하는 것이지 음식 자체에 있는 것이 아니다.
- 세상에는 단맛을 내는 물질도 짠맛을 내는 물질도 없다. 내 몸이 감각수용체를 만들어 어떤 물질은 단맛으로, 어떤 물질은 짠맛으로 인지한다. 설탕이 왜 달고, 소금이 왜 짠가 하는 질문은 틀린 것이고 우리 몸은 왜 설탕은 달고, 소금은 짜게 느끼도록 진화해 왔을까가 올바른 질문이다.
- 식품과 맛에 지나친 의미 부여는 난센스이다. 식품은 단순하며 의미는 내 몸이 부여한 것이다.
- 식사에서 식품이 차지하는 비중이 작을수록 수준 높은 식사이다. 영양을 얻기 위한 식사는 모든 동물이 하는 식사이고, 문화를 즐기기 위한 식사는 인간만이 가능한 식사이다.

9장.

무병장수의 꿈?
유전자에 답이 있다

1 내 몸의 항상성과 다이어트의 꿈

1) 모든 다이어트가 실패하는 이유

사업 측면에서 비만은 이상적인 질병이다. 많은 사람이 평생 비만에 시달리면서도 죽지는 않으니 환자가 줄어들 염려가 없다. 게다가 환자의 치료 욕구는 무척 강하고, 살을 빼는 방법은 아주 다양하다. 지난 100년간 전 세계적으로 등장한 살 빼는 방법은 2만 종이 넘는다고 한다. 대부분 1900~1925년에 유행했던 방법의 이름과 설명만 달리한 것이다. 어떤 다이어트 방법이든 처음에는 체중 감량에 성공한 사람의 체험담이 속속 올라온다. 그러다 평균적으로 3개월, 길어도 7개월 이내에 정체기가 온다. 결국 다시 처음 체중 이상으로 되돌아간다. 주기적인 다이어트를 한 사람은 매년 1kg 정도 찌고, 다이어트를 하지 않는 사람은 0.5kg 정도 체중이 늘어난다. 다이어트에 실패한 98%의 사람은 자신의 의지 부족을 탓하며 자존감만 상한 채 침묵하고 살을 뺀 2%의 자랑만 남는다.

- 우리 몸은 운동을 해도 살이 안 빠지게 설계되어 있다

비만은 더 먹고 덜 움직여서 생긴 일이라고 생각해서 운동을 먼저 생각하는 경우가 많다. 하지만 우리 몸은 놀랍게 연비가 좋다. 요즘 최고의 인기를 누리는 걸그룹의 활동량은 대단하다. 보통 사람이 그 일정을 따라 하려면 아마 평소보다 2배는 먹어야 할 것이다. 그런데 그녀들의 식사량은 정말 적다. 먹는 즐거움 대신 TV에 비친 자기 모습을 보면서 힘든 노력에 대해 위안한다고 한다. 이런 보상을 받을 길도 없는 일반인들이 이들처럼 날씬해지고 싶어 한다.

운동은 기대보다 열량 소비가 대단히 적다. 지방 1g은 9kcal 해당한다. 30분간 운동을 해서 150kcal를 소모해도 지방으로는 17g에 지나지 않는다. 1달 내내 운동해야 500g의 감량 효과가 있다. 월 2kg의 감량을 목표로 한다면 매일 2시간 32㎞, 한 달간 960㎞를 자전거로 달려야 한다. 너무 적다고 생각되면 자동차와 비교해 보면 된다. 요즘 연비 좋은 승용차 연비가 리터당 20㎞ 정도이고 차 무게는 2,000kg 정도다. 체중 70kg으로 환산하면 1리터의 기름으로 570㎞, 한 달 감량 목표인 2kg의 지방으로는 1,140㎞를 가는 셈이다. 체지방이 디젤유보다 약간 열량이 크고, 인체의 대사 효율은 일반 승용차보다 나쁘지 않다. 1시간 동안 4㎞ 걸은 사람의 열량

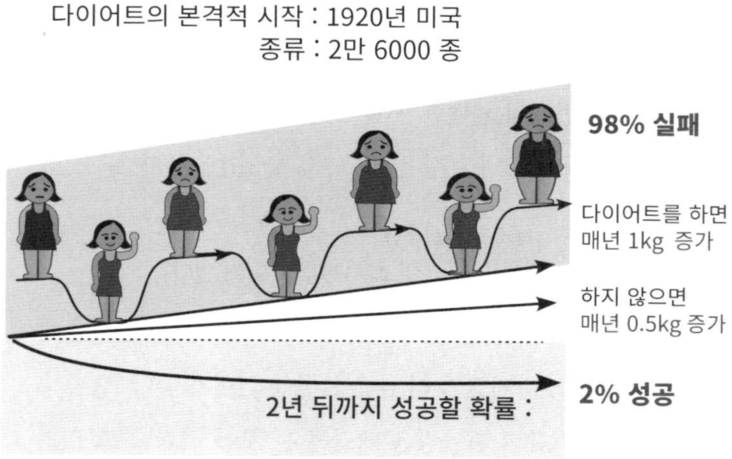

다이어트 자체가 비만 증가의 원인

소모량이 고작 맥주 420cc 또는 달걀 2개에 포함된 열량과 같다면 살을 빼야 하는 현대인은 실망이겠지만, 그래서 우리 선조가 살아남았다. 아주 적은 식량을 구하기 위해 온 산천을 헤매야 했던 선조들로서는 운동 좀 한다고 그렇게 많은 에너지가 든다면 생존할 수 없었다.

전체 에너지를 100으로 볼 때, 기초대사량이 60~70%이고, 운동 대사량은 격하게 운동했을 때 35% 정도고, 운동을 전혀 안 해도 15% 정도다. 우리가 아무것도 안 하고 잠만 자도 뇌는 에너지를 소비하고 심장은 뛰고, 체온은 유지되고 세포대사는 왕성하게 이루어진다. 12시간을 굶으면 기초대사량이 40%가 줄고 양껏 먹으면 50%가 늘어나 열량의 증가 부분을 상쇄시켜 버린다. 운동의 효과나 절식의 효과보다 기초대사량의 관리가 체중에 훨씬 막강한 영향을 미치는데, 우리는 기초대사량을 우리 뜻대로 통제할 수 없다.

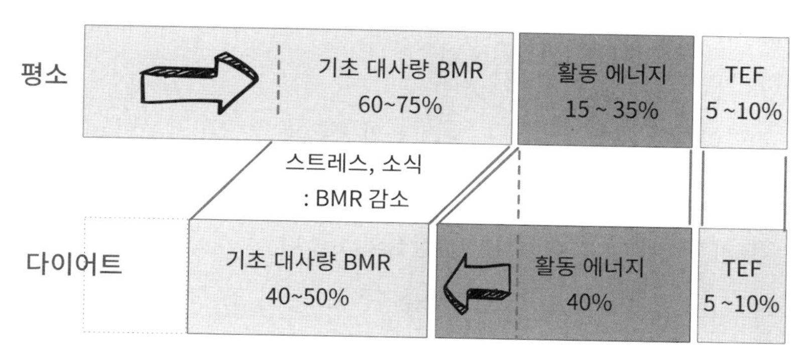

우리 몸이 스트레스에 대응하는 원리

- 살을 빼려는 스트레스는 기아 모드를 유발한다

원시인 시절 스트레스의 종류는 단순했다. 급성 스트레스는 사나운 동물을 만난 것 같은 급박한 상황이고, 만성 스트레스는 기아로 굶어 죽을 위기에 처했을 경우다. 현대인은 생존 위험에 의한 스트레스는 거의 없다. 대신 만성적인 정신적 스트레스가 있다. 만성적 스트레스는 우리 몸을 원시인 시절의 기아 모드로 변하게 한다. 기초대사량을 줄이고 먹으려는 욕구는 증가한다. 식욕 조절이 되지 않고 폭식으로 이어지기 쉽다. 스트레스를 받으면 뇌는 먹는 것으로 스트레스를 풀려는 경향이 나타난다.

우리는 1년 동안 살아가는 데 필요한 300kg보다 2배 많은 600kg을 먹는다. 우리가 매일 무게를 재면서 똑같은 양을 먹는 것도 아니고, 계절별로 똑같이 먹지도 않는다. 어떤 해는 100kg쯤 많이 먹을 때도 있고, 어떤 때는 100kg쯤 적게 먹을 수도 있다. 어떤 사람은 400kg 정도를 먹고, 어떤 사람은 800kg도 넘게 먹는다. 그러면 체중이 매년 100kg 넘게 달라질까? 아니다. 특별히 스트레스를 가하지 않으면 500g 정도 증가하는 선에서 체중은 놀랍도록 정교하게 제어된다.

건강의 기본은 항상성이다. 우리 몸의 체온과 혈액과 세포의 pH, 혈압, 호흡 등등 수백 가지 요소가 일정하게 유지되어야 하는데, 체중도 생존을 위해 가장 중요하게 관리하는 항상성의 요소다. 우리 몸의 체중 통제 능력이 워낙 뛰어나 필요량보다 2배를 먹어도 살이 조금씩 찌는 것이라 어지간한 다이어트 노력은 결국 실패할 수밖에 없는 것이다. 그런 내 몸의 무의식이 조절하는 체중 유지 능력을 의지로 이기려면 2년간 600kg을 덜 먹어야 한다.

2) 과체중이 오히려 장수하는 이유

비만하면 질병이 증가하므로 표준 체중인 사람이 가장 건강하고 장수할 것이라 생각한다. 실상은 다르다. 뚱뚱한 사람이 마른 사람보다 오래 산다. 나이가 들수록 저체중인 사람이 사망위험도가 가장 급격히 높아지고, 과체중과 비만한 사람들이 사망위험도에서나 병에 걸린 이후의 회복률에서 훨씬 좋다. 국내에도 이를 뒷받침하는 연구가 있다. 급성심근경색 환자 중에서 비만인 사람이 심근경색 후에 오히려 사망률이 낮았다는 것이다. 나이 들면 암보다 치매가 무서운 질병이라고도 하는데 치매의 위험도 과체중이 적었다. 사람의 성격이 다르듯이 각자의 건강 체중도 상대적으로 다를 수밖에 없다.

그렇다고 정상 체중인 사람이 과체중이 되려고 노력할 필요는 전혀 없다. 과체중이라서 건강한 것이 아니라, 건강한 사람이 지금처럼 풍요로운

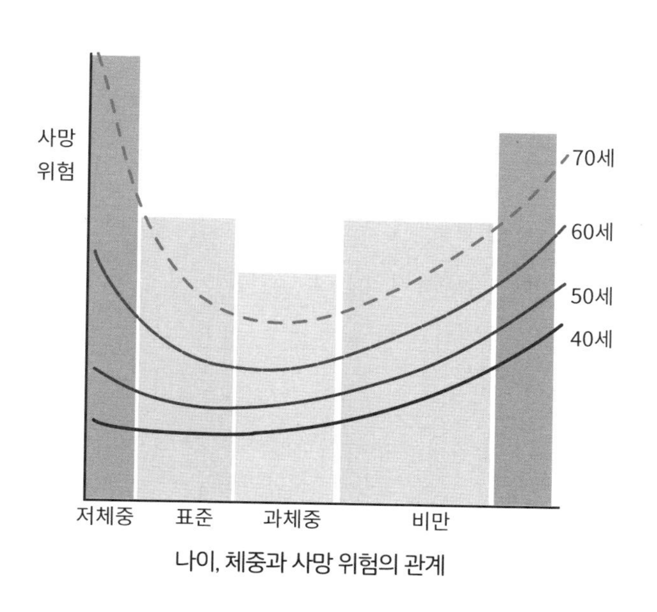

나이, 체중과 사망 위험의 관계

환경에서 살면 과체중이 되기 쉬운 것이라고 볼 수 있기 때문이다. 정상 체중의 사람이 억지로 과체중이 되면 더 건강해진다는 증거도 없다.

대부분 많이 먹어서 걱정이지만, 너무 먹지 않아도 문제다. 건강보험심사공단에 의하면 섭식장애로 진료받은 사람이 2012년 1만 3,002명이라고 한다. 거식증 환자는 식사를 거부하고, 극도로 말랐는데도 왜곡된 신체 이미지를 지녀 자신을 뚱뚱하다고 여기며 자신의 저체중을 인정하지 않는다. 거식증을 '왜 그 쉬운 식사도 못 해' 하며 환자를 비난하거나, '저러다 말겠지!' 하며 방치하는 것은 위험하다. 섭식장애의 핵심은 미용에 대한 만족도가 아니라 '자기통제'에 대한 만족도이기 때문이다.

생존의 기본인 섭식을 통제해서(굶어서) 자기 자신에 대한 영향력을 확인하는 것이고 섭식 통제에 완전히 성공하면 거식증이 된다. 거식증에 걸리면 우울증이 생기고 대인관계에도 문제가 생긴다. 거식증 환자들의 사망 원인은 거식증보다 우울증으로 자살하는 경우가 더 많고 자살이 아닌 경우는 심장마비가 사인인 경우가 많다. 지속적인 영양 부족으로 몸은 점점 근육을 소진하고, 온몸의 장기는 영양과 근육 부족으로 쪼그라들며, 최후에는 심장의 근육까지 소비되기 시작한다. 이때라도 잘 먹으면 되지 않느냐고 하지만 그 상태에서 갑자기 많은 음식을 먹거나, 그 결과 갑자기 살이 찌면 심장에는 감당하기 힘든 부담이 되어서 심장마비로 사망할 수 있다. 거식증의 치료 경과는 썩 좋지 않고, 입원 치료 뒤에 체중을 회복해도 재발해서 다시 저체중으로 돌아가는 경우가 많다.

이처럼 체중 조절이 쉽지 않은 것은 체중이 우리 의지대로 통제가 되는 것이 아니라 유전자에 설계된 방식으로 작동하기 때문이다. 유전자를 고치거나 호르몬을 효과적으로 조절할 수 있는 날이 오기를 기다리는 것도 방법이다.

2 활성산소와 무병장수의 꿈

1) 자연에는 영원히 사는 것도 있다

- 장수하는 사람도 장수 비결을 모른다

현재 지구상에서 가장 나이가 많은 사람은 몇 살일지 알아맞히는 게임을 한다면 몇 살이 가장 맞힐 확률이 높을까? 120살 이상에 걸었다면 맞힐 확률이 0에 접근한다. 지난 100년간 인간의 평균 수명은 비약적으로 증가하여 100세를 누리는 사람은 정말 많이 늘었지만 대부분 115세를 넘기지 못하고 사망했다. 120세를 넘긴 사람은 단 한 명인데, 그것도 약간은 의심

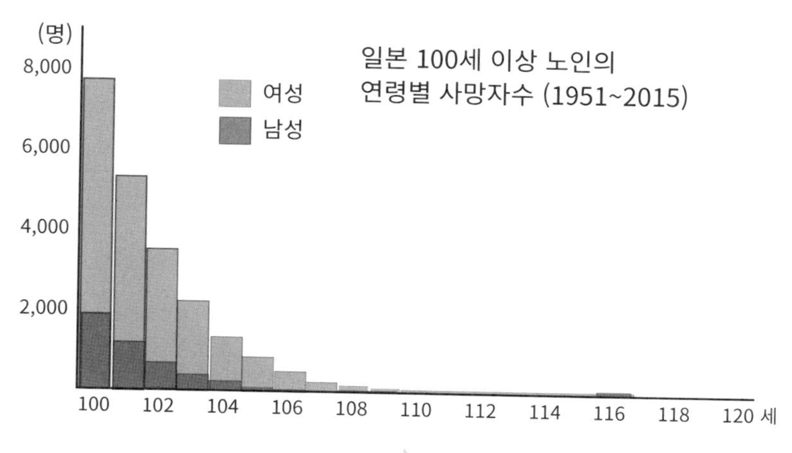

일본의 초고령자 사망자 곡선
(출처: https://doi.org/10.1007/978-3-030-49970-9_10)

스러운 기록이다. 지난 100년간 119세가 1명뿐이다. 그러니 117세 이하에 걸어야 승률이 높다. 일본의 지난 60년간 100세 이상 사망자의 연령대 분포를 봐도 110세를 넘기는 것이 얼마나 힘든지 알 것이다.

115세 이상 세계 최장수 기록(출처: 위키피디아)

이름	출생연도	수명	성별	국가
Jeanne Calment	1875	122	F	France
Sarah Knauss	1880	119	F	U.S. (PA)
Marie-Louise Meilleur	1880	117	F	Canada
Misao Okawa	1898	117	F	Japan
Emma Morano	1899	117	F	Italy
Violet Brown	1900	117	F	Jamaica
Maria Esther Capovilla	1889	116	F	Ecuador
Elizabeth Bolden	1890	116	F	U.S. (TN)
Besse Cooper	1896	116	F	U.S. (GA)
Jiroemon Kimura	1897	116	M	Japan
Gertrude Weaver	1898	116	F	U.S. (AR)
Jeralean Talley	1899	116	F	U.S. (MI)
Susannah Mushatt Jones	1899	116	F	U.S. (NY)

불로장생은 인류의 꿈인데, 평균 수명의 연장에는 성공했지만 절대 수명의 연장에는 실패한 것이다. 사실 유전자를 바꾸는 것 말고는 음식이나 건강의 비결 따위로 해결할 수 없는 것이 수명의 연장이다. 그동안 장수 비결을 연구한 어떤 사람도 특별히 오래 살지는 못했다. '채소가 좋다', '자연식이 좋다' 등등의 이야기는 많지만, 채식을 고집하는 스님이나 현대 문화를 거부하고 자연의 품에서 전통의 방식 그대로 살아가는 사람들도 특별히 더 오래 살지는 않았다. 특별한 장수 국가도 없다. 도시 사람이든 시골 사람이든 요즘은 그냥 선진국에 사는 사람이 오래 산다. '장수마을'이라고 불리는 지역의 음식도 특별한 점은 없고, 지역마다 다르다. 건강에 대한 특별한 생각 없이 된장국만 먹고 사는 시골 할머니도 건강법과 장수법을 평생 연구한 사람만큼 오래 산다. 그런데 자연에는 장수의 비밀을 완전히 푼 듯한 동물도 많다.

- 자연에는 별 노력 없이도 장수하는 동물이 많다

과학자들이 하와이 인근 450미터 바닷속에서 검은산호(Leiopathes glaberrima)를 채취해 방사능 탄소 연대 측정법으로 나이를 조사한 결과, 나이가 4,000살이나 된 것으로 확인되었다. 미국 네바다주 사막의 브리슬콘 소나무(bristlecone pine)는 5천 년 이상 된 것으로 알려져 있다. 2006년 아이슬란드 연안에서 잡힌 대합조개는 405~410세로 밝혀졌고, 스웨덴 남부의 뱀장어는 155년을 살았다고 한다. 보통은 몸집이 크고 느리게 사는 동물이 장수하는데, 성게처럼 단순한 동물이 오래 살기도 한다. 일반적으로 포유류의 세포는 평생 50회 정도 분열하며, 분열을 거듭할수록 분열 능력이 감소하고 노화하는 것으로 알려졌다. 그런데 성게는 나이에 무관하게 왕성한 분열 능력과 재생 능력을 계속 유지한다고 한다. 어느 세포에서도 노화의 징후가 없고, 평생 젊고 건강하게 살 수 있는 것이다. 랍스터 또한 나이가 들어도 멈추지 않고 성장하며 건강하다.

'투리토프시스 누트리쿨라(Turritopsis nutricula)'라는 해파리는 이론적으로 무한히 살 수 있다고 한다. 투리토프시스는 카리브해 연안에 서식하는 5밀리미터 크기의 아주 작은 해파리다. 보통 해파리는 번식이 끝난 뒤 죽는데 이들은 번식 뒤에 나이를 거꾸로 먹는다. 미성숙 상태인 작은 폴립(polyp)으로 돌아간 뒤, 다시 성장한다. 몸을 새롭게 만드는 방법으로 영생하는 것이다. 도마뱀처럼 꼬리나 다리 등 신체 일부를 재생하는 동물은 꽤 있지만, 투리토프시스처럼 몸 전체를 재생할 수 있는 동물은 드물다.

1998년 미국 퍼모나대학 생물학과 대니얼 마르티네스(Daniel E. Martínez) 교수는 히드라 145마리를 4년 동안 관찰한 결과를 발표했다. 보통 생명은 노화가 진행될수록 사망률이 올라가고 생식력이 떨어지는데, 히드라는

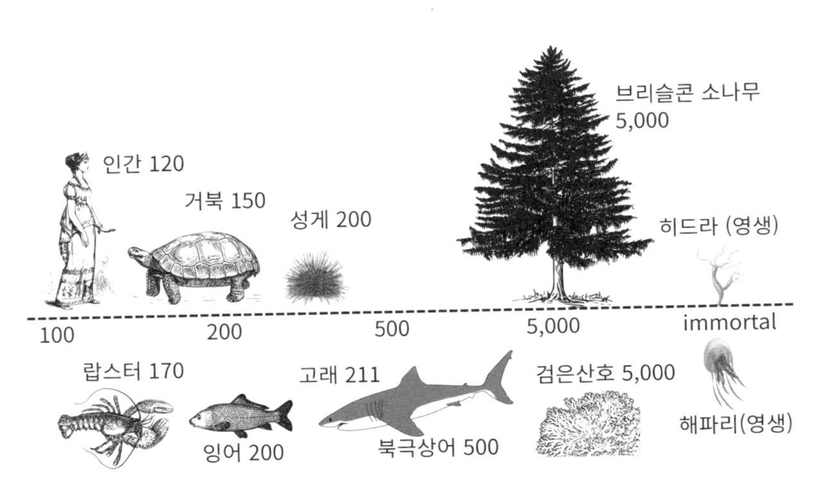

장수하는 생명체들

사망률도 별로 달라지지 않았고 생식력도 유지됐다. 막스플랑크연구소의 연구자들은 좀 더 오랜 시간에 걸쳐 더 많은 개체를 관찰했다. 두 종류의 히드라 총 2,256마리를 2,925일(8년) 동안 관찰하며 사망률과 생식률을 기록한 결과, 히드라는 늙지 않는다는 결론을 얻었다. 실험에서 히드라의 연간 사망률은 평균 0.006퍼센트로, 8년 동안 사망률에 큰 변동이 없었을 뿐 아니라 생식 능력 역시 변화가 없었다. 이처럼 별로 특별해 보이지 않으면서 장수하는 동물들이 곳곳에 있다.

해파리나 히드라는 인간과는 많이 다른 생물이므로 그들의 장수를 유별난 현상으로 치부할 수 있지만, 쥐의 경우는 좀 다르다. 쥐는 93퍼센트의 유전자가 인간과 일치하고, 대사나 노화 과정이 인간과 유사하여 실험동물로 가장 많이 쓰인다. 그런데 쥐 중에서 30년(인간으로 치면 무려 800년)을 사는 쥐가 있다고 한다. 바로 '벌거숭이두더지쥐'다. 이 쥐는 이산화탄소 농도, 암모니아 농도, 산성도가 높고 산소는 희박한 땅굴 속에서 오히려 장수한다. 피부를 염산으로 문질러도 끄떡없고 통증도 느끼지 않는다. 보통 생쥐나 들쥐의 수명이 3년 정도인 데 비해 이 쥐는 30년 가깝게 산다. 인간의 노화와 장수, 통증과 질병을 연구하는 과학자들의 관심이 이 쥐에 집중되는 까닭이다.

벌거숭이두더지쥐는 자연에서 암에 걸린 개체가 발견된 적이 단 한 번도 없다. 일반적으로 설치류에게 암은 아주 흔한 질병이며, 어떤 종은 암으로 죽는 개체가 90퍼센트에 이를 정도다. 미국 로체스터대학교 연구진은 이 쥐의 폐와 피부에 있는 세포가 분열하는 양상을 분석하여 특별한 점을 발견했다. 세포가 7~20번 분열했을 때쯤 배양하던 세포들이 동시에 죽어 버리는 현상이 발견된 것이다. 세포가 갑자기 늘어나자 이를 암에 의한 이상 증식으로 생각한 세포들이 '인터페론 베타(Interferon beta)'라는 자살 호르몬을 일시에 분비하여 집단 자살을 택한 것이다. 인간을 포함한 다세포 동물에는, 어떤 세포에 이상이 생기면 그 세포에 자살 명령을 내리는 인터페론 베타와 같은 신호 물질과 그것을 감지하는 죽음수용체(death receptor)가 있다. 보통 다른 동물들은 이상이 생긴 특정 세포에만 신호를 보내는 반면, 벌거숭이두더지쥐는 그 세포 주변의 모든 세포를 죽여 암세포가 될 모든 싹을 아예 싹둑 잘라 버리는 독특한 면역체계를 가진 것으로 연구진은 풀이했다.

일리노이대학교의 토머스 파크(Thomas Park) 박사 등 연구진은 벌거숭이두더지쥐를 포함한 여러 쥐를 무산소실에 넣는 실험을 했다. 다른 쥐들은 1분도 채 안 되어 숨을 거뒀지만, 벌거숭이두더지쥐는 그렇지 않았다. 심박동 수가 분당 200회에서 50회로 줄어들더니 금세 의식을 잃었지만, 죽은 게 아니었다. 18분이 지난 후 일반적인 공기에 노출되자, 벌거숭이두더지쥐는 완전히 회복하여 정상으로 돌아왔다. 2012년에는 산소가 부족한 환경에서도 벌거숭이두더지쥐가 끄떡없는 원인 일부가 밝혀졌다. 바로 칼슘 차단 능력 덕분이었다. 칼슘은 우리 몸에 필수적인 미네랄이지만 농도가 너무 높아지면 치명적이다. 뇌에 산소가 고갈되면 뇌세포는 칼슘 유입을 조절하는 능력을 잃고 세포 안으로 다량의 칼슘이 들어오면서 큰 타격을 받는다. 하지만 벌거숭이두더지쥐는 산소가 희박해도 칼슘 통로를 차단하여 이런 치명적인 손상을 피한다. 알고보면 칼슘만큼 위험한 미네랄도 드물다. 인간도 신생아 때는 이런 능력이 있지만 나이가 들면서 없어진다.

대사 속도가 느리다는 점 또한 이 쥐가 장수하는 비결로 보인다. 벌거숭이두더지쥐는 체온이 섭씨 30℃로 매우 낮다. 그래서 어떤 학자는 이 쥐를 변온동물(냉혈동물)로 표현할 정도다(포유동물이므로 당연히 항온동물이다). 밤낮의 기온 차이가 큰 사막에서 살아남기 위해 벌거숭이두더지쥐는 일정한 온도와 습도가 유지되는 땅속을 삶의 본거지로 선택했다. 체온이 낮으면 대사가 줄고, 대사가 줄면 음식을 많이 먹을 필요도 없어져 음식의 부작용도 적게 생기므로 오래 살 수 있다.

2) 우리의 질문이 잘못된 것이 아닐까?

과거에는 산삼이 불로장생의 명약이었고 최근에는 비타민, 미네랄, 항산화제 등을 명약이라고 생각하는 사람이 많다. 하지만 이들도 많이 먹으면 수명연장은커녕 건강에 해로울 뿐이다. 우리가 노화와 죽음에 대한 지금의 한계를 벗어나려면, 가장 근본적인 질문부터 새롭게 해야 할 것 같다. '어떻게 하면 불로장생할 수 있는가?'라고 고민하기 이전에 우리는 '죽음이란 무엇인가?'를 다시 생각해야 한다.

우리 몸은 잠시도 쉬지 않고 ATP를 소비한다. 그 양이 무려 하루에 자신의 몸무게와 비슷한 정도다. 이런 ATP를 합성하는 발전소가 미토콘드리아다. 세포 내 미토콘드리아의 수는 상황에 따라 증감하며, 신체가 노화하면 그 수도 줄어든다. 한 개의 세포에 평균 1,000개 정도의 미토콘드리아가 있고 세포 부피의 12~25퍼센트를 차지한다. 미토콘드리아의 수명은 세포와 달리 길지 않으며, 10일이 지나면 절반이 죽기 때문에 항상 새로 만들어져야 한다. 미토콘드리아의 숫자(운명)는 세포의 요구에 따라 달라지며, 역으로 세포의 운명을 좌우하는 힘도 가지고 있다. 미토콘드리아는 세포의 자살 프로그램(아포토시스, apoptosis)을 조정하기 때문이다.

모든 세포의 내부에는 단백질 분해 효소의 일종인 카스페이스(caspase)

가 있다. 평소에는 불활성 상태로 철저히 통제되어 있지만, 자살 명령을 받아 몇 개만 활성화되어도 상황이 완전히 달라진다. 연쇄반응이 일어나 점점 더 많은 카스페이스가 가담하여 서로 증폭함으로써 순식간에 세포를 죽음으로 몰아간다. 카스페이스는 세포의 내부 골격을 해체하고, 핵 속의 단백질을 잘게 자르고, DNA 복구 시스템도 망가뜨린다. 세포는 자살 명령을 받은 지 몇 시간도 채 안 되어 완전히 녹아 버리고 대식세포나 주변의 다른 세포에 흡수된다.

면역세포도 이런 죽음의 스위치를 사용한다. NK세포(natural killer cell)는 세균이나 암세포 등을 죽이는 핵심 면역세포다. 이들은 표적 세포에 있는 죽음수용체를 눌러 막강한 적을 순식간에 소멸시킨다. 죽음수용체는 일부분이 세포 표면으로 삐죽이 돌출되어 있고 나머지 부분은 세포 내부에 고정되어 있다. NK세포가 이 돌출부를 자극하면, 세포 내부에 화학반응이 연쇄적으로 일어나 카스페이스가 범람하게 된다.

왜 다세포생물은 죽음의 스위치를 애써 만들어 놓았을까? 이러한 질문을 해야 장수의 실마리도 찾을 수 있을 것이다. 만약에 그 죽음의 스위치가 작동하지 않으면 큰 문제가 발생할 수 있다. 바로 암이다. 암은 손상된 세포가 자살 명령을 받아들이지 않고 버티는 데서 시작된다. 그러니 죽음이란 역동적인 생명현상의 하나로서 생명체의 위대한 발명품인 것이다.

죽음은 다세포생물에게 해당되는 말이다. 세균은 무한분열이 가능하다. 무성생식을 하는 멍게, 불가사리, 히드라, 해파리 등도 적절한 조건이면 늙지도 죽지도 않을 수 있다. 인간은 배아기 이후로 텔로머레이스의 생산이 중단된다. 그런 이유 등으로 인해 생명이 유한하다. 예외적인 존재가 바로 암세포이다. 암세포에서는 텔로머레이스가 다시 활성화되어

말단소체가 짧아지지 않으므로 계속 세포 분열이 가능하다. 즉 영구히 분열하는 것이다. 인간의 몸에서 영원할 수 있는 것이 암세포이다.

- 문제는 활성산소, 새에게 부러운 것은 날개가 아니라 폐

지구상 모든 생물의 생명현상은 산화·환원 반응, 즉 전자의 이동(수소 이온의 흐름)이다. 수많은 효소 중에서 근본적으로 가장 중요한 것은 산화환원효소다. 광합성은 엽록소를 이용해 이산화탄소에 에너지를 비축하는 환원 과정이며, 호흡은 유기화합물에서 전자를 떼어내서 산소로 전달하는 산화의 과정이다. 산화·환원 반응으로 생명에 필요한 분자들이 만들어지고 에너지가 만들어지는데, 문제는 이 과정에서 활성산소도 만들어진다는 점이다. 산소 덕분에 효율적으로 에너지를 생산하면서 생명은 다양해지고 거대한 몸집을 가진 동물도 생겨났지만, 산소는 큰 짐이기도 한 것이다.

사람들은 공룡이 포유류보다 먼저 나타났다가 먼저 멸종한 구세대 생물이라고 생각한다. 실제로는 공룡보다 포유류가 먼저 생겼다. 단지 공룡이 포유류보다 먼저 번성했다. 포유류의 관점에서 공룡은 덩치도 큰데 행동까지 더 민첩하니 도저히 이길 수 없는 '넘사벽'의 존재였다. 그래서 포유류는 밤에만 활동하는 비주류 생물군으로 밀려났다. 포유류는 지금도 야행성 본능이 살아 있다. 포유류는 일억 년이 넘는 핍박의 세월 동안 겉보기에는 비슷하나 몸 안의 구조는 완벽하게 바꾸었다. 그래서 공룡을 포함하여 눈에 띄는 몸집을 가진 동물 대부분이 멸종되는 시기를 지나 새로운 출발에서는 공룡을 이겼다. 대부분 공룡은 멸종했으며, 오늘날까지 살아남은 공룡은 '조류'뿐이다. 새로운 시대에서 포유류는 공룡(조류)을 이기고 주류 생물군이 되었지만, 아직도 공기 이용 능력은 조류에게 완전히 밀린다.

새의 탁월함은 호흡 효율에서 드러난다. 사람을 비롯한 포유류의 호흡 효율은 30%, 즉 들이마신 공기의 30%밖에 활용하지 못하는데 하늘을 나는 새의 호흡 효율은 거의 100%다. 사람과 달리 새는 공기가 들어오는 통로와 나가는 통로가 따로 분리되어 있어, 들어온 공기가 허파를 통과하여 나가기 때문에 호흡 효율이 높다. 만약 새가 사람의 허파를 달고 있었다면, 공기가 희박한 높은 곳을 날 수 없었을 것이다. 새는 인간이 산소통에 의지해야만 오를 수 있는 높은 산도 단숨에 날아 올라간다. 새는 공룡의 후손인데, 공룡이 등장한 중생대 초기 트라이아스기는 대기 중 산소가 부족한 저산소 시대였다. 새(공룡)의 기낭 호흡법은, 날기 위해서가 아니라, 저산소 환경에서 좀 더 효율적으로 산소를 확보하기 위해 만들어진 것이었다. 같은 몸집이면 새가 포유류보다 10배 정도 오래 산다. 활성산소를 훨씬 적게 만들기 때문이다.

호흡 효율이 낮으면 무슨 문제가 있을까? 파충류의 호흡 효율은 약 10%밖에 안 되는데, 아프리카 사람들은 이러한 특성을 잘 이용하여 악어를 잡는

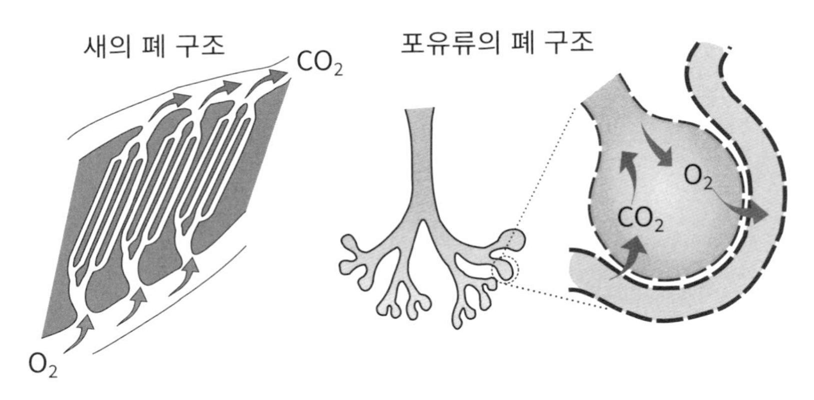

조류의 폐와 포유류의 폐에서 공기의 흐름 비교

다. 물 위에 떠 있는 악어를 긴 막대기로 자꾸 찔러 약을 올리면 악어가 자꾸 움직이게 되고, 점차 악어는 힘이 빠진다. 한참 시달림을 당한 악어는 금세 기진맥진해지는데, 이때 끈으로 입을 묶고 꺼내기만 하면 된다고 한다. 악어는 한 번에 강한 힘을 낼 수는 있지만 호흡 효율이 낮아서 계속 힘을 쓰기는 어렵다. 악어와 같은 파충류는 냉혈동물이다. 그래서 체온 유지에 에너지를 쓰지 않고 산소도 많이 필요하지 않고, 이용(호흡) 효율도 낮다.

- 암세포와 면역세포는 산소에 의존하지 않는다

우리 몸의 세포가 살아가려면 반드시 산소가 있어야만 할 것 같지만, 꼭 그렇지만은 않다. 면역세포는 평소에는 주로 유산소 호흡으로 ATP를 생산한다. 그러다가 세균에 감염되면 면역세포가 활성화되어 그 침입자와 싸우는데, 이때 많은 에너지(산소)가 필요해진다. 그러면 면역세포는 무산소 호흡으로 대량의 에너지를 확보한다.

암세포도 산소를 좋아하지 않는다. 암세포의 큰 특징은 효율이 낮은 무산소 호흡으로 에너지를 얻기 때문에 엄청나게 많은 포도당을 소비한다는 것이다. 무산소 호흡으로 많은 양의 젖산이 부산물로 생기는데, 이 젖산이 독으로 작용해서 이웃한 정상 세포를 방해한다. 암세포는 혈관을 통해 산소를 원활히 공급받기 힘든 상태인 경우도 많으며, 산소를 이용해 호흡할 때 만들어지는 활성산소는 암세포에도 치명적인 독이 된다. 암세포가 산소를 잘 이용하지 않는 데는 나름 충분한 이유가 있는 것이다.

인간은 항온동물이고 특히 뇌가 커서 칼로리를 많이 소비한다. 생존을 위해서는 많은 음식을 먹어야 했으며, 같은 양의 음식을 먹더라도 거기서 최대한 많은 ATP를 생산해야 했다. 산소를 이용해서 고효율로 ATP를 얻었지만, 동시에 활성산소라는 굴레에 빠지게 되었다. 인간은 이 활성산소에 나름 잘 대처했다. 그래서 생물학적 수명인 40세까지는 어지간하면 별 문제 없이 노화와 질병에 잘 버틴다. 사실 인간은 탁월하게 오래 사는 편이다. 포유동물 중에서 몸의 크기 대비 인간은 가장 오래사는 편이다.

3 미생물, 식품의 최대 위험은 식중독

1) 왜 슈퍼박테리아는 지구를 정복하지 못할까?

세균은 대부분은 인간에게 해롭지 않지만, 워낙에 종류도 많고 숫자도 많다 보니 식품에서 최대 문제인 식중독의 주범이 된다. 이 세균 현상을 이해하는 것이 GMO의 실체를 이해하는 데도 도움이 된다. 슈퍼균이 왜 지구를 정복하지 못하는지를 이해하면 실제 자연이 얼마나 치열하게 경쟁하고 이를 통해 균형을 유지하는지 알 수 있을 것이다.

인간의 신체 안팎에 살고 있는 미생물의 종류는 대략 1만여 종이다. 우선 큰창자에 4,000종이 있다. 음식물을 씹는 이에 1,300종, 콧속 피부에 900종, 볼 안쪽 피부에 800종이 있다. 어떤 연구자들은 사람의 입속에만 적어도 5,000종의 미생물이 살고 있을 것으로 추정한다. 그리고 그 숫자는 40조 정도로 우리 몸의 체세포 숫자보다 많지만, 무게로는 500g 이하이다. 크기가 인간 세포에 비해 워낙 작기 때문이다.

세균은 지구의 최초 생명이었고, '지금 지구상에 존재하지 않는 곳이 없다'라고 할 정도로 널리 분포하고 있어서 실제 지구의 주인은 인간이 아니라 바로 미생물이라고 할 수도 있을 것이다. 더구나 증식 속도도 비교할 수 없이 빠르다. 20분마다 한 번, 24시간이면 72번 분열할 수 있다. 한 개의 무게는 불과 10^{-12}g. 하지만 하루가 지나면 2^{72}으로 분열하여 4,000톤의 양이 된다. 만약 이 속도로 하루를 더 자란다면 4,000톤$\times 2^{72}=6\times 10^{21}$톤이 되어 지구보다 커지게 되지만 그럴 환경이 제공될 수 없다. 그러니 생수를 마시다 보관했더니 하루 만에 세균 4만 마리가 증식하였다고 하면 그것은 전혀 놀라운 것이 아니다. 오히려 생수의 조건이 세균이 자라기 열악한 환경이었다는 증거이기도 하다.

- 어마어마한 능력의 세균이 많다

우리는 종류도 많고, 숫자도 많고, 자라는 속도마저 엄청나게 빠른 세균과 항상 경쟁한다. 하지만 세균은 그 능력마저 대단하다. 세상에서 가장 강력한 맹독성 물질도 미생물이 만든다. 보톡스는 미생물이 만든 지상 최강의 독으로 LD50(반수치사량)이 0.0000006g이다. 1g으로 수십만 명을 죽일 수 있다.

이 균 말고도 지구상에는 어마어마한 능력의 세균이 넘치고 넘친다. 보통의 세균은 50℃ 이상에서 사멸하고 75℃ 이상에서는 유전자의 DNA 나선이 풀어지는데, 70℃ 이하에서는 죽고 100℃ 이상에서 증식하는 균(Pyrococcus furiosus)도 있다. 반대로 남극의 소금호수에 사는 균은 영하 12℃에서도 증식을 한다고 한다. 보통의 세균이 냉장 온도만 되어도 증식이 멈추는 데 비해 정말 대단한 '내냉성(耐冷性)' 세균이다. 그리고 세균은 대부분 산에 약하다. pH 3만 되어도 증식이 어렵다. 그런데 이보다 100배나 강한 pH 1에서 사는 티오바실러스라는 균도 있다. 구리 원광에 황산을 뿌려 주면 황산을 영양으로 구리를 축적하는 균마저 있다. 지구 공기압보다 몇백 배 높은 압력, 물이 없는 사막, 지하 1,600m 암석 속, 심지어 방사능에서도 살아남는 세균이 있다.

우리가 가장 걱정하는 세균은 내성균, 이른바 항생제에 죽지 않는 슈퍼

박테리아다. 발생한 지가 벌써 40년이 지났고, 우리나라 병원에서 발생하는 슈퍼박테리아 감염 사례는 2011년에 2만 2,928건에서 2012년 4만 4,174건, 2013년에 8만 955건으로 매년 증가하고 있다. 만약 극한 조건에 살아가는 세균과 강력한 독을 만드는 세균과 항생제에 죽지 않는 세균이 만나서 기능을 합하면 어떤 일이 일어날까? 그런데 실제로도 세균 간에는 유전자 교환이 수시로 일어난다.

- 모든 세균은 끊임없이 유전자를 교환한다

세균학자들은 미생물 사이에 유전물질을 자유롭게 전달한다는 것을 유전자 DNA가 발견되기 전부터 알았다. 1928년에 프레드릭 그리피스가 폐렴균이 다른 종의 폐렴균(비록 그 균이 죽은 것이더라도)으로부터 유전물질을 획득하는 현상을 발견한 것이다. 세균이 유전물질의 일부를 서로 끊임없이 교환하고 있다는 것은 사실 엄청난 이야기이다. 우리 몸에 유전자는 겨우 2만 종이 넘는데 몸 안의 세균의 종류는 1만 종이다. 간단한 세균도 4,000가지 이상의 유전자를 가지고 있는데 1만 종이 각자 다른 유전자를 가지고 있다면 내 몸 유전자의 1,700여 배에 해당하는 유전자가 세균에게 있는 것이다. 중복되는 숫자를 제외해도 인간의 360배에 해당하는 유전자가 있다고 한다. 그런데 세균 사이에 유전자가 자유롭게 이동한다면 어떤 일이 벌어질까?

항생제의 내성을 제공하는 유전자는 항생제가 만들어진 이후에 발명된 것이 아니다. 그 유전자는 이미 자연계에 다른 기능을 하는 유전자였는데 뜻밖에 항생제의 내성 원리로 작용한 것이다. 대장균에서 몸 밖으로 항생제를 뿜어내는 펌프는 다른 세균이 신호 전달 분자를 방출하기 위한 펌프에서 진화한 것이고, 페니실린을 분해하는 내성균의 능력도 토양 속 미생물의 유전자에서 기인한 것이라고 한다.

세균이 유전자를 교환하고, 변신하고, 환경에 적응하는 능력은 상상을 초월한다. 그 대표적인 예가 '바이오필름'이다. 내가 예전에 상당히 기이하게 생각했던 것이 초기 균수에 따라 보존료나 살균의 효과가 달라지는 점이었다. 같은 종의 세균이면 같은 조건에서 모두 사멸되어야 할 텐데, 초기 오염된 균이 많을수록 같은 살균 조건에서 버티고 남는 것이 많았다. 그 이유가 궁금했는데, 세균은 일정 수가 증가하면 자기들끼리 역할 분담을 하여 생태계를 이룬다는 것을 나중에 알게 되었다. 군집하여 연결망을 형성한 후 서로 단백질이나 다른 분자들을 교환하여 먹이를 공유하고, 방어 수단을 갖고 어려운 환경의 변화를 견뎠다. 필름, 즉 바깥쪽 세균의 희생으로 안쪽의 세균은 혹독한 조건을 버틴 것이다. 미생물 한 마리 한 마리의 힘은 보잘것없다. 하지만 숫자가 커지면 전혀 새로운 능력이 출현하게 된다. 이처럼 세균은 집단으로 행동하고 서로 영양이나 유전자

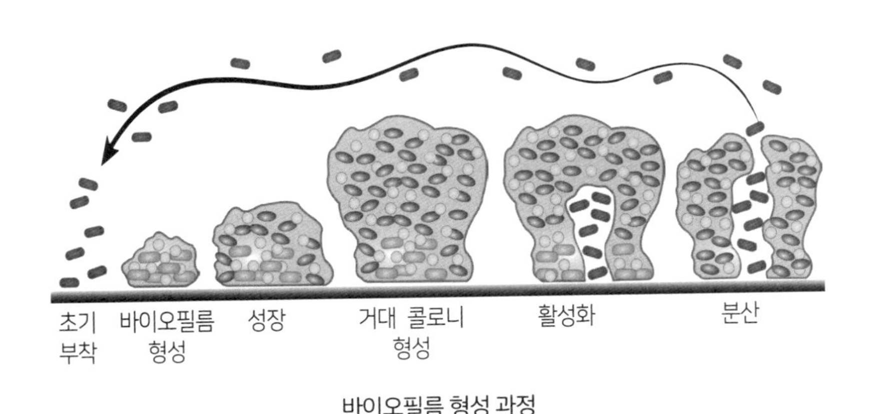

바이오필름 형성 과정

를 교환하는데 왜 항상 그 정도 수준이고 모든 것을 다 갖춘 진정한 슈퍼박테리아는 등장하지 않는 것일까?

- 크기가 기능을 제한하고 기능이 크기를 제한한다

세균은 크기가 정말 작다. 그리고 그 크기의 벽을 깨는 것은 거의 불가능에 가깝다. 원핵세균이 진핵으로 진화한 사건은 10억 년에 한 번 있을까 말까 한 대사건이며 세균이 진핵세포가 되었다는 것은 지름이 10배 이상 커졌다는 의미이다. 지름이 10배이면 크기는 10×10×10배가 된다. 지름이 20배이면 8,000배가 된다. 진핵세포는 세균보다 1만 배 크기라 5~20배의 유전자를 가지고 전혀 다른 삶을 산다. 진핵세포가 된 후 다세포로 묶여서 식물, 동물은 온갖 거대한 생명체가 되었다.

세균이 단순히 부피를 부풀려 지름을 10배로 늘릴 수 있는 것이 아니다. 세균은 이미 자신의 구조로 가질 수 있는 최대의 크기를 가지고 있으며, 완전히 구조를 변신해야 지름이 10배로 커질 수 있다. 키가 1.7m인 사람이 2.7m만 되어도 온갖 장기와 뼈에 무리가 생겨 장수하기 힘들다. 세균이 진핵세포가 되었다는 것은 키가 1.7m인 사람이 34m가 되었다는 뜻이라 완전히 다른 생명체라고 할 수 있다.

세균은 평균 1㎛ 정도의 작은 크기다. 그만큼 세균이 가질 수 있는 유전자는 극히 제한적이다. 생존하는 데 절실한 유전자를 가지고 있어야지 불필요한 유전자를 많이 가지고 있으면 다른 세균에 밀려서 도태될 뿐이다. 그래서 세균은 생각보다 독립적이지 못하고 세균 간의 협력으로 살아간다. 어떤 세균의 부산물이 다른 세균의 필수 물질이기도 하고 다른 세균의 희생으로 만들어진 보호막 속에서 살아가기도 한다. 그리고 세균은 세포핵 구조가 없다. 자유로운 유전자의 이동, 즉 가변성을 얻었으나 그 가변성의 희생물이 되기도 해서 일정한 방향성으로 안정적인 진화는 불가능하다.

2) 생명체는 진화가 아니고 퇴화가 기본 모드이다

우리는 생명의 진화를 진보의 결과라고 생각하기 쉽다. 그러나 사실 생명은 진보보다 퇴화가 기본 모드이다. 나중에 왜 암수가 존재하고 모든 생명이 유전자 교환을 하는지 근본적인 이유를 살펴보면 명확해진다. 하여간 퇴화가 기본 모드라 진정한 슈퍼균이 등장하지 않고 항상 그 정도의 상태를 유지하며, 내성균도 이내 사라진다. 암세포 가운데 항암제에 저항성을 보이는 세포도 따로 분리한 뒤 항암제를 투입하지 않은 상태로 계속 관찰해 보면 시간이 흐를수록 저항성을 잃는다.

우리가 보툴리눔 독으로부터 안전한 것은 강력한 내열성과 독성을 가졌음에도 번식력이 강하지 못해서 다른 세균과의 먹이 경쟁에서 밀렸기 때문이다. 다제내성균도 항생제로 다른 세균의 번식을 억제했을 때나 번창할 수 있지, 야생에서 다른 세균과 경쟁하면 밀려서 도태된다. 세상의 기본원리는 엔트로피가 증가하는 방향이다. 즉 축적과 진화가 아니라 분해와 퇴화이다. 그래서 세균은 유전자를 주고받으면서 겨우 현상을 유지한다. 그렇지 않으면 유전자는 돌연변이가 축적되어 점차 무질서해지고 기능을 잃을 수밖에 없다. 사실 세균은 기존의 유전자를 그대로 유지하는 능력이 약하다. 외부 요인에서 특정 유전자를 가진 세균에게 유리한 선택 환경을 줬을 때나 변화된 모습을 유지한다.

따라서 슈퍼박테리아란 말은 적합하지 않다. 독성도 강하고 항생제에 내성도 있는 무시무시한 균이 아니라 단지 여러 종류의 항생제 내성을 가진 균이라 대응이 곤란한 세균일 뿐이다. 여러 항생제에 내성을 가진 세균이란 뜻에서 '다제(多劑)내성균'이 정확한 표현이다. 대부분의 내성균은 건강할 때는 몸속에 들어오더라도 다른 세균에 밀려 영향을 주지 못한다. 대형 병원의 중환자실처럼 항생제는 많이 쓰고 면역 능력이 거의 바닥인 상태의 환자들에게는 치명적이지만 건강한 사람에게는 노출되어도 들어왔는지도 모르고 지나간다.

- 유전자는 생명의 설계도이다

유전자는 모든 생명의 기본 설계도이다. 우리 인간의 유전자는 2만 종이 약간 넘는 정도다. 가장 간단한 생명체인 세균도 4,000종 이상의 유전자가 있는데 인간의 유전자가 고작 2만 종을 겨우 넘는다는 것은 정말 경이적인 일이다. 1960년대에는 6,000만 종 이상, 1990년대에는 10만 종 이상, 2000년대에 들어와서도 5만 종으로 추정되던 것이 최근에는 겨우 2만 종이 넘는 것으로 확인되었다.

결국 인간의 유전자는 하나하나가 정말 소중한 것이고, 유전자의 이상은 곧 커다란 장애가 발생하는 원인이 되기도 한다. 생명체가 다르다고 하는 것은 유전자가 다르다는 것이다. 내 몸은 유전자를 보호하기 위해 여러 방어책을 가지고 있지만 쉽게 손상이 된다. 2015년 노벨화학상은 DNA 복원시스템을 연구한 사람들에게 돌아갔다. 수상자 중 한 명인 토마스 린달은 1960년대 말 "DNA가 안정성을 유지할 수 있는 비결은 뭘까?"라는 질문을 품기 시작했다. 당시 과학계에는 '생명의 설계도인 DNA는 매우 안정적이다'라는 통념이 지배하고 있었다. 복잡한 다세포생물이 생존하려면 유전정보가 매우 안정적으로 전달되어야 하기 때문이다. 그런데 린달은 RNA가 매우 불안정하다는 것을 알고 "RNA가 이렇게 쉽게 분해된다면, DNA도 생각보다 불안정한 것이 아닐까?"라는 의문을 가지게 되었다. 이론적으로 계산해 보니 DNA는 매일 수천 번씩 치명적인 손상을 입는다는 결론이 나왔다. 그렇다면 인간처럼 복잡한 생명이 지구상에 존재하는 것이 불가능해진다. 그래서 그는 고심 끝에 DNA의 결함을 수리하는 분자 시스템이 있는 게 틀림없다는 결론을 내렸다. 그리고 린달은 'DNA 회복 메커니즘'이라는 전혀 새로운 연구 분야의 원조가 되었다.

- 유전자를 온전히 지키는 것은 거의 불가능하다

400개의 아미노산으로 된 1개의 단백질이 온전히 만들어지기 위해서는 1,200개의 염기쌍이 그 순서를 정확히 지정하여야 한다. 우연히 그 순서가 맞추어질 확률은 1/4×1/4×…… 이것이 1,200개 이어진 숫자이다. 주사위 굴리기로는 우주의 수명이 끝날 때까지도 불가능한 확률이다. 그래

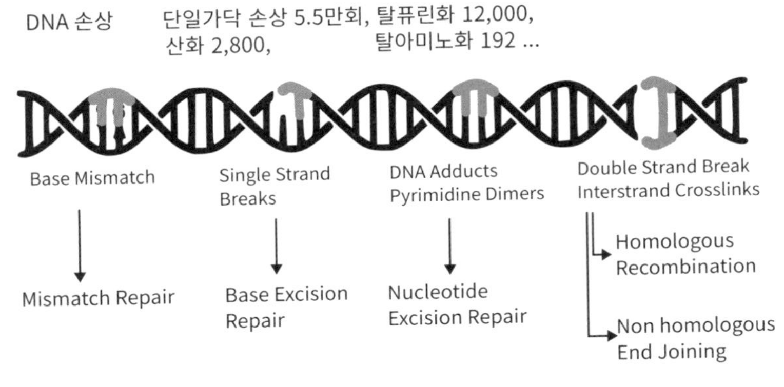

세포 1개에서 하루 동안 일어나는 DNA 손상(1~20만/하루/세포)

서 어렵게 확보된 유전자를 지키기 위해 최선을 다한다. 이중나선 구조를 감싸고 감싸서 핵막 안에 보호한다. 그 정보가 필요할 때는 반드시 RNA 사본을 사용하고 원본을 꺼내지 않는다. 수많은 복원 메커니즘에 의해 손상을 복구한다. 하지만 일정량의 손상은 불가피하다.

세포당 매일 1만 회 이상의 DNA 손상이 일어난다. DNA 복구 시스템이 없으면 세포는 금방 위기에 처할 수밖에 없다. 그리고 암이 발생할 가능성이 증가한다. 암세포도 이 복구 시스템이 중요하다. DNA 복구 시스템이 없다면 암세포도 금방 심한 손상을 입어 사멸하게 된다. 이러한 원리를 이용한 항암제도 등장하고 있다.

결국 건강한 세포란 충분한 수준의 복원이 된 것이지, 손상이 발생하지 않은 세포가 아니다. 손상의 정도가 지나치면 세포 자살을 통해 그 세포를 제거하고 좀 더 안전한 곳에서 보관하던 줄기세포를 이용하여 다시 만들어 낸다. 우리 몸의 노화와 질병은 그렇게 최선을 다한 결과이지, 방치된 결과가 전혀 아니다. 그렇다면 우리는 왜 퇴화하지 않고 진보하고 있다는 착각에 빠진 것일까? 퇴화를 역행하는 근본적인 메커니즘이 무엇일까?

- 번식에 반드시 암수가 필요한 것은 아니다

웅덩이에 히드라 한 마리가 살고 있다. 이 히드라는 혼자서 사는 것이 심심하여 번식하기로 결심한다. 하지만 배우자를 찾을 필요가 없다. 홀로 무성생식을 하기 때문이다. 이 작은 동물의 몸에서 포자가 나와 새로운 동물로 성장하기 시작하고, 일정한 크기가 되면 어미의 몸에서 떨어져 나와 독립적인 히드라로 살아간다. 성공적으로 번식이 이루어진 것이다. 이처럼 번식은 꼭 암수가 필요하지 않고 생각보다 다양하고 기괴한 방식이 있다.

세균은 모두 무성번식을 한다. 애초에 암수의 구분 자체가 없이 몸집을 키우고 분열하여 2개로 나뉘면 끝이다. 수컷의 도움 없이 자신의 유전자를 그대로 후세에게 남기는 것이다. 이것은 미생물뿐 아니라 동물도 가능하다. 그것을 '처녀생식'이라고 한다. 2007년에는 짝짓기를 하지 않은 코모도왕도마뱀이 처녀생식을 통해 새끼 5마리를 낳았다고 영국 체스터 동물원이 발표했다. 수컷도 없이 혼자서 건강한 새끼들을 5마리나 낳은 것이다. 뱀과 도마뱀 등 70여 종의 파충류는 처녀생식으로 번식이 가능하고 일부 상어, 칠면조 등에서도 처녀생식이 관찰된 바 있다.

동물에게 암수의 전환은 생각보다 쉽게 일어난다. 새우, 오징어, 붕어는 몸이 커지면서 저절로 성이 뒤바뀔 수 있는 동물이다. 영국 에든버러 대학의 데이비드 앨솝 박사팀이 연체동물, 갑각류, 어류 등 하등 수중동물 121종을 조사한 결과 이들은 몸 최대 크기의 72%까지 자라면 성이 전환된다는 것을 발견하고 이것을 '72% 법칙'이라 이름 지어 발표했다. 바다거북은 섭씨 30~35℃에서 부화하면 모두 암컷이 되고, 20~22℃에서 부화하면 모두 수컷이 된다. 중간 온도에서는 암수가 모두 태어난다. 암수가 미리 설계되어 태어나는 것이 아니라, 발생하는 도중의 온도 또는 몸 크기에 따라 성이 쉽게 전환되는 것이다.

심지어 일부 물고기는 필요할 때마다 자유자재로 성을 전환하는 능력이 있다. 무리에서 어느 한쪽의 성이 사라지면 남은 개체의 일부가 성전환을 한다. 청소놀래기는 평소 수컷 한 마리가 대장 노릇을 하며 암컷 여러 마리를 이끌고 다니는데, 수컷이 죽으면 암컷 가운데 가장 몸집이 큰 개체가 수컷으로 변한다. 이 성전환에 걸리는 시간은 고작 이틀이다. 심지어 인간도 처음에는 모두 여성의 상태라고 한다. 수정 후 6주 정도가 지나야 Y염색체가 작동하기 시작하여 여성의 길에서 옆길로 빠져나와 남성화를 시작한다. 생물학적으로 보면 아담에서 이브가 만들어진 것이 아니고, 이브에서 변형되어 아담이 되는 것이다.

달팽이는 성별이 없는 자웅동체이다. 달팽이는 정소와 난소를 모두 갖고 있어서 두 마리의 달팽이가 만나면 생식공을 서로 대고 함께 사정을 하고, 둘 다 임신한다. 미생물은 성이 없지만 접합(conjugation)과 같은 방법을 통해 유전자를 교환한다. 식물의 꽃에도 암술, 수술이 같이 있다. 자웅동체인 것이다. 그런데 멀리 있는 식물과 애써 유전자를 교환한다.

세상에는 반드시 암수가 있는 것이 아니라 반드시 유전자 교환 및 재조합이 있는 것이다. 그럼 도대체 왜 유전자 교환이 꼭 필요한 것일까? 이것이 암수의 구분보다 훨씬 중요한 문제이다.

- 성(Sex)의 진정한 의미는 해로운 돌연변이의 정화이다

우리는 종족 보존을 위해서는 암수를 너무 당연하다고 여기지만 실제 자연은 무성에서 다성 또는 자웅동체 등 너무나 다양한 형태가 있다. 자기 유전자의 1/2만 전달하는 유성생식은 전체를 전달하는 단위생식보다 자기 유전자를 최대한 퍼트리려는 이기적인 DNA의 목표에 배치되는 행위이다. 마음에 맞는 짝을 찾기 위해 많은 시간과 에너지를 써야 한다. 우선 짝짓기 상대를 찾아야 하고, 종종 엄청나게 까다로운 구애 과정을 거쳐야 한다. 단지 암컷에게 능력을 과시하기 위해 생존에 위협이 될 수 있는 화려한 색상, 커다란 꽁지깃, 커다란 뿔을 감수하기도 한다.

이런 위험과 비용을 감수하면서 성을 발명한 이유는 무엇일까? 여러 가지 설명이 있지만 내가 가장 공감하는 이론은 해로운 유전자를 제거하는 수단이라는 것이다. 태어날 때 부모로부터 물려받은 결함이 있는 유전자도 있고, 살아가면서 발생하는 유전자 결함도 있다. 살아가면서 활성산소 등에 의한 변이가 발생하는데 이런 돌연변이는 1:200의 비율로 이로운 쪽보다 해로운 쪽이 많다. 유전자를 단순히 계속 복제해서는 부모보다 점점 유전적으로 결함이 많은 자식이 태어날 수밖에 없다. 그래서 암수(=유전자 교환)가 필요한 것이다. 서로 다른 유전자를 가진 두 사람이 결혼하여 자식을 낳으면 어느 쪽은 재수 없게 불량 유전자를 많이 가진 자식이 태어날 수도 있고, 어떤 자식은 운 좋게 유전자 결함이 없는 쪽만 취합하여 태어날 수도 있다. 망가진 자동차의 부품을 합해서 말짱한 자동차 한 대를 만드는 셈이다. 부모의 좋은 점만 취한 쪽, 부모와 별 차이 없는 쪽, 부모보다 훨씬 나빠진 쪽도 생긴다. 전체적으로는 본전이지만 자식은 많이 낳고 거기에 선택압이 개입되면 뜻밖의 효과가 생긴다. 환경에 적합한 유전자를 가진 자식이 성인이 되어 다시 자식을 낳을 확률이 증가하는 것이다. 그렇게 적합한 자가 더 많이 생존, 번식하면서 돌연변이 유전자가 정화되는 것이다. 유전자의 교환은 무작위적이지, 어떤 방향으로 나아갈 의도가 개입될 수 없다. 단지 선택압에 의해 진화가 가능한 것이다. 성(Sex)은 유전자 교환이 가능한 종끼리 무작위 유전자 조합을 하고 그중 환경에 적합한 유전자 조합을 가진 자녀가 자연선택으로 더 많이 생존하여 해로운 돌연변이를 '정화'시키는 역할을 하는 셈이다.

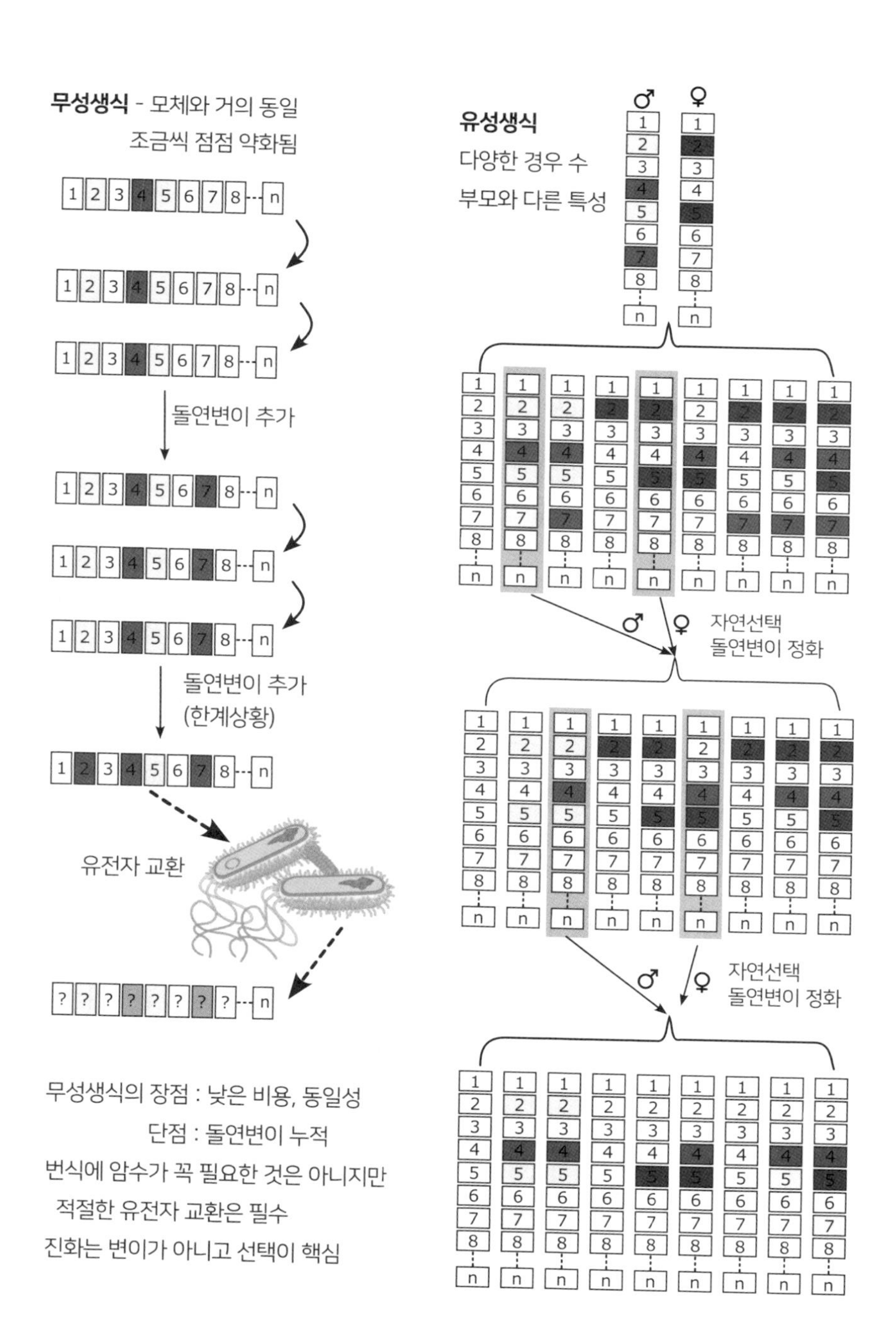
무성생식 - 모체와 거의 동일
조금씩 점점 약화됨
돌연변이 추가
돌연변이 추가
(한계상황)
유전자 교환
무성생식의 장점 : 낮은 비용, 동일성
단점 : 돌연변이 누적
번식에 암수가 꼭 필요한 것은 아니지만
적절한 유전자 교환은 필수
진화는 변이가 아니고 선택이 핵심
유성생식
다양한 경우 수
부모와 다른 특성
♂
♀
자연선택
돌연변이 정화
자연선택
돌연변이 정화

- 종의 경계는 효과적인 유전자 교환의 경계이다

만약 종의 범위가 너무 좁으면 근친혼처럼 유전자의 차이가 너무 작아 섞으나 안 섞으나 별 차이가 없을 것이다. 또 종의 범위가 너무 넓으면 유전자의 차이가 너무 커서 두 가지를 섞었을 때 전혀 어울리지 않는 조합이 탄생할 가능성이 높다. 예를 들어 새와 물고기의 유전자가 섞여 새에 아가미가 생기고 물고기에 깃털이 생기면 정말 곤란해지는 것이다. 결국 너무 같지도 않고, 다르지도 않은 범위의 유전자 교환이 종족의 유지에 최상이고, 그게 바로 종의 경계일 것이다. 그런데 GMO를 우려하는 사람들은 이런 의미도 모르고 종의 경계가 무너진다고 걱정한다.

지금 우리나라는 2명의 부모가 자식을 2명도 낳지 않는다. 과거라면 많은 자식을 낳고 그중에 더 적합한 자가 생존해서 다시 자식을 낳았지만 지금은 그런 시스템이 작동할 수 없는 것이다. 우연한 돌연변이는 정교한 유전자에 1:200의 비율로 해로운 쪽으로 작용할 수밖에 없고, 누구나 제 수명을 누리고 후세를 이어감으로 손상된 유전자를 정화할 수단이 없어졌다. 그래서 이대로라면 갈수록 유전자 결함이 누적된 아이가 태어날 수밖에 없는 시스템이다. 그리고 지금 당장 문제는 아니지만 언젠가 해로운 유전자가 감당하지 못할 수준으로 축적되는 사태를 맞을 수밖에 없다. 먹고사는 문제에 GM 작물이 필요 없을 수는 있지만, 이 문제를 해결하기 위해서라도 유전자 기술은 꼭 필요하고 제대로 이해할 필요가 있다.

4 갈수록 늘어나는 알레르기와 면역질환

1) 지금까지 육종은 생산성 향상이 주목적이었다

모든 생명은 어렵게 확보한 귀중한 유전자를 온전히 지키기 위해 최선을 다하지만, 완벽한 보존이란 불가능하고 시간에 따라 점점 손상되기 마련이다. 그래서 성(Sex)이라는 수단으로 유전자를 교환하여 다양한 조합을 얻고 그 중에 환경에 더 적합한 자가 더 많이 살아남는 식으로 진화(유전자의 변화)를 거듭해 왔다.

그런데 1만 년 전부터 일부 작물이나 가축은 조금 특이한 방향으로 유전자의 변형이 이루어졌다. 인간의 선택에 의한 변화였다. 인간이 농사와 축산을 시작하면서 자연선택 대신에 가장 인간의 마음에 드는 것을 골라서 계속 종자로 사용함으로써, 인간의 목적에 맞는 탁월한 품종을 만들어 냈다. 농사의 역사가 1만 년이라면 최소한 매년 100개 중에서 1개의 씨를 고르는 식으로 전체의 1%만 개선했다고 하더라도 10,000%의 개선이 이루어진다. 그래서 사실 농산물은 자연의 것과는 완전히 다르다. 이런 인위적인 선택에 의한 개선을 '분리육종'이라고 한다. 자연의 유전자 변이 중에서 가장 유리한 쪽만 계속 선택하여 완전히 달라진 품종을 획득한 것이다.

옥수수는 원래 한 줄에 고작 몇 개의 열매가 맺혔다가 익으면 톡톡 사방에 튀어 번식하는 종이었다. 그러다 익어도 씨앗이 튀어 나가지 않는 돌연변이종으로 개량을 거듭하여 이제는 인간의 손을 거치지 않으면 번식조차 하지 못하는 식물이 되었다. 두 번째로 많이 생산하는 쌀과 밀도 생산성은 물론 외형마저 야생종과는 완전히 다른 새로운 식물이다. 외관상 GM으로 바뀐 부분은 없다.

대부분 과일도 마찬가지다. 지금 지구상에서 가장 많이 재배되는 과일이 바나나인데, 원래 바나나는 너무 작고 씨가 많아서 뿌리를 캐 먹던 식물이다. 그런데 지금은 크기는 커지고 씨는 거의 사라졌다. 인간이 접목으로 만들어 낸 공산품인 셈이다. 다른 대부분 과일도 야생 그대로라면 지금의 입맛으로는 도저히 먹기 힘든 것들이다. 맛도 그렇고 크기도 작고 딱딱한 것들뿐이기 때문이다. 그것들을 개량하고 개량한 후 지금은 접목이라는 형태로 다른 나무의 몸통을 댕강 잘라내고 거기에 결합하여 뿌리

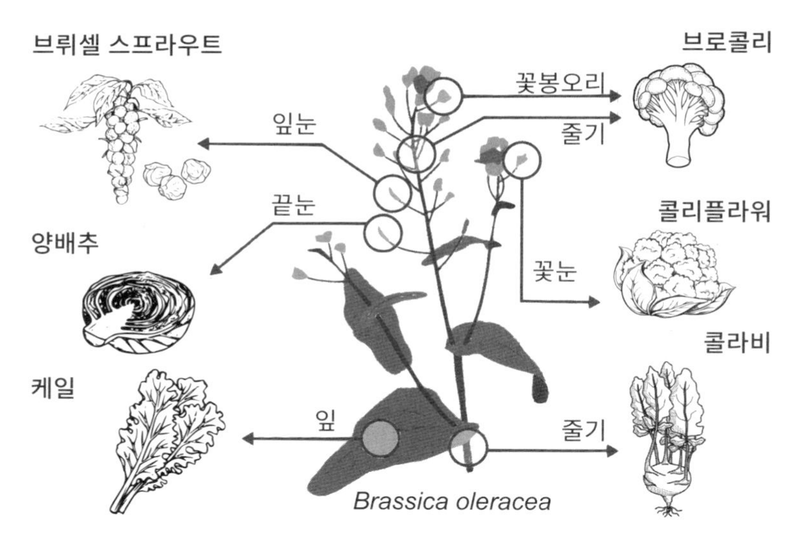

육종에 의한 Wild mustard의 다양한 변신

와 몸통이 전혀 다른 나무를 만들어 낸다. 진정 Franken Wood의 산물인 셈이다.

채소도 마찬가지이다. 야생 양배추(브라시카 올레라케아)는 매우 쓰고 섬유질은 매우 질겨서 좋아하기 힘든 작물인데 인간이 개량을 거듭하여 콜라비, 케일, 브로콜리, 브뤼셀 스프라우트, 양배추, 콜리플라워를 만들어 냈다. 겉보기에는 전혀 다른 식물처럼 보이는데 이들 모두가 한 형제이며, 인간이 만들어 냈다는 사실이 정말 놀랍지 않은가?

- 인공선택에 이어 인공교잡이 실시되었다

작물 육종 역사상 가장 획기적인 변화는 인위적인 교배를 통한 품종 개량을 통해 일어났다. 식물뿐 아니라 동물에서도 이런 인공교배가 많이 시도되었다. 지금의 반려견은 대부분 200년 이내에 인위적 교배와 선택으로 만들어진 것이다. 다윈이 진화론을 생각하게 된 배경에는 "2년 안에 당신이 원하는 어떠한 비둘기라도 만들어 줄 수 있다"라고 말할 정도로 성행했던 당시 육종의 붐에서 아이디어를 찾았는지 모른다.

육종은 대부분 생산성에 중점을 두고 이루어진다. 국제 옥수수 및 밀 육종 센터(IMWIC)가 멕시코의 식량 자급을 돕기 위해 1943년부터 생산성을 높인 밀을 육종하기 시작했다. 멕시코는 이모작이 가능한 기후 덕분에 교잡에 필요한 시간을 절반으로 줄일 수 있다. 유전학자 노먼 볼로그는 키가 작고 단단해 이삭이 커도 쓰러지지 않고 버틸 수 있는 '왜소종 밀'을 개발하는 데 성공했다. 이 성공으로 그는 1970년 노벨평화상까지 수상했다. 이 왜소종 밀은 세계적으로 재배되는 밀의 99% 이상을 차지하고, 1961년부터 1999년까지 중국의 밀 수확량을 여덟 배나 증가시켰다. 이런 품종 개선은 북미의 평균 수확량을 1세기 전보다 열 배 이상 늘어나게 한 원동력이 되었다. 밀이 재배되기 시작하면서 1만 년에 걸친 변화가 50년 만에 일어난 것이다.

닭도 그렇고 소도 그렇고 우유와 달걀도 이런 개량의 산물이다. 달걀도 생산량을 3배로 늘린 품종에서 나온 것이다. 보통 사료를 10kg 이상 먹어야 고기 1kg이 되는데, 닭은 개선에 개선을 거듭하여 불과 3kg의 사료를 먹고도 체중 1kg의 닭이 된다. 인간이 평생 체중의 1,000배의 음식을 먹는 것에 비하면 상상을 초월하는 개량이다. 젖소의 우유 생산량은 가히 기계 수준이다. 하루에 최대 58kg, 200㎖ 우유 팩 290개 분량이라니 최초 낙농을 시작한 조상이 보면 요즘 젖소는 신이 나중에 따로 창조한 생물이라 할 것이다. GM의 성과는 이런 육종의 성과에 비하면 말만 시끄럽지 결과는 매우 초라하다.

- 알 수 없는 유전자 변이를 일으킨 육종도 많다

교배육종으로 인위적인 유전자 조합을 하고, 이들을 통해 다양한 신품종을 개발한 인류는 좀 더 지독한 개선을 꿈꾸었다. 1942년 뮬러가 초파리에 X-선을 쪼이면 유전자에 인위적인 돌연변이가 일어난다는 것을 알고, 방사선이나 화학 약품을 이용하여 무차별적으로 돌연변이를 시행했다. 하지만 성과는 없었다. 무차별 돌연변이는 1:200 정도로 해로운 결과가 나왔고, 인간이 원하는 결과가 나오려면 그런 우연이 연달아 수십 개 발생하여야 가능한 것이라 전혀 가망성이 없는 일이었다. 하지만 당시에는 그런 확률을 모르고 그저 우연히 획기적인 생명체가 등장할 수도 있다는 기대를 했다. 그런 생각은 단지 수많은 괴물이 등장하는 SF 영화가 탄생하는 모티브를 제공했을 뿐이다. 그리고 사람들은 그러한 SF 영화의 상상을 언제든지 현실에서도 발생할 수 있는 일로 착각하며 불안해한다.

육종에 의한 거의 최종적인 종자 개량은 '잡종강세육종'이다. 이것은 서로 다른 종을 교배한 잡종 F1이 각각의 양친보다 생활력이나 생육량 등에서 훨씬 우수해지는 품종 개량이다. 이것의 단점은 말과 당나귀를 교배시키면 노새가 나오지만, 노새는 번식이 안 되는 것처럼 한번 만들어진 씨앗이 계속 그 특성이 유지되지 않고 금방 퇴화한다는 것이다. 그래서 종자용 양친을 따로 키우다 교잡시켜 계속 씨앗을 만들어야 한다. 계속 씨앗을 다시 만들어야 하는 점이 종자회사가 탄생하게 된 가장 큰 배경이다.

지금까지 육종은 생산성의 향상에 초점이 맞추어졌을 뿐 질적인 개선의 노력은 거의 이루어지지 않은 것이 아쉽다. 콩은 빼어난 단백질 자원이지만 단백질의 조성에는 아쉬움이 많다. 이런 단점을 개선하면 식재료로서 가치가 엄청나게 올라갈 수 있다. 더구나 유전자 가위 기술로 불필요한 유전자를 제거할 수 있다.

2) 불필요한 유전자만 제거해도 품질을 높일 수 있다

미국 펜실베이니아 주립대 연구진(Y. Yang)이 유전자 가위 기술로 갈색으로 변하지 않는 양송이버섯을 만들었다. 많은 식재료가 시간이 지나면 갈변이 되는데, 갈변과 관련된 효소를 제거하면 멀쩡한 상태로 폐기되는 식재료의 상당량을 줄일 수 있다. 감자에서는 아스파라긴(아미노산의 일종)의 생성량을 줄이면 요리할 때 아크릴아미드의 생성이 적은 감자를 개발할 수 있다.

육종이라고 하면 뭔가를 추가하고 키우는 것을 생각하지만 억제가 생각보다 강력하다. 생명체의 대부분 대사는 최종 산물의 농도에 의해 그 물질의 합성 경로의 앞선 효소의 저해가 일어나게 설계되어 있다. 최종 물질이 적으면 억제가 적어지고 최종 물질이 많아지면 억제가 증가하는 원리로 작동하는 시스템이다. 액셀과 브레이크가 같이 있는 것이다. 우리가 필요로 하는 방향으로 브레이크를 제거하면 어떻게 될까? 작물에게는 괴로운 상황이어도 인간에게는 유리할 것이다. 강력한 가속장치를 만드는 것보다 브레이크를 없애기가 훨씬 쉬운 작업이기도 하다.

유럽의 벨기에 블루(Belgian Blue) 소는 우연한 돌연변이 개체를 발견해 개량한 품종이다. 근육질인데 근육섬유가 얇아 육질이 좋다. 최근 그 원인이 마이오스타틴(Myostatin) 유전자가 손상되었기 때문으로 밝혀졌다. 마이오스타틴은 근육이 지나치게 비대하게 발달하는 것을 억제하는 유전자인데, 이 유전자의 손상으로 억제가 되지 않자 근육량이 압도적으로 증가한 것이다. 잡종강세에서 특정 조합에서는 양친보다 훨씬 수확량이 높은 것은 그런 억제가 풀리는 것이라 할 수 있을 것이다. 그리고 억제의 효과는 생각보다 다양하다.

지금까지 가장 성공적인 육종은 1943년에 노먼 볼로그 박사가 개발한 '왜소종 밀', 일명 난쟁이 밀이다. 길이가 짧고 단단해, 이삭이 커도 쓰러지지 않고 버틸 수 있어서 녹색혁명을 일으켰다. 자연에서 왜소종은 다른 식물에 가려 햇빛을 못 받아 사라질 운명이지만, 인간이 개입한 재배 측면에서는 쓸데없는 키 크기 경쟁을 없애서 그 힘을 낟알을 키우는 데 쓰게 하는 것이 훨씬 유리하다.

품질의 개선에도 억제가 유용하다. 우리나라에서 두유가 만들어진 것은 유당불내증으로 죽어가는 아이들을 살리기 위해서였다. 지금도 우유는 소화가 안 돼서 불편한 사람이 많다. 만약에 젖소에서 갈락토스와 포도당을 결합하는 효소(유전자)를 제거하면 어떨까? 젖소가 락토프리 우유를 만들어 소화도 잘되고 맛도 훨씬 좋아질 것이다.

호주에선 닭의 유전자를 수정해 알레르기 없는 달걀 개발에 나섰다. 알레르기 질환은 갈수록 늘어날 것이라 알레르기를 일으키는 단백질에 대한 탐색과 그것을 없애려는 노력은 계속될 것이다. 콩에 의한 알레르기는 글리시닌(glycinin)과 콘글리시닌(β-conglycinin) 같은 알레르기성 단백질에 기인한다. 면역세포는 밀, 우유, 달걀, 땅콩 등의 단백질처럼 큰 분자의 일정한 부분(형태)을 감지한다. 항원에는 특정한 형태, 즉 항원결정기(epitope)가 있다. 우리가 맛을 보거나 냄새를 맡을 때 감각수용체가 분자의 일부분하고만 결합하듯 면역세포도 단백질 전체를 감각하는 것이 아니고 단백질의 극히 일부(항원)를 감각한다. 항원은 형태에 따라 입체구조-항원결정기(conformational epitope)와 선형-항원결정기(linear epitope)로 나뉜다. 입체형은 3차원적 구조에 의해 서로 인접한 곳에 있는 것이고, 선형은 구성하는 아미노산이 연속적으로 위치한다. 단백질 일부분이 알레르기를 일으키는 항원이 되는 것이다. 이런 형태를 만드는 유전자를 제거하면 품질이 좋아지는 것이다.

콩은 우리에게 정말 특별한 작물이다. 원산지가 만주 남부 지방, 즉 부여와 고구려가 자리했던 곳이고, 한반도의 남과 북에 많은 야생종이 자란다. 콩의 특별한 점은 단백질이 풍부하다는 것이다. 식물은 탄수화물이 많지, 단백질이 많은 작물은 콩을 빼면 거의 없다. 이런 콩의 단점은 날것으로는 먹을 수 없을 정도로 항(anti) 영양소도 많다는 것이다. 콩에는 자신을 보호하기 위해 단백질 분해 효소를 억제하는 물질(Trypsin inhibitor)

이 있고 피트산(Phytic acid)과 아이소플라본, 사포닌 등도 지나치게 많다. 이들을 줄여 주면 훨씬 더 좋은 원료가 될 것이다.

콩 단백질은 글루탐산의 함량이 밀가루보다 훨씬 적은데 그것을 늘려 주면 간장이나 된장의 맛이 훨씬 좋아질 것이고, 지방분해효소에 의해 콩 비린내가 발생하는 경우가 있는데 그 효소를 줄이면 콩 가공식품의 품질이 더 좋아질 것이다. 오메가w-6의 지방산의 비율이 높은 점도 단점으로 꼽히는데 그것을 줄이면 산화에 안정(stable)하고 튀김용으로 쓸 때 트랜스지방도 적게 생겨서 더 좋은 원료가 될 것이다. 이처럼 여러 원료에서 유전자 가위는 단지 생산성을 높이는 차원을 지나 더 좋은 품질의 원료로 개량하는 데 유용한 수단이 될 수 있을 것이다.

나는 인간의 질병을 치료하거나 예방하는 측면에서 GM 기술이 더 큰 의미가 있을 것으로 생각한다. 미국 샌프란시스코에 있는 힐블롬 노화생물학 센터의 신시아 케년 박사가 이끄는 연구팀은 2011년 TED 세계회의에서 선충의 수명을 6배로 늘리는 데 성공했다고 발표했다. 길이 1㎝도 되지 않는 이 벌레는 수명이 유난히 짧아 10일이면 노화 증세를 보이고 2주 이내에 늙어 죽는다. 그런데 연구팀은 단 하나의 유전자(Daf-2)를 조작해 이 벌레의 노화를 늦춰 84일까지 살게 한 것이다. 인간으로 치면 480년에 해당하는 수명이다.

1998년, 일본의 기후(Gifu) 국제생명공학연구소의 다나카 마사시 연구진은 미토콘드리아 DNA에 공통적인 변이가 있는 사람들을 조사했다. 이 변이는 단 하나의 DNA 문자가 바뀐 것이다. 그런데 변이로 자유라디칼 누출이 조금 감소하는 효과가 나타나는데, 그 효과는 미미하지만 평생 지속된다. 그 결과 50대까지는 별 차이가 없어도 이후 점점 차이가 벌어지기 시작하여 80대에 이르면 이로운 돌연변이가 있는 사람들은 병원에 갈 확률이 절반으로 줄어든다고 한다. 이렇게 유전자를 교정해 주는 것보다 효과적인 장수법도 없을 것이다. 이처럼 노화의 유전자와 장수의 유전자를 모두 찾아내도 GM 기술의 발전이 없으면 아무 쓸모가 없다. 그런데 최근에는 기존의 GM보다 훨씬 정교한 기술을 발견하였으니 그 전망이 밝다고 하겠다.

마 무 리

거꾸로 알고 있는 것이라도 바로 알자

거꾸로 알고 있는 것이 너무 많다

우리는 거꾸로 알고 있는 것이 너무 많다. 앞으로 질병은 암을 지나 면역질환의 시대로 가고 있는데, 면역이 얼마나 엉성하고 위험한 것인지 모르고 내 몸 안의 천연의 약인 면역이 어찌 우리에게 해를 입히겠냐고 생각한다. 암세포나 면역세포는 둘 다 내 몸이 만든 세포이다. 암세포가 오히려 면역세포보다 훨씬 온순한 세포이다. 암세포는 자신의 증식에만 관심이 있지 타자를 공격하지는 않는 데 비해, 면역세포는 처음부터 타자를 공격하기 위해 만들어진 세포다. 외부의 감염이 너무 적어지면 자연히 반란을 꿈꾼다. 언제든지 내 몸을 공격할 수 있다. 사람들은 죽음이 얼마나 정교하게 설계된 발명품, 생물학적 현상인지는 모르고 불사를 꿈꾼다. 그러면서 불사를 꿈꾸는 암세포는 비난한다.

우리는 본질을 이해하려는 노력보다는 터무니없는 기대 또는 불안감으로 시간을 낭비하고 있는 것은 아닌지 생각해 봐야 한다. 생명의 문제는 물질이나 개체의 문제가 아니라 관계(연결)의 문제이다. 우리는 연결의 문제를 물질의 문제, 선악의 문제로 파악하여 비용과 시간을 낭비하는 일이 너무 많다. 한 방에 해결할 만한 과제의 대부분은 해결되었고, 앞으로 해결할 과제는 여러 가지 요인이 동시에 작용하는 시스템의 문제이다. 비만의 문제만 해도 관련 인자가 수백 개가 넘는 생명현상 그 자체인데, 뭔가 기발한 방법을 꿈꾼다. 그래서 100년간 다이어트는 실패만 거듭하고 있다. 어려운 문제일수록 본질을 보려는 노력이 필요한데, 세상에 온갖 영양과 건강정보가 넘치지만 식품의 가장 기본 목적이자 생명의 배터리인 ATP는 단어조차 모른다.

암, 노화 등의 문제도 시스템의 문제인데 우리는 한 방에 해결할 비법을 꿈꾼다. 우리가 해결을 꿈꾸는 주요한 과제의 마지막 수단은 유전자 문제로 귀결되는 경우가 많다. 비만, 암, 노화, 질병, GMO 모두 DNA(유전자)의 문제이다.

인간의 놀라움은 유전자의 수에 있지 않고, 제한된 숫자의 유전자를 놀랍도록 정교히 활용하는 데 있다. 그런데 우리는 우리의 유전자를 활용하는 기술이 아니라 이제 겨우 어떤 유전자가 있는지 정도만 알게 되었다. 즉 물감의 종류만 파악한 것이다. 그 물감을 가지고 어떻게 예술적인 작품을 그리는지 물감(유전자)의 활용 기술을 이해하는 데는 아직 많은 시간이 필요하다. 이처럼 우리는 알아야 할 것도 많고 도전할 것도 많은데, 유전자의 기술을 두려워하고 기피하는 시대가 되었다.

자연도 우리 몸도 그런 것이 아니다

우리는 믿을 것은 자기 몸뿐이라는 위기감 속에 건강이 마치 신흥 종교가 된 것 같은 시대를 살아가고 있다. 그래서 수많은 불안 장사꾼이 맹활약 중이다. 어떤 건강 전도사는 너희를 위험에서 구원할 것이라고 불안을 과장하고, 어떤 건강 전도사들은 너희를 건강의 동산으로 이끌 것이라면서 효능을 과장한다. 신도들은 몸이 아프면 혹시 자신이 금지된 어떤 것을 먹어서 그런 것인가 불안해하고, 또 어떤 것을 챙겨 먹지 않아서 그런 것이 아니냐고 안절부절못한다. 하지만 그 어떤 건강 전도사도 본인 스스로 건강을 구원하지 못했다.

자연은 무심할 뿐 인간의 쾌적한 삶을 위해 준비된 것이 아니고, 세상 어디에도 다른 동물의 음식으로 설계된 생명은 없다. 오랜 세월 생태계를 이루어 치열하게 경쟁하면서 겨우 살아남은 형태이다. 인류는 지구가 만들어진 이래 지난 40억 년간 10억 종 이상의 생물이 등장하고 그중 99.99%가 멸종된 역경 속에 살아남은 1,000만 종의 생명 중 하나다. 우리의 DNA에는 지금보다 훨씬 척박하고 거칠고 위험했던 시대를 견디어 낸 견고한 설계도가 내재되어 있다. 이 당시 맛은 어떤 것을 먹을지 말지를 판단할 수 있는 유일한 생존의 수단이었고, 충분히 훌륭하게 작동하였기에 우리가 살아남았던 것이다. 그런데 지금은 맛있는 음식이 나쁘다는 식의 언도도단이 많다.

우리는 그것이 얼마나 복잡하게 얽히고설킨 네트워크 상호작용으로 작동하는지 모르고 얄팍한 단편 지식으로 자기 뜻대로 다룰 수 있다고 착각하는 것이다. 망상에 빠진 신흥 종교인 '건강염려교'는 빨리 벗어날수록 좋다. 지금 우리에게 부족한 것은 안전이 아니고 안심이다.

이제는 판단 기준을 업그레이드할 필요가 있다

우리나라에서 식품의 안전을 따지기 시작한 것은 얼마 안 되었지만, 선진국에서는 100년이 넘는다. 문제 될 만한 요소는 충분히 제거되고 규제도 잘 마련되어 더 이상의 노력은 실효성이 없는 수준까지 개선되었다. 안전은 더 이상 따질 필요가 없다.

먹지 않고 살 수 있는 사람은 없고, 굶어 죽는 공포에서 벗어난 것은 불과 최근의 일이다. 세상의 어떠한 동물도 영양학의 도움을 받으며 챙겨 먹지 않고, 어른이 되어서까지 어떤 것을 먹을지 남에게 의존하지 않는다. 영양학은 음식이 부족했을 때 어떻게 하면 효과적으로 영양을 분해하여 고르고 건강하게 만들 수 있을까 고민했을 때 막강한 효력을 발휘했던 학문이다. 하지만 지금처럼 영양이 과잉인 시대에는 전혀 맞지 않다.

지금 대부분의 사람에게 필요한 조언은 '음식 섭취량을 줄이라'이지, 어떤 식품이 더 좋고 나쁜지가 아니다. 그런 조언을 하려면 각자의 여건과 체질에 맞아야 한다. 그런데 각자의 체질에 대해서는 본인 자신도 모른다. 음식을 통해 자신의 건강 문제에 도움을 받으려면 자신에게 맞는 음식을 선택하고 그것을 꾸준히 유지해야 하는데, 그것도 쉬운 일은 아니다. 음식을 줄이거나 담배나 술을 줄이는 것도 힘든데, 특정 음식을 꾸준히 먹기는 더 어렵다.

음식에 관해서는 큰 욕심을 안 내고 중간만 가겠다는 지혜만 있어도 충분한 것 같기도 하다. 음식의 본질은 우리의 생존에 필요한 에너지원이자 부품일 뿐이다. 그러니 수많은 장수촌의 음식이 제각기 다르고 공통점이 없는 것이다. 건강을 위협하는 것은 오히려 빈곤과 스트레스이다. 절대적 빈곤은 많이 해결되었으나 상대적 빈곤이 해결되지 않았다.

우리가 꼭 알아야 할 것은 그리 많지 않다

사람들은 방송을 신뢰하지만, 방송에서는 과학적 설명은 어려우면 시청률이 나오지 않는다고 초등학생들도 알아들을 수 있도록 쉽게 말해 달라고 한다. 세상에 어떠한 과학보다 복잡하게 얽힌 것이 식품과 건강 문제다. 그것을 쉽고 간단하게 설명한 지식은 초등학생 탐구 숙제용으로나 적합하지 내 몸에 적용하기에는 너무나 어설픈 것들이라는 뜻이다. 사람들은 그런 어설픈 건강 정보에 너무 쉽게 내 몸을 내던지는 경향이 있다. 그런 건강 정보는 안 보는 게 오히려 낫다. 실제 의미 있는 건강 상식은 '즐겁게 적당히 먹고, 적당히 운동하고, 스트레스를 관리하고, 적당한 휴식을 취하라' 이 정도가 전부이다. 나머지 지식은 아무리 그럴듯해 보여도 별 의미가 없다. 오늘 다르고 내일 다르며, 이 사람 말 다르고 저 사람 말 다르다. 설혹 그것이 어떤 사람에게는 맞는 말이어도 내게도 맞는다는 보장은 없다.

건강식품, 다이어트 방법같이 말이 많은 것은 관심은 많지만 아직 정답을 찾지 못한 상태라는 뜻이다. 세상에 어떠한 권력자도, 갑부도, 특이한 식습관의 집단도 아직 장수에 성공한 사람은 없다. 그런데 왜 불안 장사꾼의 헛소리에 그리 신경을 쓰는지 알 수 없다. 그들에게 그렇게 자신이 있으면 이상적인 제품의 스펙을 달라고 해 보시라. 그래서 그것을 실천하면 도대체 수명이 얼마나 늘고, 병원에 갈 필요가 없음을 보장할 수 있는지 물어보시라. 불안 장사꾼은커녕 진짜 실력자도 아직 그런 것을 만들지 못했다. 음식은 건강에 필요조건이지 충분조건이 아니고, 건강은 삶에 필요조건이지, 충분조건이 아니다.

음식은 행복해야 한다

알코올은 공식 1군 발암물질이다. 발암 요인의 30%는 담배로 단일 제품으로는 압도적이지만, 입으로 먹거나 마시는 것 중에서는 술이 가장 큰 발암 요인이다. 3% 정도를 술에 의한 것으로 추정한다. 나머지 수백 가지 발암물질을 모두 합해도 술보다 발암성이 낮다. 그런데 우리는 왜 술을 마시는 것일까? 즐겁기 때문일 것이다. 그런데 그 즐거움은 술이 결정할까? 대부분은 술보다 같이 마시는 사람과 분위기가 결정한다. 예전에는 몸에 좋다고 뱀술, 약술 등 온갖 술을 먹었지만 요즘은 술에서 효능 타령은 사라졌다. 음식도 술처럼 부질없는 효능 타령은 없어졌으면 좋겠다. 술마다 품질과 특성의 차이가 있지만 그것은 취향과 가치의 문제이지 안전의 문제가 아니다. 음식도 마찬가지이다.

식품의 진정한 가치는 무엇이고 맛의 가치는 무엇일까? 사람들은 식욕과 같은 생리적 욕구를 가장 낮은 단계의 욕구로 보고, 자아실현과 같은 욕망을 가장 차원이 높은 욕망으로 보기도 한다. 정반대로 생각해도 틀리지는 않다. 자아실현, 즉 세상의 여러 가지 성취 중에서 가장 사랑하는 사람, 가족과 즐겁게 식사하면서 정을 나누는 것보다 큰 성취도 없기 때문이다.

요즘은 먹는 즐거움을 방해하는 이상한 훈계와 간섭이 너무 많다. 만물의 영장이라는 사람이 먹는 것마저 스스로 결정하지 못하고, 자신의 취향에 자신이 없는 것이다. 우리는 행복해지기 위해서 불량 지식으로부터 자유로울 필요가 있다. 사실 평생 매일 꼬박꼬박 즐겨도 평생 질리지 않고 즐거운 것은 음식뿐이다. 그런 음식을 의심하게 하는 것은 나쁜 짓이다. 건강 전도사가 아니라 불행 전도사인 것이다.

코알라는 무엇을 먹을지 고민할 필요가 없이 편하게 산다. 그저 유칼립투스 잎만 있으면 된다. 인간은 음식에 대하여 너무나 고민이 많다. 시대에 따라 인종에 따라 모두 전혀 다른 식단으로 살아왔지만 아무런 문제가 없었다. 음식의 이해는 과학적이고 음식의 소비는 문화적이어야 할 텐데, 반대로 하니 항상 흔들리고 말썽이다.

요즘 우리는 좋아진 것보다 나빠진 것, 부족한 것에만 너무 관심이 많다. 지금 인류는 역사상 가장 풍요로운 시대를 살면서도 별로 행복해하지 않는다. 우리는 가장 안전한 식품을 먹으면서도 가장 불안해하고 있다. 세상에 특별히 좋은 음식도 나쁜 음식도 없다. 나쁜 태도, 나쁘게 먹는 방법이 있을 뿐이다. 우리는 보통 음식을 적당히 먹어야 건강할 수 있다. 소위 좋은 음식만 골라 먹는다고 건강해지지 않는다. 불량 지식에서 자유로워지는 것이 그 출발점이다. 음식을 먹으며 우리는 삶의 층을 쌓는다. 밥을 챙겨 먹는 일은 그저 생물학적인 식욕을 채우는 게 아니다. 관계이고 소통이며 사랑이다.

감사의 글

'맛이란 무엇인가?' 맛에 대해 처음 쓴 책의 제목이 이걸로 정해지자(당시에 책 제목을 정하는 것은 출판사의 몫) 가슴이 답답해졌다. 맛이란 무엇인가라는 질문에 만족할 만한 답은 불가능하다고 생각했기 때문이다. 그래도 식품과 관련된 일을 하는 사람들이 맛을 고작 입과 코로 느끼는 것이 대부분이라는 착각을 덜 했으면 하는 마음으로 맛에 관한 이론들을 정리하여 『맛의 원리』를 썼다. 그리고 3번의 개정판 작업을 하면서 이제는 나름 과학적으로 설명할 수 있는 부분은 만족할 만큼 정리가 된 것 같다.

'식품이란 무엇인가?' 처음에 이 책의 제목으로 고민했던 타이틀이다. 나의 글쓰기는 식품에 대한 오해 풀기로 시작되었지만, 점점 오류에 대한 반박보다는 제대로 된 의미의 설명이 독자에게나 나에게 좋은 것 같았다. '식품이란 무엇인가'만 명쾌하게 설명할 수 있다면 오해 풀기를 온전히 마무리할 수 있을 것 같았다. 하지만 제대로 풀어낼 용기가 없었다. 그래도 식품의 가치를 식품에 가장 흔하고 보편적인 물질로 한번 풀어본 것에 만족한다. 언젠가 식품은 어떻게 작동하고 어떻게 이해하면 좋은지 『식품의 원리』도 정리할 수 있으면 좋을 것 같다.

이번 책은 '식품의 문제는 양의 문제일 뿐이다'는 주제를 3번째 고쳐서 써 본 셈이다. 맨 처음 쓴 책인 『불량지식이 내 몸을 망친다』는 서울향료에 근무할 때 조병해 회장님의 배려 덕분에 쓸 수 있었고, 9번째 책인 『식품에 대한 합리적인 생각법』은 시아스에 근무할 때 최진철 대표이사님의 지원 덕분에 그리고 마지막 시도인 이 책은 샘표식품의 박진선 대표이사님의 후원 덕분에 편안한 마음으로 쓸 수 있었다. 진심으로 감사를 드립니다.

참고문헌

『GMO 바로알기』 박수철, 김해영, 이철호 공저, 식안연, 2015

『거짓말을 파는 스페셜리스트』 데이비드 프리드먼, 안종희, 지식갤러리, 2011

『내 아이의 전쟁 알레르기』 EBS 알레르기 제작팀, 지식채널, 2011

『내추럴리 데인저러스』 제임스 콜만, 윤영삼, 다산초당, 2008

『다이어트 절대 미치지 마라』 군터 프랑크, 안상임, 더난출판사, 2009

『독한 것들』 박성웅, 정준호 외, 엠아이디, 2015

『면역의 의미론』 타다 토미오, 황상익, 한울, 2010

『몸에 갇힌 사람들』 수지 오바크, 김명남, 창비, 2011

『믿는다는 것의 과학』 앤드류 뉴버그, 마크 로버트 월드먼, 진우기, 휴먼사이언스, 2012

『부정본능』 아지트 바르키, 대니 브라워, 노태복, 부키, 2015

『불량음식』 마이클 E. 오크스, 박은영, 열대림, 2008

『비만의 역설: 왜 뚱뚱한 사람이 더 오래 사는가』 아힘 페터스, 이덕임, 에코리브르, 2014

『비만의 진화』 마이클 L. 파워, 제이 슐킨 공저, 김성훈, 컬처룩, 2014

『생각하는 식탁』 정재훈, 다른세상, 2014

『생명의 도약』 닉 레인, 김정은, 글항아리, 2011

『생물학 산책』 이일하, 궁리, 2014

『설탕 중독』 낸시 애플턴, G. N. 제이콥스 공저, 이문영, 싸이프레스, 2011

『숫자에 속아 위험한 선택을 하는 사람들』 게르트 기거렌처, 전현우, 살림출판사, 2013

『식탁 위의 생명공학(개정판)』 농업생명공학기술 바로알기협의회, 푸른길, 2013

『아파야 산다』 샤론 모알렘, 김소영, 김영사, 2010

『암, 생과 사의 수수께끼에 도전하다』 다치바나 다카시, 이규원, 청어람미디어, 2012

『암의 종말』 이재혁, 청림라이프, 2015
『오해투성이의 위험한 이야기』 고지마 마사미, 박선희, 푸른길, 2010
『옥수수의 습격』 유진규, 황금물고기, 2011
『왜 사람들은 이상한 것을 믿는가』 마이클 셔머, 류운, 바다출판사, 2007
『우리 몸은 석기시대』 데트레프 간텐 외, 조경수, 중앙북스, 2011
『음식, 그 두려움의 역사』 하비 리벤스테인, 김지향, 지식트리, 2012
『질병예찬』 베르트 에가르트너, 홍이정, 성균관대출판부, 2009
『채식의 배신』 리어 키스, 김희정 옮김, 부키, 2013
『청결의 역습』 유진규, 김영사, 2013
『호메시스』 이덕희, 엠아이디, 2015